Klaus Grewe

Was Sie schon immer über die RÖMISCHEN INGENIEURE wissen wollten!

Klaus Grewe

Was Sie schon immer über die

RÖMISCHEN INGENIEURE

wissen wollten!

REGIONALIA
VERLAG

2. Auflage 2024
Klaus Grewe: Was Sie schon immer über die römischen Ingenieure wissen wollten!

ein Imprint der Kraterleuchten GmbH,
Gartenstraße 3, 54550 Daun

Einbandgestaltung: Björn Pollmeyer
Layout, Satz und Lektorat: Handverlesen – Alexandra Ihmig

Coverabbildung: iStock.com / Pilin_Petunyia (Titel), Klaus Grewe (U4)

Vorsatz: Rom, Trajansforum, Fries der Trajanssäule. Szene 99. Ausschnitt mit Darstellung der von Apollodoros von Damaskus gebauten Donaubrücke. (DAI Rom 89.573; K. Anger)

Nachsatz: Tabula Peutingeriana. In der mittelalterlichen Kopie der spätantiken Straßenkarte sind um die Vignette von Rom (links) die in alle Himmelsrichtungen führenden Fernstraßen dargestellt. In der Vignette von Antiochia (rechts) sitzt auf einem Aquädukt thronend vermutlich die Stadtgöttin Tyche.
(M. Rathmann, https://www1.ku.de/ggf/ag/tabula_peutingeriana).

Gedruckt in der Europäischen Union, Finidr, CZ

MIX
Papier aus verantwortungsvollen Quellen
FSC® C014138

ISBN 978-3-95540-376-8

www.regionalia-verlag.de

INHALT

Für Kaja und Mika!

VORWORT

Nach Vorträgen zu technikgeschichtlichen Themen wurden mir aus dem Publikum bestimmte Fragen immer wieder gestellt. Natürlich sind solche Fragen durchaus berechtigt, und jeder Referent wird sie dankbar aufnehmen und versuchen, sie zu beantworten. Im nächsten Vortrag zum selben Thema wird er die Antwort auf diese Frage vielleicht in sein Referat einbauen. Aber dann kommt garantiert eine neue Frage auf und die ist in der Regel genauso berechtigt, denn schließlich möchten alle Besucher eines solchen Vortrags anschließend ein bisschen schlauer nach Hause gehen. Nach und nach wird der Referent zwar einen immer ausgefeilteren Vortrag präsentieren, aber irgendeine offene Frage wird es wohl dennoch auch beim nächsten Mal wieder geben.

Es wäre ja auch viel zu schade, wenn dieses Frage- und Antwortspiel nach einem Vortrag wegfiele. Wie sollte der Referent dann erkennen, ob sein Vortrag beim Publikum überhaupt angekommen ist? Dieser lockere Ballwechsel von Frage und Antwort ist doch das »Salz in der Suppe« eines jeden Vortrags.

Dabei sind die Fragen selbst in der Regel so grundlegend und tiefgreifend, dass viele von ihnen einen eigenen Vortrag rechtfertigen würden. Schließlich zeigen sie, wie groß das Interesse an technikgeschichtlichen Themen im Allgemeinen und an denen der römischen Zeit im Besonderen ist.

Aber was ist es denn eigentlich, was die Leistungen der römischen Ingenieure heute noch so spannend macht? Was begeistert die Ingenieure unserer Tage an den zweitausend und teilweise mehr Jahre alten Technikbauten? Sind es die einfachen Hilfsmittel, mit denen unglaubliche Ergebnisse erzielt worden sind? Ist es der Pragmatismus der antiken Ingenieure, der sie mit neuen und revolutionären Erfindungen in Erscheinung treten ließ? Oder sind es die in der Bauausführung erkennbaren Tugenden »*Patientia – Virtus – Spes*«, die in der Grabinschrift des antiken Ingenieurs Nonius Datus im 2. Jahrhundert n. Chr. von dessen Kollegen gefordert wird? Aus all dem resultierend sind schließlich Bauwerke entstanden, die die Jahrhunderte überdauert haben und heute noch beeindrucken.

Da kein Vortrag einen solchen Themenkomplex umfassend abdecken kann, werden immer Fragen übrig bleiben, mit denen auch der interessierte Laie tiefer in die Thematik eindringen möchte. Also: Wer hat denn nun die Römerkanäle gebaut? Wie schaffte man es eigentlich, eine Wasserleitung so schnell zu fertigen? Wie erreichte man die hohen Genauigkeiten bei der Höhenvermessung? Hat man sich beim Tunnelbau eigentlich immer in der Mitte getroffen? Wieso stehen viele Römerbrücken heute noch, während manche moderne Brücke nach 50 Jahren ersetzt werden muss? Woran erkennt man denn eine Römerstraße? Fragen über Fragen also!

Jedenfalls hat sich im Laufe der Jahre ein Fragenkatalog ergeben, der es meines Erachtens verdient, kurz, aber dennoch komplex behandelt zu werden. Ich habe deshalb 50 Fragen ausgesucht, deren Beantwortung, wie ich glaube, für viele interessant sein könnten. Die 50 Antworten, um die ich mich bemüht habe, sollten erklärend, aber nicht zu ausschweifend sein. Darin finden sich natürlich auch die Ergebnisse meiner eigenen Forschungen aus den letzten Jahrzehnten wieder. Das erklärt dann vielleicht, warum in Quellenangaben und Literaturhinweisen so viele eigene Publikationen zitiert werden. Der geneigte Leser möge mir das nachsehen und es als Hinweis auf weiterführende Literatur verstehen – und nicht meiner Eitelkeit zuschreiben.

Ich erhebe hier keinesfalls den Anspruch, mit dieser Publikation alle Fragen wirklich erschöpfend beantwortet zu haben. Vielmehr gehe ich davon aus, dass auch dieses Buch wieder neue Fragen aufwerfen wird. Es bleibt also spannend!

Klaus Grewe

ALLGEMEINE BETRACHTUNGEN ZUR LEISTUNG DER ANTIKEN INGENIEURE

Es sind schier unglaubliche Leistungen, die von den römischen Ingenieuren zur Lösung der infrastrukturellen Aufgaben bei der Entwicklung ihrer Städte und Siedlungsgebiete erbracht wurden. Für die technikgeschichtliche Forschung stellt sich aber das Problem, dass Baupläne, Baubeschreibungen und viele wichtige schriftliche Quellen nicht überdauert haben. Die Werke antiker Schriftsteller wie beispielsweise Vitruv und Frontin überliefern zwar technische Einzelheiten; um den Bauplan eines technischen Bauwerks regelrecht zu entschlüsseln, muss man heute aber in die Rolle des antiken Ingenieurs schlüpfen, denn nur so lassen sich die damaligen Planungsgedanken nachvollziehen.

Im Wasserleitungsbau wurden in römischer Zeit Leistungen erbracht, an die die Ingenieure erst im 20. Jahrhundert wieder anknüpfen konnten. Für Städte wie Köln, Istanbul oder Karthago wurden Aquädukte gebaut, von denen ein jeder mehr als 100 km Trassenlänge aufweist – allein deshalb müssen sie zu den größten Glanzleistungen der Technikgeschichte gezählt werden. Bis zur Zeit Frontins im 1. Jahrhundert n. Chr. wurden für Rom neun Fernwasserleitungen gebaut, die Wasser in einer so enormen Menge in die Stadt brachten, dass man von einem wahren Wasserluxus sprechen kann. Um solche Ziele zu verwirklichen, wurden – wenn nötig – Wasserleitungen mit unglaublich schwachem Gefälle ausgebaut, worin sich der meisterhafte Umgang mit den einfachen Geräten der antiken Vermessungstechniker zeigt. Aquäduktbrücken von bis zu 50 m Höhe überspannten hinderliche Täler; die den Bau von Trassen erschwerenden Berge wurden durchtunnelt.

Die Römer brachten es auch auf dem Gebiet des Straßenbaus zu Spitzenleistungen, die uns noch heute in Erstaunen versetzen können. Da, wo natürliche Hindernisse den Straßenbau beeinträchtigten, suchten und fanden sie hochtechnische Lösungen, um ihre ehrgeizigen verkehrstechnischen Ziele zu erreichen. Sie bauten auch Straßenbrücken von zuvor undenkbaren Abmessungen. Bis zu wiederum 50 m hoch schwingen sich perfekt durchdachte Bauwerke über bis dahin unpassierbare Flusstäler und heben dabei scheinbar sogar die Grenzen der Schwerkraft auf. Diese Brücken sind nicht nur perfekte Technikbauten, sondern beeindrucken durch ein Maß an Ästhetik, das uns heute zu staunenden Betrachtern degradiert.

Pollio-Aquädukt in Ephesus (Türkei). In der äußeren Erscheinung der antiken Aquäduktbrücken wird pure Ästhetik und klare Schönheit sichtbar. Wer sollte diese aber bewundern, wenn die Bauwerke abseits der großen Straßen und manchmal kaum zugänglich errichtet wurden?

Neben dem Aquädukt- stellte der Straßenbau eine weitere Paradedisziplin der römischen Ingenieure dar. Das Römische Reich war mit einem mehr als 100.000 km umfassenden Fernstraßennetz durchzogen. Den Straßenabschnitt bei Tell al-Khamara (Syrien) hat man besonders massiv ausgebaut.

Segovia (Spanien). Unmittelbar vor der Stadt gelegen, war die Aquäduktbrücke ein Blickfang, der jeden Besucher beeindrucken sollte. In einer 17 m langen Bauinschrift wurde Kaiser Trajan verherrlicht, der diesen Aquädukt im Jahre 98 n. Chr. restaurieren ließ.

Gekrönt wird die Aquäduktbrücke Segovias von der noch heute erhaltenen Rinne, in der ehemals das Wasser geleitet wurde.

In der Tabula Peutingeriana, *einer in mittelalterlicher Abzeichnung erhaltenen antiken Straßenkarte des römischen Imperiums, ist die Bedeutung der Wasserleitung für Antiochia am Orontes in der Vignette besonders hervorgehoben. Antiochia war in seiner Glanzzeit mit 500.000 Einwohnern eine der größten Städte des Imperiums. Auch wenn der Kopist der Darstellung einen etwas mittelalterlichen Ausdruck gegeben hat, ist deren Aussagekraft dennoch erhalten geblieben: Im Mittelpunkt sieht man vermutlich die Stadtgöttin Tyche auf einem Aquädukt thronen.*

Die Techniken des Tunnelbaus haben die römischen Ingenieure von älteren Kulturen übernommen und zur Vollendung gebracht. Ein Aquädukttunnel wie der Raschpëtzer bei Walferdingen (Luxemburg) ist ein gutes Beispiel für ein in Qanat-Bauweise aufgefahrenes Bauwerk. Er kann eigentlich als echter Qanat bezeichnet werden, da er ein unterirdisches Wasservorkommen anzapft. Römischer Technik entspricht aber das Gerinne, denn die eigentliche Wasserleitung ist nicht der Tunnel selbst, sondern ein darin befindlicher ausgebauter Steinkanal.

Tunnelbau, immerhin eine der schwierigsten Ingenieursdisziplinen im Altertum, zeugt in vielen Beispielen vom hohen Stand antiker Technik. Wir finden Tunnel nicht nur im Aquädukt-, sondern auch im Straßenbau. Hinsichtlich ihrer Dimensionen besonders beeindruckend sind die zum Zwecke der Entwässerung großer Seen und damit auch zum Hochwasserschutz gebauten Tunnel in Italien. Der 6 km lange Claudius-Tunnel am Lago Fucino ist uns durch den Text von Plinius d. Ä., der als offizieller Berichterstatter beim Bau zugegen war, bestens bekannt. 30.000 Arbeiter sollen 11 Jahre lang mit diesem Bauwerk beschäftigt gewesen sein.

Kaiser Trajan als Aquäduktbauer: Rückseite einer Münze (Sesterz 109–111 n. Chr.) unter Nennung des Aquäduktnamens Aqua Traiana.

Kaiser Trajan als Straßenbauer: Rückseite einer Münze (Sesterz 112–114 n. Chr.) unter Nennung des Straßennamens Via Traiana.

Beim Bau von Schifffahrtskanälen knüpfen die Römer wie selbstverständlich an die Leistungen der alten Hochkulturen an und treten auch auf diesem Gebiet mit großartigen Beispielen in die Technikgeschichte ein. Von zwei Schifffahrtskanälen am Niederrhein, in den heutigen Niederlanden, ist in der Landschaft zwar kaum noch etwas auszumachen, in der antiken Literatur werden sie jedoch als glanzvolle Leistungen ihrer Auftraggeber gerühmt.

Überhaupt hatten die Römer sich nicht nur in ihrem Kernland, sondern auch in den Provinzen einen Lebensraum geschaffen, der höchsten Luxus erlaubte. Dazu gehörte der Ausbau einer städtischen Infrastruktur, der ein von Hygiene geprägtes Leben auch außerhalb Italiens ermöglichte. Stadtstraßen, solide Wohnbebauung, öffentliche Wasserversorgung und Abwasseranlagen gehörten zur römischen Lebensart. Sichtbares Zeugnis dieses Hygienedenkens sind die beachtlichen Thermenanlagen der römischen Städte. Alles zusammen hatte dazu geführt, dass sich die großen Volksseuchen in römischen Städten nur selten entwickeln konnten.

Die jüngere Forschung hat aber gerade bezüglich des Aquäduktbaus viele neue Erkenntnisse gewonnen: Besonders zum Umgang mit den aus antiken Schriftquellen oder archäologischen Funden bekannten Vermessungsgeräten Chorobat und Groma gibt es neue und überraschende Lichtblicke. Aber die technikgeschichtlichen Neuentdeckungen gehen noch weiter. So hat ein jüngst entschlüsseltes Relief auf einem Grabstein in *Hierapolis* (heute Pamukkale, Türkei) zu der Erkenntnis geführt, dass schon im 3. Jahrhundert n. Chr. ein Getriebe zur Übertragung kreisförmiger in horizontale Bewegungen erfunden worden ist. Ein gewisser Ammianos ist es, dem wir Einblicke in diese Erfindung zum Antrieb für eine wassergetriebene Doppelsteinsäge durch eine entsprechende Abbildung auf einer Stirnseite seines Sarkophages verdanken.

Dieser Einblick in die bauliche Ausführung einer steinernen Druckrohrleitung liegt in Patara (Türkei) erst in der Ruine des Bauwerks offen zutage. Während der Betriebszeit der Leitung war die Technik der Rohrverbindung nicht erkennbar, da sie im geschlossenen System verborgen war.

Diese großartigen Leistungen der antiken Ingenieure haben in den letzten Jahrzehnten zu einem gesteigerten Interesse der Forschung auf dem Gebiet der Technikgeschichte geführt. Eine Folge davon ist die Einrichtung des Römerkanal-Informationszentrums in Rheinbach, das sich eines großen Publikumsinteresses erfreut. Bei der Vorstellung der neuen Forschungsergebnisse im Rahmen von Führungen oder Vorträgen ist es nur selbstverständlich, dass bei den Besuchern Fragen offenbleiben. Auf solche Fragen eine Antwort zu geben, ist das Bestreben der vorliegenden Arbeit.

Der Pont Flavien über die Touloubre bei St. Chamas (Frankreich) im Verlauf der Via Iulia Augusta *steht beispielhaft für die Standfestigkeit römischer Straßenbrücken.*

Selbst die beiden Ehrenbögen haben mehr als 2.000 Jahre überdauert.

1. »Wer hat denn eigentlich die Aquädukte, Straßen und Schifffahrtskanäle gebaut?«

Nach Vorträgen über römische Wasserleitungen oder Römerstraßen wird dem Referenten mit an Sicherheit grenzender Wahrscheinlichkeit diese ganz gezielte Frage gestellt: »Wer hat diese Arbeiten denn ausgeführt?« Meist wird gleich nachgehakt: »Waren das Soldaten oder Sklaven oder wer sonst?« Damit ist allerdings ein äußerst wichtiges Problem der Organisation antiker Großprojekte auf den Punkt gebracht, denn Bauzeiten und die Qualität der Arbeiten waren ganz entscheidend von den Bauausführenden abhängig.

In der rückwärtigen Betrachtung werden aber die Schwierigkeiten deutlich, die uns das Fehlen von Bauplänen oder sonstigen Baubeschreibungen bereitet. Wir haben zu einzelnen Großprojekten einfach keinerlei Planungsunterlagen überliefert bekommen. Die Schriften Vitruvs (1. Jahrhundert v. Chr.) sind reich an bautechnischen Beschreibungen, beziehen sich aber gleichwohl nicht auf einzelne oder ganz bestimmte Projekte.[1] Frontinus (1. Jahrhundert n. Chr.) befasst sich zwar detailliert mit den Wasserleitungen Roms, aber eher mit der Substanzbewahrung und Erneuerung als mit der Zeit der Projektplanung der stadtrömischen Aquädukte.[2]

Wir stehen also vor einem Dilemma: Wenn wir etwas über eine ganz bestimmte Fernwasserleitung wissen wollen, müssen wir alle Erkenntnisse aus dem Bauwerk selbst gewinnen, zumal auch die Bauinschriften – wenn überhaupt vorhanden – uns nur selten weiterhelfen. Hinzu kommt, dass sich in Bauinschriften an öffentlichen Gebäuden nicht jeder verewigen durfte, das stand nur dem Kaiser oder einem Geldgeber zu. Somit fällt diese Quelle weg, wenn es darum geht, die am Bau aktiv Beteiligten zu ermitteln.

Es stellt sich aber auch die Frage, welche Bauberufe es denn in römischer Zeit überhaupt gegeben hat. Harald von Petrikovits hat in antiken Quellen an die 70 Tätigkeitsbezeichnungen gefunden, von denen der *architectus* oder *aedifex* (Architekt), *aedificator* (Bauarbeiter), *librator* und *mensor* (Vermesser) oder *aquarius* (Wasserleitungsinspektor) am ehesten mit heutigen Berufsbezeichnungen in Einklang zu bringen sind.[3]

Aus Grabinschriften weiß man, dass Bauhandwerker sich in »Vereinen« (*collegia opificium*) zusammengeschlossen haben. Es muss zum Beispiel in Köln durchaus viele Handwerker in den einzelnen Berufsgruppen gegeben haben, denn sie waren so zahlreich, dass die *collegia* wiederum in Zenturien unterteilt waren.[4] Grundsätzlich konnten Personen aus allen gesellschaftlichen Schichten als Handwerker tätig sein, als Selbstständige durften Sklaven aber erst nach ihrer Freilassung arbeiten.[5]

Es stellt sich als nächstes die Frage, wie die antiken Handwerker überhaupt zu ihrem Fachwissen gekommen sind. Auch in dieser Hinsicht ist die Quellenlage nicht üppig, aber es lässt sich doch erkennen, dass das Erlernen eines Handwerksberufs eigentlich nichts anderes hieß, als dem Meister über die Schulter zu schauen. Der Maßstab erlernbarer Kenntnisse richtete sich folglich stark an den Fachkenntnissen des Meisters aus. Aber von Vitruv wissen wir etwas über die hohen Anforderungen, die beispielsweise an einen *architectus* gestellt wurden.[6] Eine staatliche Kontrolle der Ausbildung scheint es nicht gegeben zu haben. Das Handwerk wird nach Frontins *De arte mensoria* in der praktischen Anwendung durch Erfahrung und ohne Literatur erlernt.[7]

Ein Weg der Innovation für einen Handwerksbetrieb scheint darin bestanden zu haben, dass ein Meister seinen Sohn zur Ausbildung in einen anderen Betrieb schickte, um dort Entwicklungen kennenzulernen, die später im eigenen Haus eingesetzt werden konnten.[8]

Wenn es um höhere Kenntnisse der Bau- und Vermessungstechnik ging, scheint auch das Militär eine maßgebliche Rolle gespielt zu haben, wie es für den Bau der Schifffahrtskanäle, etwa den Mariuskanal an der Rhône, die *Fossa Drusiana* oder die *Fossa Corbulonis* am Rhein, belegt ist.[9] (Es ist interessant, dass auch in den Vereinigten Staaten von Amerika die meisten Schifffahrtskanäle von Militäreinheiten gebaut worden sind.)

Im Aquäduktbau liegen die Dinge offensichtlich anders. Hier scheint das Militär zwar auch eine Rolle gespielt zu haben, aber die beschränkte sich auf die grundlegenden Arbeiten wie Planung und Trassierung; die Bauausführung wird im Regelfall in den Händen ziviler Bauunternehmer gelegen haben. Einen Beleg dafür bietet der Bau der Wasserleitung für das antike *Saldae* / Bejaia im heutigen Algerien. Auf dem Grabstein des bei der *Legio III Augusta* in *Lambaesis* (Nordafrika) dienenden Vermessers Nonius Datus ist dessen Rolle beim Bau einer Wasserleitung verzeichnet.

Er war um 150 n. Chr. abkommandiert worden, um für die Zivilstadt *Saldae* einen Aquädukt samt Tunnel zu bauen.

In der Inschrift auf seinem Grabstein werden seine Arbeiten äußerst detailfreudig beschrieben; über seinen Beschreibungen stehen die Schlagworte »PATIENTIA – VIRTUS – SPES«. Mit »Geduld, Tatkraft« und (in diesem Falle wohl) der auf solides Fachwissen gegründeten »Zuversicht« werden die Tugenden des antiken Ingenieurs benannt.[10] Und Nonius Datus beschreibt detailliert, wie er als militärischer *gromaticus* die Planung und Trassierung erledigte, während zivile Bauunternehmer die Baumaßnahmen übernahmen. Erst als diese mit dem Tunnelbau in Schwierigkeiten gerieten, setzte Nonius Datus militärische Einheiten ein, um das Bauwerk erfolgreich zu vollenden.

Und Ammianos, der als Erfinder einer wassergetriebenen Kraftmaschine gelten kann, mit der sich die Drehbewegung eines Wasserrades mithilfe von Kurbelwelle und Pleuelstange in eine lineare Bewegung umsetzen ließ? Auch von ihm und seiner Doppelsteinsäge wissen wir nur etwas, weil diese Maschine in der zweiten Hälfte des 3. Jahr-

Der Gromaticus Nonius Datus war um 150 n. Chr. von der Legio III Augusta zum Bau einer Wasserleitung für Saldae (Bejaia, Algerien) abkommandiert worden. In der Inschrift auf seinem Grabstein finden wir den seltenen Beleg für die Organisation und die Arbeitsverteilung auf einer antiken Tunnelbaustelle. Da die zivilen Bauarbeiter sich beim gegenseitigen Vortrieb nicht getroffen hatten, setzte er Legionäre ein, um die beiden Tunnelbaulose erfolgreich zum Treffpunkt zu führen.

Der Grabstein des Lucius Aebutius Faustus in Ivrea (Italien) nennt uns neben seinem Namen nicht nur den Beruf des Verstorbenen, sondern zeigt uns zudem das Hauptarbeitsgerät eines mensors: eine zerlegbare Groma zum Abstecken rechter Winkel. Der mensor war demnach der Berufsvorläufer eines heutigen Vermessungsingenieurs.

Der Bau des Tunnels zum Hochwasserschutz am Fuciner See (Italien) war zu Claudius' Zeiten (Kaiser von 41–54 n. Chr.) eine der größten Baustellen im Imperium Romanum.

Der 5,6 km lange Claudius-Tunnel erforderte die Abteufung von bis zu 122 m tiefen Bauschächten. Licht- und Belüftungsfenster machten die Arbeiten im Berginneren erträglicher.

hunderts n. Chr. auf seinem Sarkophag bildlich dargestellt ist und Ammianos sich selbst in der Inschrift als »geschickten *daedalus*« (Erfinder) bezeichnet![11]

Kommen wir zur eingangs gestellten Frage zurück, so kann nach all diesen Erkenntnissen die Antwort lauten: Die großen Staatsstraßen sind

Der Flussumleitungstunnel von Çevlik bei Antakya (Türkei) ist ein besonders pittoreskes Beispiel für einen antiken Tunnelbau.

Eine Inschrift am Çevlik-Tunnel nennt Vespasian (Kaiser von 69–79 n. Chr.) und Titus (Kaiser von 79–81 n. Chr.) als Auftraggeber, womit der Tunnelbau wenigstens zu datieren ist. Da sie beide als »vergöttlicht« bezeichnet sind, muss der Bau unter Vespasian begonnen und nach dem Tod von Titus fertiggestellt worden sein. Wer vor Ort gebaut hat, ist nicht bekannt.

in der Regel vom Militär gebaut worden, während die spätere Unterhaltung – oder zumindest die Kosten dafür – von den Anrainern übernommen werden musste. Die Aufträge für den Bau von Fernwasserleitungen sind vermutlich Baulos für Baulos an private Bauhandwerksbetriebe vergeben worden. Diese dürften einen festen Stab an Mitarbeitern gehabt haben, zu denen auch Sklaven gehören konnten. Der Einsatz von Sklaven spielte aber selbst in Rom nicht die größere Rolle vor der Lohnarbeit, und in den nördlichen Provinzen trat sie noch mehr in den Hintergrund. Zum Einsatz bei Großprojekten kamen vermutlich neben den festen Mitarbeitern vor allem Tagelöhner, Bauern und Handwerker, die in ihren gelernten Berufen keine Arbeit gefunden hatten. Die Planung und Trassierung, zu der auch die Einteilung der Baulose gehörte, dürfte allerdings von den Vermessern nahegelegener Legionen durchgeführt worden sein.

1 Vitruv.
2 Frontin.
3 v. Petrikovits (1981).
4 Kolb (2008) 104.
5 Kolb (2008) 111.
6 Vitruv I, 1, 3.
7 Meißner (1999) 255.
8 Brunt (1980); Ruffing (2008); Kolb (2008); Hoernes (2011).
9 Grewe (2008a) 319–336.
10 Grewe (1985); Grewe (2010); Grewe (2014).
11 Grewe (2009a).

Mérida (Spanien), das antike Augusta Emerita, *war eine Stadt mit ungleich vielen Technikbauten. Zwei Straßenbrücken über Albarregas und Guadiana, zwei Talsperren, großartige Aquädukte und ein Abwasserkanalsystem gehörten zur Infrastruktur. Im Bildvordergrund sind die römische Straßenbrücke und dahinter die Aquäduktbrücke Los Milagros zu sehen, die beide über den Río Albarregas in die Stadt führen.*

Dieses antike Elfenbeinmodell erinnert sehr an die Los Milagros-Brücke von Mérida. Könnte es sich um eine »kleine Aufmerksamkeit« der Stadt an den Erbauer dieses großartigen Bauwerks gehandelt haben?

Die Löwenköpfe an beiden Enden des Modells sind äußerst filigran herausgearbeitet …

… und auch sie haben ein Vorbild in Mérida: den Wasserspeier am Ende des Aquäduktes in der Stadt.

2. »›Berufsethos‹ oder ›Maurerstolz‹? Und wie war das mit Pfusch am Bau in der Römerzeit?«

Eigentlich sollte man meinen, Pfusch am Bau habe es zu allen Zeiten gegeben. Warum sollte das in römischer Zeit also anders gewesen sein? Verantwortlich für ein Bauprojekt war der *architectus*, also der Architekt, Baumeister und/oder Bauunternehmer. Nun kann man einen *architectus* aus zweierlei Sicht betrachten: Einerseits haben wir da den für ein Bauprojekt verantwortlichen Fachmann, auf der anderen Seite aber auch den auf finanziellen Gewinn bedachten Geschäftsmann. Beider Seiten dieses Berufes hat sich Vitruv (um 30 v. Chr.) angenommen, denn er hat nicht nur das Rüstzeug für die Ausübung des Berufes eines *architectus* beschrieben, sondern auch die moralischen Grundwerte dieses Berufstandes.

Im ersten der *Zehn Bücher über Architektur*, die er seinem Förderer Kaiser Augustus widmete, hat er darüber geschrieben, was denn einen guten *architectus* ausmacht, und dazu gehörte seiner Meinung nach vor allem eine umfassende Ausbildung. Es genügte demnach nicht nur, ein guter Handwerker zu sein, sondern daneben war eine wissenschaftliche Ausbildung unverzichtbar:

> Daher konnten Architekten, die sich unter Verzicht auf wissenschaftliche Bildung damit begnügten, nur mit den Händen geübt zu sein, eine ihren Bemühungen entsprechende Meisterschaft nicht erreichen. Die aber, die sich nur auf die Kenntnis der Berechnung symmetrischer Verhältnisse und wissenschaftliche Ausbildung verließen, scheinen lediglich einem Schatten, nicht der Sache nachgejagt zu sein. Jene aber, die sich beides gründlich aneigneten, haben, da mit dem ganzen Rüstzeug ihres Berufes ausgestattet, schneller mit Erfolg ihr Ziel erreicht.[12]

Für die Erlernung dieses Berufes setzt Vitruv als allererstes die Begabung voraus, verbunden mit der Fähigkeit und Bereitschaft zu einer wissenschaftlich-theoretischen Schulung. »Denn weder kann Begabung ohne Schulung noch Schulung ohne Begabung einen vollendeten Meister hervorbringen.«[13] Aber damit nicht genug, denn Vitruv fordert mehr:

> Und er muss im schriftlichen Ausdruck gewandt sein, des Zeichenstiftes kundig, in der Geometrie ausgebildet sein, mancherlei geschichtliche Ereignisse kennen, fleißig Philosophen gehört haben, etwas von Musik verstehen, nicht unbewandert in der Heilkunde sein, juristische Entscheidungen kennen, Kenntnisse in der Sternkunde und vom gesetzmäßigen Ablauf der Himmelserscheinungen besitzen.[14]

Wer also mit derartiger Ausbildung seinen Beruf erlernt hatte, sollte seinen Auftraggeber ganz sicher zufriedenstellen können. Wobei schon die Ausbildung in Philosophie, was die Ethik eines antiken Baumeisters betrifft, über das technische und handwerkliche hinausging. Denn …

> … die Philosophie … bringt den vollendeten Architekten mit hoher Gesinnung hervor und lässt ihn nicht anmaßend, sondern eher umgänglich, billig denken und zuverlässig, und, was das Wichtigste ist, ohne Habgier sein. Kein Werk kann nämlich in der Tat ohne Zuverlässigkeit und Lauterkeit der Gesinnung geschaffen werden.[15]

Wenn Vitruv in der Vorrede zum zehnten der *Zehn Bücher über Architektur* dann etwas an der »Lauterkeit der Gesinnung« einiger Berufskollegen auszusetzen hat, dann bezieht er sich aber vor allem auf die, die »vom Baufach nichts verstehen«. Er bemängelt in erster Linie deren Praxis, mit Nachforderungen von Baukosten, die über den Kostenvoranschlag hinausgehen, Privatleute in den Ruin zu treiben, und führt in diesem Zusammenhang Gesetze aus dem alten Ephesus an, wonach ein Architekt mit seinem eigenen Vermögen haften musste, wenn er den Kostenvoranschlag um mehr als ein Viertel überschritten hatte.[16] Im Grunde schlägt er dem Kaiser vor, solche Gesetze auch in Rom einzuführen.

Vitruv hatte also ganz klar vorgegeben, wie seiner Ansicht nach ein *architectus* ausgebildet sein sollte und wie er sich seinen Auftraggebern gegenüber zu verhalten habe. Aber wie sah es mit dem Berufsethos in der

Alcántara, Spanien. Wenn abgelegen von Fernstraßen erbaute Brücken vollendet errichtet worden sind, wie mussten dann erst Brücken gestaltet sein, die jeder Durchreisende in Augenschein nehmen konnte? Wenn eine solche Brücke auch noch einen dem Kaiser gewidmeten Ehrenbogen trug, konnte der Baumeister dann ein misslungenes Bauwerk vertreten? Der Vitruv'sche »Ehrenkodex« war die Grundlage für fachlich vollendete Leistungen.

Heute eine christliche Kirche, in römischer Zeit allen Göttern gewidmet: das Pantheon.

Praxis aus? Darüber können wir auch in dieser Hinsicht wieder nur anhand der Bauwerke selbst etwas erfahren. Doch da sieht die Quellenlage eigentlich sehr gut aus, denn wenn viele Bauten, die nicht absichtlich zerstört worden sind, heute noch stehen, ist das doch mehr als ein Qualitätszeugnis. Nehmen wir als Beispiel das aus der Zeit der Kaiser Trajan und Hadrian stammende Pantheon in Rom! Mit seiner fast 44 m messenden freitragenden Kuppel war es in der Antike eines der bautechnisch gewagtesten Bauvorhaben – und steht heute noch. Mehr noch, es kann als eines der besterhaltenen Bauwerke des alten Rom gelten. Von Pfusch am Bau kann man da wirklich nicht sprechen.

12 Vitruv I, 1, 2.
13 Vitruv I, 1, 3.
14 Vitruv I, 1, 3.
15 Vitruv I, 1, 7.
16 Vitruv X, Vorrede 2.

Das Innere offenbart die wahre Glanzleistung römischer Ingenieure: eine freitragende Kuppel aus Opus caementicium mit einem Durchmesser von 43,30 m. Aber auch in diesem Fall kennen wir die Bauausführenden nicht, wohl aber den Auftraggeber: Nach einem ersten Bau unter Agrippa, wurde das bestehende Pantheon unter Kaiser Hadrian errichtet. In der Kuppel sind die beiden großen Erfindungen der Römer vereint: der Halbkreisbogen und das Opus caementicium.

Vitruv stellt in seinen Zehn Büchern über Architektur höchste Ansprüche an den Bildungsgrad römischer Baumeister. Dennoch gab es in der Antike keine Ingenieurschulen oder Technische Hochschulen für deren Ausbildung. Privatunterricht, wie ihn die Szene auf dem berühmten Schulrelief aus Neumagen an der Mosel (heute im Rheinischen Landesmuseum Trier) zeigt, war Kindern der gesellschaftlichen Oberschicht vorbehalten. Der Nachwuchs im Bauwesen fand sein berufliches Ziel, indem man als Lehrling dem Meister über die Schulter schaute.

3. Nachgefragt: »Gibt es dafür auch Beispiele hier bei uns?«

Auch im Rheinland werden wir fündig. Schauen wir uns die Eifelwasserleitung nach Köln an: Nehmen wir aus deren Trasse die Baugruben der großen Aquäduktbrücke über den Swistbach zwischen Rheinbach und Meckenheim, dann können wir feststellen, dass die aus *Opus caementicium* (Stampfmörtel) bestehenden Pfeilerfundamente bis in die untersten Lagen sauber rechteckig und mit glatten Wänden versehen sind. Da es sich bei den Fundamentwänden um den negativen Abdruck der Baugruben handelt, müssen zwangsläufig auch diese sauber im Auenlehm abgestochen gewesen sein – immerhin in einem Bauwerksbereich, den nie ein Außenstehender zu Gesicht bekommen konnte.[17]

Gehen wir an einem anderen Ort noch tiefer in die Baustelle der römischen Eifelwasserleitung und schauen auf die Stickung (auch Packlage) unter der Bauwerkssohle, dann machen wir eine ähnliche Entdeckung: Die ohne Mörtel verlegten Steine sind sorgfältig aneinandergesetzt und verzwickelt und belegen eine tadellose Ausführung.[18] Auch diesen Befund in Euskirchen-Palmersheim hatte nach den antiken Maurern und vor den Archäologen niemand gesehen.

Noch bemerkenswerter ist ein Befund in der Eifelwasserleitung in Mechernich-Breitenbenden:

Der Befund aus der Eifelwasserleitung bei Rheinbach/Meckenheim (NRW) zeigt ein Pfeilerfundament der 1,5 km langen Aquäduktbrücke über den Swistbach. Das Fundament eines Pfeilers war natürlich auch in römischer Zeit im Boden verborgen und nicht zu sehen. Nach der Ausgrabung zeigte sich aber, dass der Pfeiler auf einer sorgfältig gesetzten Stickung stand und seine Außenseiten glatt und ebenmäßig anzusehen waren. Da dieses Fundament gegen die Baugrubenwand gegossen wurde, handelt es sich bei den Außenseiten um negative Abdrücke davon. Die Baugruben müssen im Boden also mit sauber abgestochenen Wänden angelegt worden sein.

Eine Stickung der römischen Eifelwasserleitung konnte in einer Baugrube bei Euskirchen-Palmersheim (NRW) freigelegt werden, da das Kanalmauerwerk darüber ein Opfer mittelalterlichen Steinraubes geworden war. Die Stickung zeigte sich bei der rezenten Freilegung als ordentlich gesetzt, obwohl zur Bauzeit davon auszugehen war, dass niemand diesen Bauaufwand je sehen würde. Pfusch am Bau wäre hier nie aufgefallen.

In einem durch Straßenbau freigelegten Aufschluss schaut man auf die Innenseite einer Wandung, die mit »verlorener Schalung« gemauert worden ist. Hier sind die Kanalwangen auf beiden Seiten aus handquadergroßen Steinen aufgesetzt und bis zur Baugrubenwand mit Bruchsteinen und *Opus caementicium* hinterfüttert worden. Das Mauerwerk ist als »verlorene Schalung« in der Leitung verblieben und bildete die Wangen der wasserführenden Rinne. Um den Durchfluss nicht zu behindern, hat man den Mörtel in den Fugen des Mauerwerks geglättet. Aber damit nicht genug: Man hat diese Fugen noch mit Fugenstrich versehen.

Da die Leitung in diesem Trassenabschnitt innen nicht verputzt war, treten die Handquadersteine, die als verlorene Schalung aufgemauert worden sind, deutlich ins Blickfeld. Es hätte zur Funktionalität der Wasserleitung völlig ausgereicht, den Mörtel in den Fugen der Wandungen zu glätten. Der Maurer vor Ort ließ es dabei aber nicht bewenden, sondern ritzte noch Zierfugen ein. Sie sollten erst nach fast 2.000 Jahren wieder ans Tagelicht kommen – ein ehrendes Andenken an diesen feinsinnigen Baumeister.

Man beachte: In die geglätteten Fugen hat der Maurer abschließend noch mit seiner Kelle und einem Anlegebrett Zierfugen eingeritzt. Er hat also in einem Bauwerk in 3,5 m Tiefe an Stellen, die nie jemand zu sehen bekam, seine Arbeit noch verschönert. Oder sollte er es etwa nur zur Freude des Archäologen getan haben, der diesen Befund fast 2.000 Jahre später entdecken sollte? Pfusch am Bau sieht jedenfalls anders aus![19]

17 Grewe (1986) 135–140; Grewe (1991a).
18 Grewe (2014) 76.
19 Grewe (2014) 269.

Erst beim zweiten Hinsehen erkennt man in der Eifelwasserleitung bei Mechernich-Breitenbenden in der Wandung des Gerinnes einen Fugenstrich.

4. »Was waren die beiden wichtigsten ›Erfindungen‹ der Römer in der Bautechnik?«

Stellt man die Grundfrage nach den bautechnisch gesehen bedeutendsten Errungenschaften der römischen Zeit, kommt ganz sicher zuvorderst der Halbkreisbogen ins Spiel, denn erst durch die Anwendung des Halbkreises als architektonisches Element waren Brückenbögen und Kuppeldächer in Ausmaßen zu bauen, die vorher nicht denkbar waren. Als großartigstes Beispiel für die Anwendung des Halbkreisbogens im Aquäduktbau ist sicherlich der rund 50 m hohe Pont du Gard anzusehen, den die Römer im Verlauf der Wasserleitung nach Nîmes (Frankreich) gebaut haben.[20]

Im Straßenbau ist die ebenfalls 50 m hohe Brücke von Alcántara (Spanien) ein großartiges Beispiel.[21] Und jeder Rombesucher hat wahrscheinlich das Pantheon mit seiner unglaublichen 43-m-Kuppeldachkonstruktion gesehen, in der Antike die größte freitragende Kuppel der Welt – eine Brücke in der dritten Dimension!

Das sind Beispiele dafür, wie die römischen Ingenieure die Schwerkraft scheinbar aufgehoben haben, mit dem Ergebnis, dass Bauwerke entstanden, die uns wegen ihrer kühnen Konstruktionen heute noch ins Staunen versetzen. Und eines darf man nicht vergessen: Erst die Halbkreisbögen machen eine Brücke aus. Eine Brücke ohne Bögen wäre keine Brücke gewesen, sondern eine Mauer. Und wenn man sich vorstellt, wie ein solches Bauwerk von 50 m Höhe ohne die Öffnungen unter den Bögen dem Winddruck hätte standhalten sollen, muss man eigentlich zwangsläufig auf eine Brückenkonstruktion kommen – von der Ersparnis an Baumaterial einmal ganz zu schweigen.

Nun waren derartige Brückenbögen nie ohne Hilfskonstruktionen zu errichten. Anders als bei einer kleinkalibrigen Bogenabdeckung über einem Wasserleitungsgerinne von gerade einmal 0,8 m lichter Weite, ist die Bogenkonstruktion einer Talbrücke ein völlig anderes Kaliber. Das zum Bau erforderliche Lehrgerüst stellt bei Spannweiten der zugehörigen Bögen von bis zu 24,5 m (Pont du Gard) respektive 28,9 m (Alcántara) eine gewaltige Zimmermannsarbeit dar. Eine solche Holzkonstruktion musste die gesamte Last des Bogens tragen, bis der Schlussstein gesetzt war, und es ist leicht nachzuvollziehen, dass ein solches Lehrgerüst kunstvoll auf den Kämpfersteinen der Brückenpfeiler aufgesetzt sein musste, um die einwirkenden Kräfte auf die Pfeiler abzuleiten. Erst wenn der Schlussstein eingesetzt war, konnte das Lehrgerüst vorsichtig entfernt werden und der Bogen sich selbst tragen.

Wir haben aber auch in diesem Fall das Problem, dass wir gar nicht wissen, wie solche Lehrgerüste auf römischen Baustellen ausgesehen haben, denn Zeichnungen oder Baupläne sind diesbezüglich nicht erhalten. Wir müssen auch jetzt wieder aus dem Bauwerk herauslesen, wie die antiken Zimmerleute gearbeitet haben. Es gibt aber Hilfe bei dem Versuch, deren Arbeitsweise zu rekonstruieren, und das sind die im fertigen Bogen verbliebenen Balkenlöcher und Kragsteine aus der Bauzeit der Brücke. Im Falle des Pont du Gard sind die Bögen original erhalten; wenn es aber um die Entschlüsselung der Gerüstkonstruktion geht, sind auch diese Konstruktionselemente nicht immer eindeutig. So schließen A. Léger und J. P. Adam bei der Rekonstruktion des Lehrgerüstes für einen der Pont-du-Gard-Bögen auf durchaus unterschiedliche Bauweisen, obwohl beide dieselben Balkenlöcher und Kragsteine des Bogens benutzen.[22]

Bei den großen Aquäduktbrücken handelt es sich zudem um Bauwerke, die aus Großquadern errichtet wurden, die ohne Mörtelverbindung aufeinandergesetzt worden sind. Dabei hatten die römischen Ingenieure noch ein weiteres Baumaterial zu Verfügung: Die zweite bedeutende Errungenschaft der Römerzeit war das *Opus caementicium*.[23] Dieser aus den Grundbestandteilen Sand, Kalk, Wasser sowie Zuschlagstoffen bestehende Mörtel ermöglichte wegen seiner enormen Druckfestigkeit nicht nur große Dimensionen von Bauwerken, sondern gewährleistete zugleich eine lange Nutzung derselben. Durch das Zuschlagmaterial von bis zu kinderfaustgroßen Bruchsteinen und das sorgfältige Stampfen wurde eine Mauerqualität erreicht, die selbst mit heutigen Materialien nur schwer zu übertreffen ist.

Druckfestigkeitsuntersuchungen an Materialproben aus der Kölner Vorgebirgswasserleitung (30 n. Chr. erbaut) ergaben Werte zwischen 5 und 40 N/mm^2 – die Werte für heutigen Beton liegen bei 20 bis 80 N/mm^2.

Der Halbkreisbogen war eine der wichtigsten römischen Erfindungen im Bauwesen. Die Straßenbrücke über den Eurymedon / Köprü Çayı bei Selge (Türkei) hält seit der Römerzeit dem Verkehr stand. Die Steine des Halbkreisbogens übertragen schwersten Druck auf die Widerlager auf beiden Seiten.

In Aizanoi / Çavdarhisar (Türkei) sind zwei Extreme im Brückenbau zu sehen. Die Penkalas-Brücke aus dem 2. Jahrhundert n. Chr. ist bis auf die antike Brüstung gut erhalten und dient bis heute dem Verkehr, ...

... der mitten in Aizanoi / Cavdarhisar über den Penkalas / Bedir Çayı führende Holzsteg bietet eine einfache – »unrömische« – Möglichkeit, den Fluss zu überqueren.

Nach wie vor das Non plus ultra aller römischen Aquäduktbrücken ist der Pont du Gard. Ohne Mörtel zu verwenden, wurden hier Bogenstellungen konstruiert, die scheinbar für die Ewigkeit bestimmt waren. Die deutlich sichtbaren Kragsteine und Balkenlöcher laden dazu ein, die hier verwendeten Lehrgerüste zu rekonstruieren.

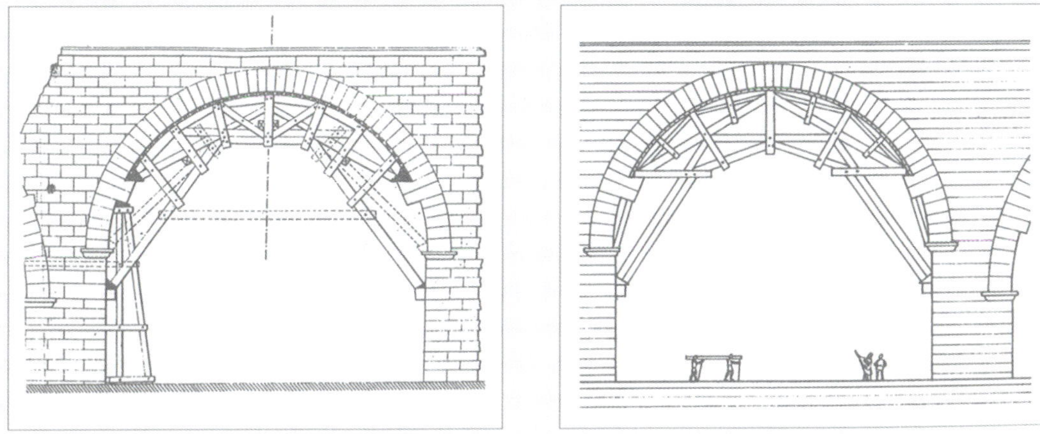

Obwohl beide für die Rekonstruktion des Lehrbogens in einem Halbkreisbogen des Pont du Gard dieselben Balkenlöcher und Kragsteine benutzen, kommen Léger (links) und Adam (rechts) zu anderen Ergebnissen. Beide Lösungen sind praktikabel.

Mit *Opus caementicium* zu arbeiten hieß, praktisch für die Ewigkeit zu bauen: Die Kuppel über dem Pantheon in Rom wurde aus diesem Baustoff errichtet – und trägt sich heute noch. Das Bauen mit *Opus caementicium* konnte also ein echter Ersatz für den Einsatz von Großsteinquadern sein.

Daneben verwendete man als weiteren Mörtel das *Opus signinum*, das durch den Zuschlag von Trass (Vulkanasche) oder Ziegelmehl seine Wirkung erhielt und als Estrich für Fußböden Verwendung fand – ein antiker *Terrazzo* könnte man sagen. Mit *Opus signinum* als hydraulischem Putz wurden aber auch die Innenflächen der Aquädukte und anderen Wasserbauten verkleidet, um sie dauerhaft abzudichten. Dabei formte man in beiden Ecken in Sohlenhöhe jeweils einen Wulst (»Viertelrundstab«) aus demselben Material, um diese bruchgefährdeten Stellen im Kanal besonders zu schützen.

20 Grewe (2010) 85–89; Grewe (2014) 100–103.
21 Grewe (2010) 111.
22 Léger (1875); Adam (1984).
23 Lamprecht (1984).

Um die Haltbarkeit und Festigkeit des Mörtels zu erhöhen, brachten die römischen Baumeister (ganz selten) auch Eisenstäbe ein. Hier ein Beispiel für »eisenbewehrten Beton«, wie er von H.-O. Lamprecht in der Sohle eines antiken Wasserbeckens in Köln gefunden wurde. (Heute in einer kleinen Ausstellung in der Kreissparkasse Köln zu sehen.)

Das Fundstück der Eifelwasserleitung aus Mechernich-Antweiler zeigt den Aufbau des römischen Mauerwerks sehr deutlich: Auf der Stickung die Sohle aus Opus caementicium, *darauf eine Schicht* Opus signinum, *um das Gerinne wasserdicht zu machen. Die hydraulische Wirkung erreichte dieser Mörtel durch den Zuschlag von Vulkanasche oder Ziegelmehl. Auch die Wangen des Kanalgerinnes waren auf diese Weise abgedichtet worden. Die unteren Ecken der Rinne hatte man durch Einbringung von Mörtelwulsten, sogenannten »Viertelrundstäben«, verstärkt. Der in der Betriebszeit abgelagerte Kalksinter überzieht die* Opus signinum-*Schicht und ist an seinem schichtigen Aufbau zu erkennen.*

Auch der Blick auf eine Schnittfläche der Eifelwasserleitung nach Köln (80/90 n. Chr. erbaut) gibt einen Eindruck von der qualitätvollen Ausführung römischen Mörtels. Zuschlagstoffe – in diesem Fall kleine Bruchsteine und Kiesel – und die sorgfältige Verdichtung beim Einbringen des Materials sind die Ursachen für eine Jahrhunderte überdauernde Festigkeit.

Die zweite wichtige Erfindung der Römer im Bauwesen war das Opus caementicium *– genial, weil zweckmäßig. Dieser neue Baustoff war eine Revolution im Bauwesen. Untersuchungen eines Bohrkerns aus dem Gussmauerwerk der ersten Kölner Wasserleitung (30 n. Chr. erbaut) ergaben zur Druckfestigkeit Werte zwischen 5 und 40 N/mm² – die Werte für heutigen Beton liegen bei 20 bis 80 N/mm².*

5. »Was wussten die Römer von der Kugelgestalt der Erde?«

Oft begegnet man der Ansicht, die Römer hätten von der Kugelgestalt der Erde noch keine Ahnung gehabt. Das ist deshalb sehr erstaunlich, weil die Annahme, dass es sich bei der Erdfigur um eine Kugel handeln muss, schon seit dem 6. Jahrhundert v. Chr. in verschiedenen Quellen belegt ist und Aristoteles im 4. Jahrhundert v. Chr. Beweise dafür angeführt hat. Der wichtigste war und ist bei einer Mondfinsternis für jedermann deutlich am Himmel zu erkennen: Schließlich kann der kreisförmige Schatten, der sich dabei auf dem Vollmond abbildet, nur von der Erde, die sich zwischen Sonne und Mond geschoben hat, stammen, und nur eine Kugel kann dieses Schattenbild verursachen – egal in welcher Lage sie sich befindet. Und wer für eine solche Beweisführung nicht auf den nächsten Vollmond warten will, der muss nur die Segelschiffe, die sich auf's Meer hinaus bewegen, mit den Augen verfolgen: Denn langsam verschwindet der Rumpf hinter dem Horizont, während die Takelage noch eine Zeitlang zu sehen ist. In der anderen Blickrichtung ist das der Grund dafür, dass der Mann im Ausguck eines Schiffes eher Land sehen kann als die übrige Schiffsbesatzung.[24]

Nach der Beweisführung für die Kugelgestalt der Erde durch Aristoteles war es Eratosthenes von Kyrene (um 240 v. Chr.), der sogar den Umfang dieser Erdkugel berechnete. Er hatte sich dazu die parallelen Strahlen des Sonnenlichtes zunutze gemacht. Er griff bei seiner Berechnung auf die Schattenbildung an zwei Orten, von denen er glaubte, dass sie auf demselben Längengrad lägen, nämlich Alexandria und *Syene* / Assuan, zurück. Die Strecke zwischen beiden Orten musste annähernd genau bekannt sein (nach heutiger Messung ca. 835 km), und die Schattenmessung musste zeitgleich vorgenommen werden. Die Länge der Strecke konnte Eratosthenes durch Karawanen oder Läufer herausfinden lassen und den Zeitpunkt durch den Höchststand der Sonne bestimmen, wobei der Tag der Sommersonnenwende am geeignetsten war. Dann nämlich warf die im Zenit stehende Sonne in einem senkrecht gebauten Brunnen von Assuan keinen Schatten, während sich an einem Obelisken im nördlich gelegenen Alexandria ein Schatten zeigen musste.

Eratosthenes muss folgendes Bild vor Augen gehabt haben: Ausgehend davon, dass die Erde eine Kugelgestalt hat, führte die Verlängerung der Lotlinie im Brunnen von Assuan durch den Mittelpunkt dieser Erde – aber auch die Verlängerung der Senkrechten des Obelisken von Alexandria führte durch den Erdmittelpunkt, wo beide Lotlinien sich trafen und dabei einen Winkel bildeten. Da dieser Winkel genau dem Winkel entsprach, der sich im Schatten des Obelisken von Alexandria messen ließ, war er neben der Strecke die zweite Komponente zur Berechnung des Erdumfangs. Und diese Formel war Eratosthenes bekannt:

$$\text{Umfang} = \text{Bogen} \times \frac{360°}{\text{Winkel}}$$

Der gemessene Winkel des Schattenwurfs am Obelisken entsprach 1/50 eines Vollkreises (7,2°), die Strecke 835 km, also:

$$\text{Umfang} = 835\text{ km} \times \frac{360°}{7{,}2°} = 41.750\text{ km}$$

In der Literatur finden sich sehr unterschiedliche Werte für die in die Berechnung eingeflossene Streckenlänge. Das liegt daran, dass wir heute nicht wissen können, welche Streckenlänge Eratosthenes verwendet hat. Die Streckenlänge in Stadien anzugeben, ist wenig hilfreich, denn deren Länge liegt zwischen 150 m und 185 m. (Aus der *Naturalis historia* von Plinius d. Ä. lässt sich der Wert 157,5 m ableiten). Das ist aber auch unerheblich, da wir die heutige Strecke zwischen beiden Orten kennen. Nehmen wir also für die von Eratosthenes verwendeten 5.000 Stadien die Entfernung von Alexandria nach Assuan mit 835 km an, dann erhalten wir eine Stadienlänge von 167 m. Für unsere Betrachtungen bedeutet dies, dass die 835 km ein 50stel des Erdumfangs (7,2° von 360°) darstellen. Für den Erdumfang nach Eratosthenes bedeutet dies 835 km mal 50 gleich 41.750 km. Der tatsächliche am Äquator bestimmte Wert beträgt 40.075 km; der Fehler beträgt also nur rund 1.675 km oder 4,2 %.

Eine partielle Mondfinsternis macht die Kugelgestalt der Erde erkennbar: Die Erde schiebt sich zwischen Sonne und Mond. Nur ihre Kugelform kann in jeder Lage einen solchen Schatten verursachen.

Die Erde hat also die Gestalt einer Kugel, das wissen wir spätestens seit Aristoteles, und seit Eratosthenes kennen wir auch ihre Größe. Was aber wussten die Römer?

In dieser Hinsicht ist uns Vitruv (1. Jahrhundert v. Chr.) wieder einmal eine dankenswerte Stütze. Er beschreibt im achten seiner *Zehn Bücher über Architektur* ausführlich sein Gerät zum Nivellieren von Höhenunterschieden. Durch die eingearbeitete Wasserrinne von 1,48 m Länge wurde der Chorobat auch zu einer Riesenwasserwaage.[25] Bezüglich der Wasseroberfläche in dieser Rinne beschreibt uns Vitruv eine ganz spezielle Auffälligkeit und bezieht sich dabei doch tatsächlich auf Aristoteles:

Vielleicht wird jemand, der die Schriften des Aristoteles gelesen hat, sagen, dass mit Hilfe von Wasser keine zuverlässige Nivellierung erzielt werden kann, weil dieser der Meinung ist, dass die Oberfläche des Wassers nicht waagerecht ist, sondern eine kugelähnlich gewölbte Gestalt und (diese Kugel) dort ihren Mittelpunkt hat, wo ihn auch die Erde hat. Mag nun aber die Oberfläche des Wassers waagerecht oder kugelähnlich gewölbt sein, so muss doch das Richtscheit, wenn es waagerecht ist, das Wasser an den äußersten Enden (der Rinne) in gleicher Höhe halten. … Es ist nämlich notwendig, dass das Wasser, wohin man es auch gießt, in der Mitte (seiner Oberfläche) eine Aufblähung und Krümmung hat, dass aber die Enden rechts und links unter sich in einer waagerechten Linie liegen.[26]

Die Erde war also für den römischen Baumeister Vitruv ganz klar eine Kugel. Und es muss auch ihm klargewesen sein, dass man eine durch die Erdkrümmung verursachte Wölbung in der 1,48 m langen Wasserrinne des Chorobates überhaupt nicht sehen oder sonst wie bemerken konnte. Es war Vitruv wahrscheinlich wichtiger zu erklären, dass man sich bei Höhenvermessungen mit seinem Gerät wegen der Verwendung von Loten und Wasserwaage auf der Erdkrümmung bewegte und damit deren Auswirkungen ausschalten konnte. Doch die Kenntnis von der Kugelgestalt der Erde war für ihn einfach Grundwissen.

Wir dürfen aber nicht verkennen, dass bis hierher alles Theorie war. Den wirklichen, handfesten Beweis für die Kugelgestalt der Erde hatte bis dato noch niemand erbracht. Kolumbus kam der Problemlösung 1492 schon etwas näher, denn er wollte einen Seeweg nach Indien auf der Westroute finden. Die Kugelgestalt der Erde sowie die Verfügbarkeit von Astrolabium und Jakobsstab hätten das auch mög-

Schiffe, die auf dem Meer in der Ferne langsam »untergehen«, werden für den Betrachter teilweise von der Wölbung der Wasseroberfläche verdeckt, ehe sie ganz aus dem Blickfeld verschwinden. Windkrafträder, die scheinbar »bis zum Hals« im Wasser stehen, sind wegen der Erdkrümmung ebenfalls nur im oberen Bereich zu sehen, wenn sie sich weit entfernt befinden.

lich machen können, aber vermutlich waren seine Vorstellungen von der Größe der eurasischen Landmasse falsch und ließen ihn bei seiner Reiseplanung von viel zu kurzen Entfernungen ausgehen: Kolumbus hat den Erdumfang deutlich zu klein angenommen. Das Ergebnis ist bekannt.

Es sollte allerdings nur noch ein paar Jahre dauern, bis jemand die Größenverhältnisse richtig einschätzte und die Erde umsegeln konnte: Ferdinand Magellan brach am 20. September 1519 als Generalkapitän mit fünf Schiffen im Auftrag der spanischen Krone auf, um auf der Westroute einen Seeweg nach Indien zu finden. Er entdeckte Ende 1520 eine Passage vom Atlantik in den Pazifik im Süden Amerikas, heute als Magellanstraße bekannt. Damit war der Seeweg nach Indien frei. Zwar starb Magellan auf dieser Reise in Kämpfen mit Einheimischen, doch unter Juan Sebastián Elcano wurde die erste Weltumsegelung mit dem kleinen Rest der Mannschaften auf dem von der Armada einzig verbliebenen Schiff »Victoria« schließlich doch noch vollendet. Durch die von Magellan begonnene und von Elcano vollendete Erdumsegelung war dann endlich der letzte Beweis für die Kugelgestalt der Erde erbracht. Dabei hatten sie doch eigentlich nur einen besseren Seeweg zu den Gewürzinseln im Indischen Ozean finden wollen.

24 Bachmann (1965); Berger (1906); Guenther (1919); Miller (1919).
25 Vitruv VIII, 5, 2.
26 Vitruv VIII, 5, 3.

Eratosthenes nutzte für seine Berechnungen einen Brunnen in Syene/Assuan (Ägypten) und einen Obelisken in Alexandria. Hier im Bild ein Obelisk an seinem ursprünglichen Standort in Alexandria, heute im Central Park von New York. Foto von Francis Frith (1870).

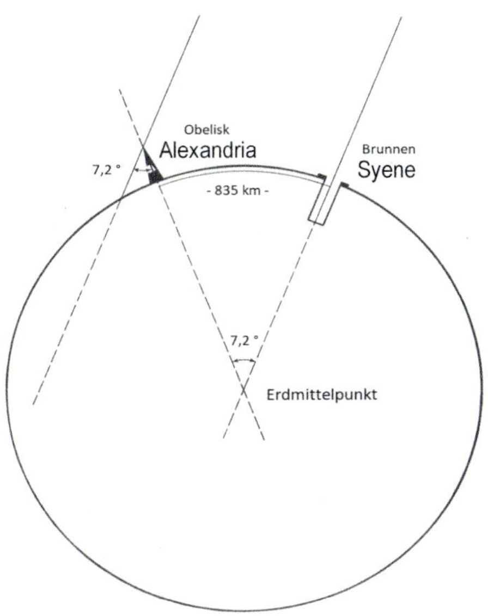

Nachdem Aristoteles den Beweis für die Kugelgestalt der Erde erbracht hatte, berechnete Eratosthenes als erster einen Wert für den Erdumfang, der dem wahren Ergebnis sehr nahekam. Er machte sich dabei den Wechselwinkelsatz der Geometrie zunutze und bestimmte über den am Obelisken in Alexandria gemessenen Schatten den Winkel im Erdmittelpunkt.

6. »Bei den Römern soll die Himmelsrichtung doch eine wichtige Rolle gespielt haben. Aber wie fand man sich eigentlich ohne Kompass zurecht?«

Nicht ohne Grund wurde der Kreuzungspunkt der Hauptachsen eines Legionslagers als »*groma*« bezeichnet – genau wie das wichtigste Vermessungsgerät der römischen Landvermesser. Und nach diesem Gerät zum Abstecken rechter Winkel hat man den ganzen Berufsstand bezeichnet: *Gromatici*. Der rechte Winkel war zudem ein wichtiges Ordnungsmittel bei der Landaufteilung, der *limitation* oder *centuriation*. Aber der rechte Winkel war nicht das alleinige Mittel der Landordnung – auch die Himmelsrichtung spielte eine Rolle: »Nach Anlage der Ringmauer folgt innerhalb der Stadtmauer die Einteilung des Baugeländes und die Ausrichtung der Haupt- und Nebenstraßen nach den Himmelsrichtungen.«[27] Vitruv hat auch die Gründe für die richtige Auswahl der Himmelsrichtungen genannt. So spielen bei ihm beispielsweise die Winde und deren Auswirkungen auf die Gesundheit der Stadtbewohner eine große Rolle.

Die *Gromatici* waren also unverzichtbare Fachleute, etwa bei der Anlage von Stadtgründungen und damit der Festlegung der Achsenkreuze im Stadtgrundriss. Sie folgten dabei genau festgelegten Grundsätzen und legten die Ost-West-Achse (*Decimanus maximus*) und darauf rechtwinklig die Nord-Süd-Achse (*Kardo maximus*) nach strengen astronomischen Regeln fest.

Es war aber auch den römischen Ingenieuren klar, dass eine Landaufteilung nur dann Bestand haben und Rechtssicherheit bieten konnte, wenn sie exakt durchgeführt und jederzeit nachvollziehbar war. Deshalb wird auch im *Feldmesserbuch* des Hyginus der Bestimmung der exakten Ost-West-Richtung großer Raum gegeben.[28] Dabei kommt gleichermaßen die Problematik der Festlegung der Himmelsrichtung zur Sprache, denn Hyginus zufolge war es klar, dass Sonnenauf- und -untergang in bewegtem Gelände kaum dafür zu nutzen waren, wenn Berge am Horizont die Sicht verfälschten. Weil Hyginus das wusste, beschrieb er zwei Methoden der Meridianbestimmung mithilfe der »Gnomonik«. Als eine sichere Methode nennt er den »Indischen Kreis«, in dessen Mittelpunkt man einen Schattenstab (*gnomon*) aufstellt.

Vitruv hatte sich dieses Themas schon vorher angenommen und beschreibt diese Methode sehr ausführlich:

> Man lege in der Mitte der Stadt eine marmorne glatte Scheibe waagerecht hin oder mache nach Richtscheit und Wasserwaage [d. h. mit dem Chorobat] eine Stelle so glatt, dass eine glatte Scheibe nicht erforderlich ist, und im Mittelpunkt dieser Stelle stelle man einen bronzenen Stab (Gnomon) als Aufspürer des Schattens senkrecht auf. … Dann muss man, nachdem der Zirkel (vom Mittelpunkt der Scheibe) bis zu dem Punkt der die Schattenlänge des Stabes markiert, auseinandergezogen ist, (mit dieser Entfernung als Radius) um den Mittelpunkt einen Kreis schlagen. Ebenso muss der nachmittäglich wachsende Schatten dieses Gnomon beobachtet werden und, wenn er die Kreislinie berührt und einen nachmittäglichen Schatten wirft, der gleich lang ist wie der vormittägliche, muss (das Schattenende) mit einem Punkt markiert werden.[29]

Einfacher ausgedrückt heißt das nichts anderes als: Die Spitze des Gnomons wird mit ihrem Schatten den Rand des Kreises an einem Tag an zwei Stellen schneiden, wonach die Verbindung dieser Schnittpunkte die Ost-West-Richtung vorgibt. Um nun die Nord-Süd-Richtung zu finden, muss man die Sehne durch diese beiden Punkte halbieren und darauf den rechten Winkel konstruieren. F. Schmidt führt dazu aus: »Die Gerade vom Kreismittelpunkt nach dem Halbierungspunkt ist die Mittagslinie.«[30] Das ist die einfachste Lösung, die keine weiteren Aktionen erfordert.

Vitruv ist aber wesentlich präziser:

> Von diesen beiden Punkten muss mit dem Zirkel ein kreuzweiser Durchschnitt beschrieben und durch den Durchschnitt der Kreisbögen und den Kreismittelpunkt eine Linie gezogen werden bis zum äußersten, damit man die Mittagslinie (Südrichtung) und die Nordrichtung bekommt.[31]

Er beschreibt damit eigentlich nichts anderes als eine der Grundkonstruktionen in der Geometrie, wozu man als eine der einfachsten Übungen das »Halbieren einer Strecke und die Mittelsenkrechte« zählt. Diese Linie ist wesentlich länger als die nach Schmidt gefundene, deshalb dürfte sie für den Aufbau eines Quadratnetzes in der Landschaft besser geeignet gewesen sein.

27 Vitruv I, 6, 1.
28 Hyginus §§ 6 und 20.
29 Vitruv I, 6, 6.
30 Schmidt (1935) 197.
31 Vitruv I, 6, 7.

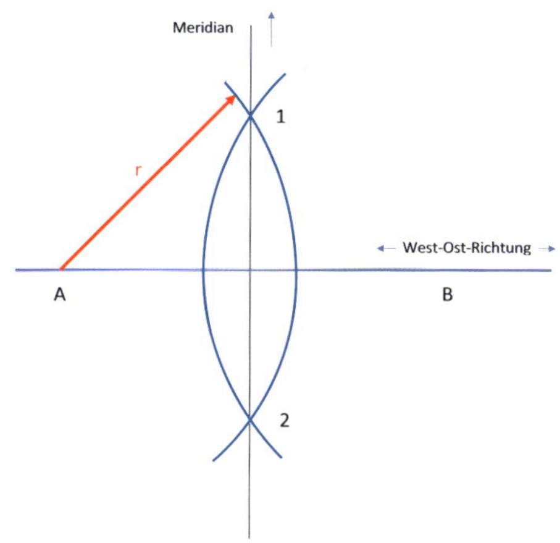

Um eine längere Ausgangsrichtung für den Meridian zu erhalten, müssen nach Vitruv von den beiden vom Gnomon vorgegebenen Berührungspunkten (A und B) Kreisbögen mit identischem Radius (r) geschlagen und zweimal zum Schnitt gebracht werden. Die Verbindung der auf diese Weise gewonnenen Schnittpunkte (1 und 2) gibt die Nord-Südrichtung (Meridian) an.

Im Feldmesserbuch *des Hyginus ist im* Gudianus-Text *eine Methode zur Findung der Nordrichtung als »*Indische Methode*« beschrieben und in einer Zeichnung sehr anschaulich dargestellt: Der im Mittelpunkt eines Halbkreises aufgestellte Schattenstab* (gnomon) *wirft einen Schatten, dessen Spitze im Laufe eines Tages den Kreis durchfährt und seinen Rand dabei zweimal berühren muss. Die Verbindung dieser beiden Punkte gibt eine Linie mit Ost-West-Richtung vor. Eine vom Gnomon ausgehende Linie durch deren Mittelpunkt zeigt dann die Nordrichtung an. Das gilt natürlich nur auf der nördlichen Halbkugel der Erde.*

7. »Wie schnitten die römischen Steinmetze eigentlich die unfassbar großen Mengen an Marmorplatten für ihre Thermen?«

Bis zur Entschlüsselung des Ammianos-Reliefs war unklar, wie man in römischer Zeit die feinen Marmorplatten für die Ausstattung der vielen Villen und vor allem für die Thermen hergestellt hat. Nach dem Stand des technischen Wissens kam bis dahin nur der Handbetrieb von Marmorsägen infrage, denn die Anwendung von Sägemaschinen war nirgendwo belegt. Eigentlich hätte man erwarten können, von Vitruv etwas über den Einsatz von Sägemaschinen zu erfahren, wenn es sie denn zu seiner Zeit schon gegeben hätte. Er berichtet zwar über Tuffstein, »der sich mit einer gezähnten Säge wie Holz schneiden lässt«,[32] und als wassergetriebene Kraftmaschine beschreibt er uns Getreidemühlen ausführlich.[33] Im Gegensatz zu einer Sägemaschine ging es dabei allerdings um die Kraftübertragung von einem Wasserrad über die Welle und das an deren anderem Ende angebrachte Zahnrad auf ein weiteres Rad, welches für die Drehbewegung des Mühlsteines sorgte, also um die Übertragung einer rotierenden in eine anders ausgerichtete, aber ebenfalls rotierende Bewegung.

Bei einer Sägemaschine ist allerdings eine völlig andere Konstruktion gefragt, nämlich die Übertragung von einer rotierenden Bewegung in eine linear oszillierende, hier muss also die Drehbewegung des Wasserrades in die horizontale Bewegung der Steinsäge umgesetzt werden.

Zu Vitruvs Zeiten gab es solche Maschinen offensichtlich noch nicht. Eine solche ist erstmals in der zweiten Hälfte des 3. Jahrhunderts n. Chr. nachgewiesen und zwar durch den Fund und die Entschlüsselung eines Reliefs auf dem Sarkophag eines gewissen Ammianos in *Hierapolis* / Pamukkale (Türkei) im Jahre 2005.[34] Die Darstellung darauf zeigt eine von einem Wasserrad angetriebene Doppelsteinsäge, womit eine für die Technikgeschichte einzigartige Quelle ans Licht gekommen ist.

Mit der Entschlüsselung dieser Darstellung auf dem Sarkophag des Ammianos in Hierapolis */ Pamukkale (Türkei) löste sich erstmals das Rätsel um die Technik des Steinsägens in der Antike. Eine wassergetriebene Doppelsteinsäge machte die Massenherstellung von Marmorplatten möglich.*

Sägespuren an einer zweitverwendeten antiken Marmorsäule zeugen von dem Einsatz einer Gattersäge mit vier parallel geführten Sägeblättern. Das Beispiel aus Gerasa (Jordanien) belegt die Anwendung dieser Technik in byzantinischer Zeit. Die Entschlüsselung des Ammianos-Reliefs zeigt aber, dass diese Technik schon im 3. Jahrhundert n. Chr. erfunden worden war.

In einer Marmorwerkstatt in Ephesus (Türkei) stehen zwei Marmorblöcke noch in »Sägestellung«. Die Sägespuren belegen den Einsatz einer zweiblättrigen Gattersäge in byzantinischer Zeit. Anhand der Sägespuren konnte nachgewiesen werden, dass die Schnitte streng horizontal geführt wurden.

Zunächst fällt auf der rechten Seite des Reliefs das große Antriebsrad ins Auge. Es hat den Anschein, als sei hier ein mittelschlächtiges Wasserrad dargestellt: Das Wasser trifft also in halber Höhe des Rades auf die Schaufeln. Voraussetzungen für den Betrieb eines solchen Rades waren ein Aufstau und eine künstliche Heranführung des Wassers. Dessen Aufprall auf die Schaufeln trieb das Rad an und hielt es in einer konstanten Drehbewegung. Durch diese Einrichtung ist die für den Betrieb der Säge notwendige Energie bereitgestellt. Die Übertragung der Drehbewegung auf den Mechanismus der Steinsäge ist im Relief anschaulich dargestellt.

Die Achse (Welle) des Wasserrades bildet nach der Darstellung die Verbindung zu einem Zahnradgetriebe. Das Zahnrad wurde am Ende der Achse (Radwelle) des Wasserrades fest montiert und drehte sich im Gleichlauf mit dem Wasserrad. Das Zahnrad wiederum übertrug die Kraft auf ein drittes Rad (Drehling), das als Kurbelwelle fungierte: Damit wurde die Drehbewegung des Wasserrades in eine horizontale Bewegung umgesetzt, denn zur weiteren Kraftübertragung auf die angeschlossenen Steinsägen dienten Schubstangen (Pleuelstangen). Diese waren nicht an der Achse des Drehlings montiert, sondern an zwei Hubzapfen, die an beiden Seiten von diesem exzentrisch angebracht waren. Der Durchmesser der von den Hubzapfen vollzogenen Kreisbahnen entsprach damit genau der Länge der von den Schubstangen zurückgelegten Horizontalbewegungen und somit auch der Arbeitsbewegung der angeschlossenen Sägen.

Mit der Entdeckung dieser Kraftmaschine erhielt eine antike Schriftstelle endlich eine Erklärung, denn ohne den Einsatz wassergetriebener Steinsägen waren die Verse des Ausonius in seiner »*Mosella*« gar nicht zu verstehen gewesen. Ausonius hatte 375 n. Chr. auf seiner Reise durch das Moseltal nach Trier in seinem Moselgedicht eigenartige Geräusche beschrieben, die nur vom Einsatz wassergetriebener Kraftmaschinen herrühren konnten: »Die Ruwer dreht mit schnellem Lauf die Mühlsteine für das Getreide, und durch den glatten Marmor zieht sie die kreischenden Sägen, deren ständiger Lärm die beiden Ufer erfüllt.«[35]

Für diesen zeitlichen Ablauf sprechen auch die beiden archäologischen Funde von Steinsäge-Werkstätten in Gerasa (Jordanien) und Ephesus (Türkei), denn diese Werkräume, in denen angesägte Steinblöcke teilweise noch in situ liegen, sind erst auf das 6. Jahrhundert n. Chr. datiert. Dass an beiden Orten aber große Marmorblöcke mit Kraftmaschinen gesägt worden sind, lässt sich an den Werkstücken eindeutig nachweisen. Ammianos, der dreihundert Jahre früher gewirkt hatte, gibt uns die erste Beschreibung dieser Sägetechnik und kann sich also auf seinem Sarkophag zu Recht einen »geschickten *daedalos*« (Erfinder) nennen lassen, denn ihm ist diese bahnbrechende Erfindung ohne Zweifel zuzuschreiben.

Das nach dem Vorbild des Ammianos-Reliefs gefertigte Modell im Römerkanal-Informationszentrum in Rheinbach zeigt die in einer wassergetriebenen Doppelsteinsäge steckende aufwendige Technik. Hier wurde erstmals in der Geschichte eine rotierende Bewegung in eine linear oszillierende Bewegung umgesetzt – eine technische Revolution! (Modellbau D. Maas, Münster)

Um das Sägeblatt streng horizontal zu führen, bedarf es einer Maschine, wie Leonhard Christoph Sturm sie uns beschrieben hat: Das in einen Rahmen eingepasste Sägeblatt wird in einem auf kleinen Rädern laufenden Sägewagen hin- und herbewegt. Mit dem Einschneiden in den Marmorblock rutscht der Rahmen mit dem Sägeblatt im Sägewagen langsam tiefer, wird dabei aber von vier Holzstiften in Führungsschienen gehalten. Ohne diese aufwendige Führung der Sägeblätter ist ein exakt gerader Schnitt nicht möglich!

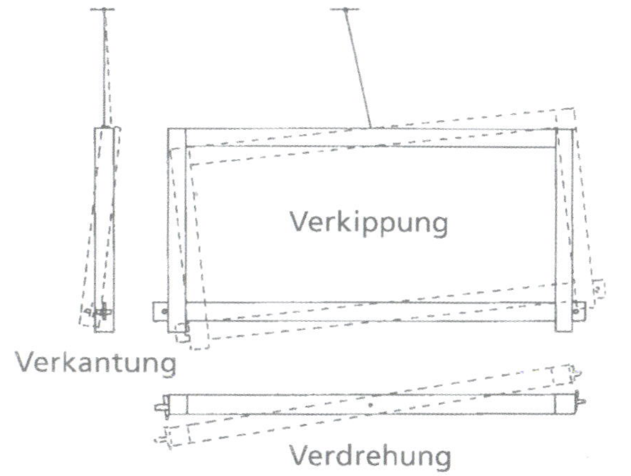

Die Steinsäge muss bei ihrer Hin- und Herbewegung vor »Verkantung, Verkippung und Verdrehung« geschützt werden. Eine strenge Führung des Sägerahmens in einem Sägewagen ist daher Voraussetzung für einen geradlinigen Schnitt. Steinsägen, die lose aufgehängt von einer Pleuelstange hin und her gezogen werden, können diese Anforderungen nicht erfüllen.

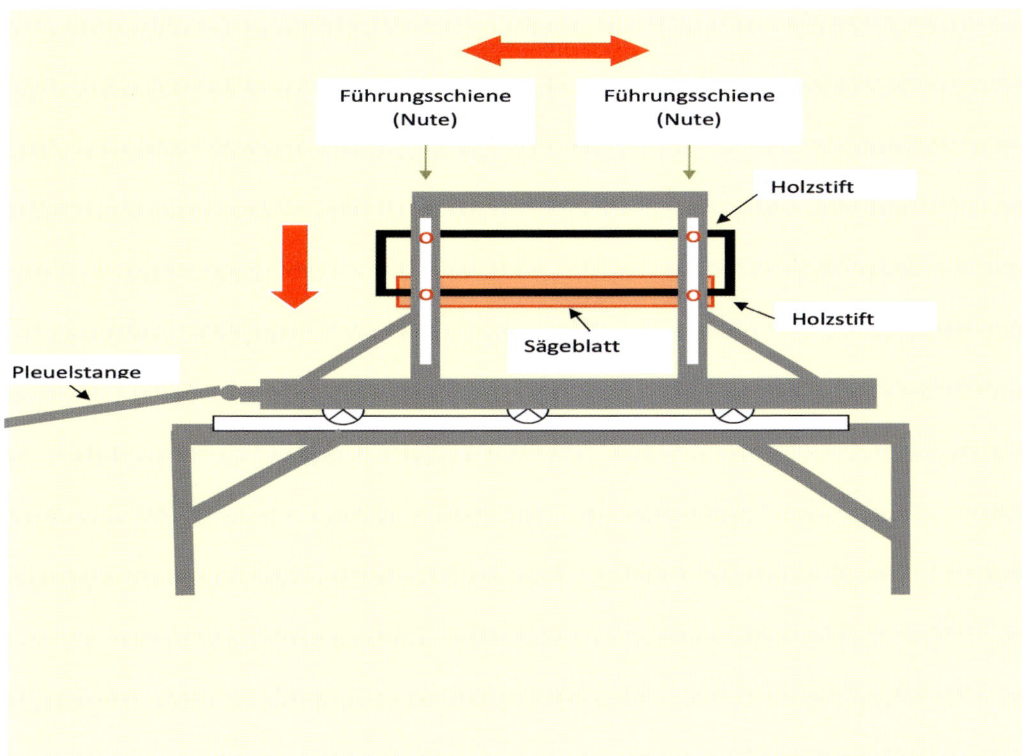

*Die Auswirkungen des Verkippens bei **nicht** streng geführten Sägeblättern:*

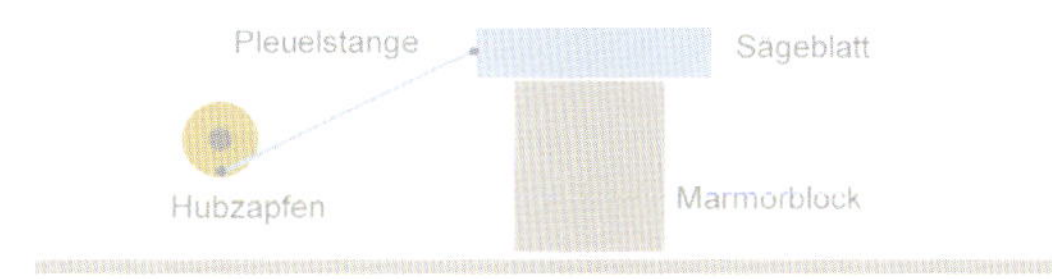

Das Blatt wird oben auf dem Stein in Stellung gebracht.

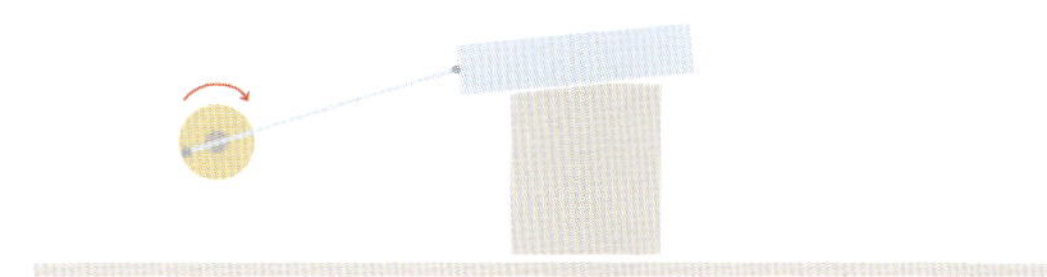

Die Kurbelwelle wird mittels Zahnradgetriebe in Bewegung gesetzt und schiebt das Sägeblatt mit der Pleuelstange hin und her. Dabei wird die Pleuelstange zwangsweise die Drehbewegung des Hubzapfens nachvollziehen.

Beim Richtungswechsel der Säge vom Ziehen zum Schieben drückt die Pleuelstange das Sägeblatt nach unten (oder nach oben) – aber nie in die horizontale Richtung.

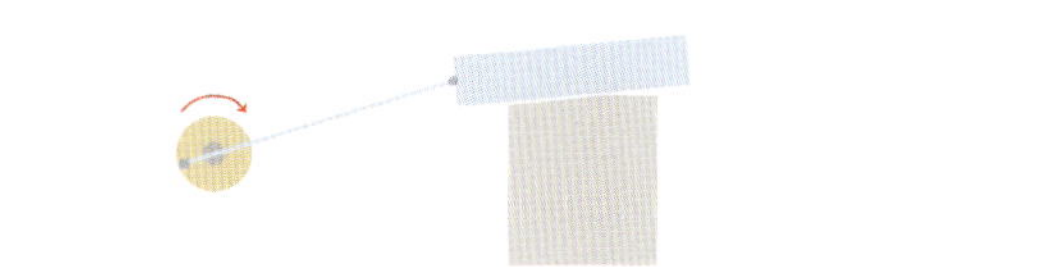

Bei der nächsten Zugbewegung kippt die Säge wieder in die erste Schräglage, die sich mit jeder neuen Bewegung verstärken wird. Die Säge fängt nun an, auf dem Stein zu »tanzen«.

Schauen wir über den Tellerrand, so haben wir es auf dem Ammianos-Relief vom Prinzip her sogar mit der Kraftübertragung einer Dampfmaschine zu tun, denn hier ist erstmals ein Kurbelmechanismus mit Pleuelstange gezeigt. Mit seiner Entschlüsselung kann ein wichtiges Kapitel der Technikgeschichte für rund tausend Jahre früher belegt werden, als man bisher angenommen hatte.

Die Technik dieser Art des ‚Steinsägens' müsste man übrigens richtiger »Steinschleifen« nennen, da das eigentliche Zerschneiden der Steinblöcke nicht von Sägezähnen verursacht wird, sondern von dem den Sägeblättern zugeführten Sand und Wasser. Eine solche Sägemaschine ist in einem neuzeitlichen Ingenieurtraktat bei Leonhard Christoph Sturm aus dem frühen 18. Jahrhundert fast konstruktionsgleich beschrieben;[36] ein Nachbau ist in der Alten Schleifmühle in Schwerin in Betrieb. Im Römerkanal-Informationszentrum in Rheinbach ist ein Modell dieser Maschine zu sehen.

32 Vitruv II, 7, 1.
33 Vitruv X, 5, 2.
34 Grewe (2009a).
35 Ausonius: Mosella 359–364.
36 Sturm (1718).

Die in der Mitte des 18. Jahrhunderts in Schwerin eingerichtete Schleifmühle bietet heute als technisches Museum einen guten Einblick in die Vorgänge des Schneidens von Stein. Der nach den historischen Vorgaben von Leonhard Christoph Sturm gebaute Sägewagen wird von einer Pleuelstange hin- und herbewegt.

Der Antrieb dieser Konstruktion erfolgt von einem wassergetriebenen Mühlrad ausgehend über ein Zahnradgetriebe auf die Pleuelstange.

Das eigentliche Schneiden des Marmors erfolgt durch Hinzuführen von Sand und Wasser in den Schnittkanal, da es sich bei »Sägeblättern« um zahnlose Eisenblätter handelt. Aus diesem Grund spricht man mancherorts auch von »Steinschleifen« statt von »Steinsägen«. Beim Wechsel von der Hin- zur Herbewegung gibt es jedes Mal einen kleinen Ruck, bei dem ein wenig Sand unter das Sägeblatt rutscht.

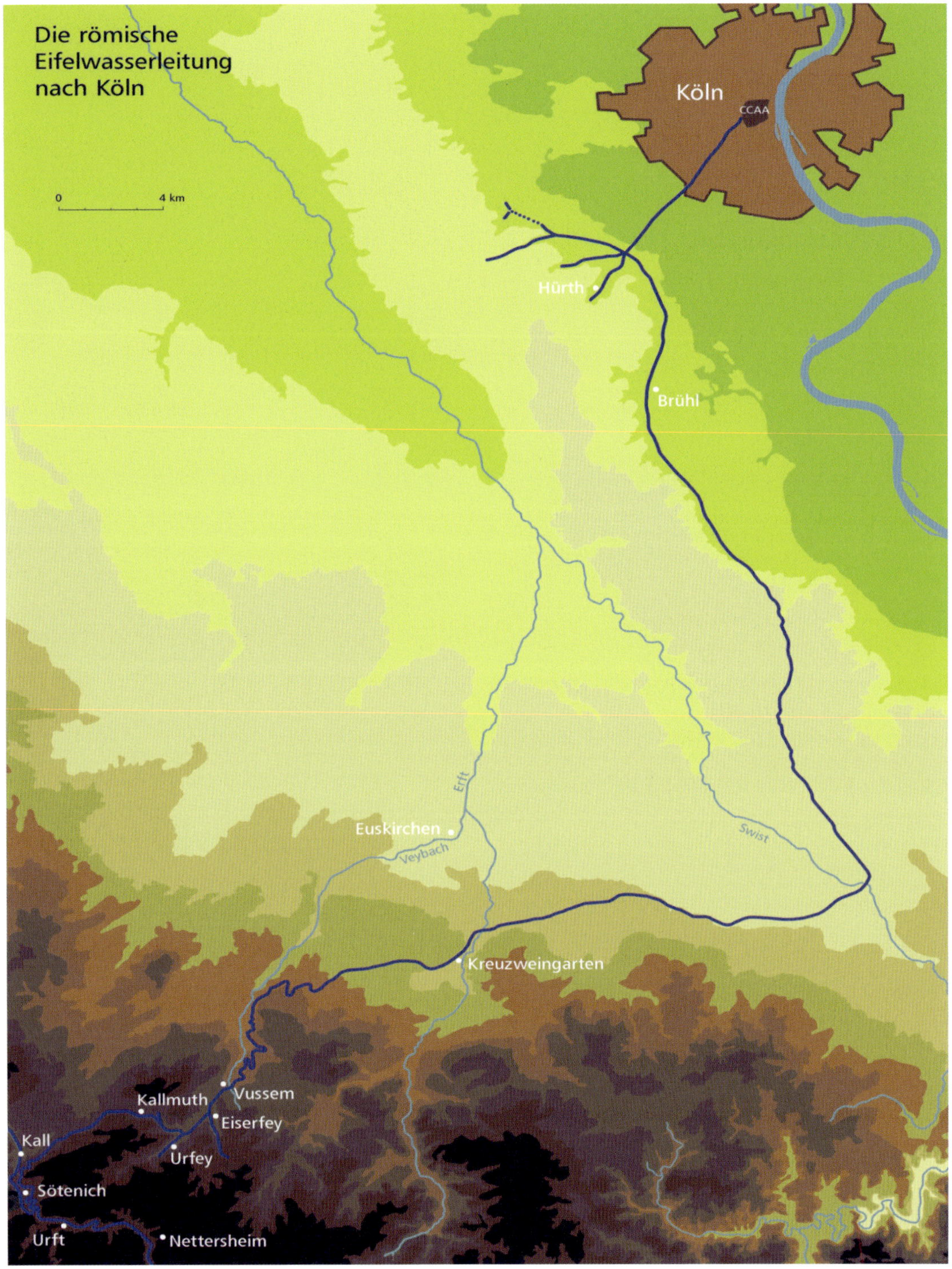

»Kein Bauwerk ohne Vermessung!« – Dieser Grundsatz galt natürlich für alle Technikbauten, besonders aber für die Planung und Trassierung der großen Fernwasserleitungen. Die Übersichtskarte mit dem Verlauf der römischen Eifelwasserleitung nach Köln zeigt, wie sich die Trasse an das Geländerelief anschmiegen musste: Seitentäler mussten ausgefahren und Bergsporne umrundet werden. Die Karte zeigt auch das größte Hindernis im Streckenverlauf. Der 50 m hohe Rücken des Vorgebirges erforderte einen Umweg von rund 20 km. Die Ausbuchtung weit in das Tal der Swist hinein war notwendig, um das Vorgebirge mit einer Gefälleleitung überwinden zu können. Anderenfalls hätte die Talniederung vor dem Vorgebirge mit einer Brücke oder einer Druckleitung durchfahren werden müssen. Auch ein Tunnel durch das Vorgebirge hätte das Problem lösen können. Es war eine vermessungstechnische Glanzleistung, hier die zweckmäßigste Lösung zu finden.

VERMESSUNGSTECHNISCHES GRUNDLAGENWISSEN DER RÖMISCHEN BAUMEISTER

Wegen der Parameter Strecke und Höhenunterschied, die zur Planung eines Gefälles nötig waren, erwies sich besonders im Aquäduktbau eine gründliche Vermessung von Projektbeginn an als unverzichtbar. Hohe Anforderungen an die Vermessungstechnik stellte insbesondere der Aquäduktbau, denn dabei waren Strecke und Höhe für die erfolgreiche Erstellung eines Bauplanes maßgeblich. Beim Tunnelbau – und nicht selten auch im Rahmen einer Aquäduktplanung – kam zudem die Richtungsabsteckung als wesentliches Element der Bauausführung hinzu.

Der Ingenieur sah sich also insbesondere beim Bau von Aquädukten vor großen Problemen in der Trassenplanung. Die erste Aufgabe bestand darin, den Höhenunterschied und die Strecke zwischen dem Quellgebiet und der Stadt zu ermitteln, weil allein das schon ausschlaggebend für die Realisierung des Projektes sein konnte. Die Römer waren zwar Meister in der Absteckung geringer und geringster Gefälle, das Wasser floss aber auch in römischer Zeit ausschließlich bergab. Und obwohl den Baumeistern nur einfache Geräte zur Vermessung des Geländes zur Verfügung standen, schafften sie es, Vermessungsergebnisse von schier unglaublicher Genauigkeit zu erzielen. Vitruvs Chorobat als Nivelliergerät und die Groma zum Abstecken der rechten Winkel waren Hilfsmittel, die sich – bei einfachster Anwendung – zu fast fehlerfreier Vermessung einsetzen ließen. Diese Geräte waren zudem so gebaut, dass sie von angelernten Hilfskräften genutzt werden konnten. Damit war die Anwesenheit des Ingenieurs auf der Baustelle nicht durchgängig nötig; es reichte vielmehr aus, dass er sich zu Kurzbesuchen einfand, um die Arbeiten zu überwachen und den Baufortschritt zu kontrollieren.

Die ersten Vermessungen zwischen den Wasserdargeboten und den Versorgungsgebieten mussten schon ein Ergebnis zeigen, das eine Leitungsverbindung von der Höhenlage der Quellen aus überhaupt denkbar sein ließ. War das geklärt, musste in einer Gebietsbegehung ermittelt werden, ob nicht lokale Geländehindernisse dem Aquäduktbau im Wege standen. In dieser Hinsicht waren es vor allem kleine Bergsporne oder Seitentäler, die die Planung einer Trasse behindern konnten. Dann nämlich konnte es unvermeidbar werden, Brücken oder Tunnel zu bauen.

Und somit waren die Ingenieure der Antike neben dem Aquäduktbau in weiteren Fachgebieten gefordert, denn Brücken- und Tunnelbau bargen ihre eigenen Problematiken, für deren Lösung es wiederum Spezialisten gab.

Im Straßenbau galt es, eine kurze Verbindung zwischen zwei Orten zu finden, nach deren Ausbau eine befahrbare Strecke zur Verfügung stehen sollte. Steigungen und Gefällestrecken mussten den Anforderungen der Fuhrwerke gerecht werden. Es darf nämlich nicht übersehen werden, dass Talfahrten Fuhrwerken ganz andere Probleme bereiten konnten als Bergfahrten. Notfalls waren Serpentinen zu bauen, was wiederum einen besonderen Schwierigkeitsgrad für den planenden Ingenieur darstellen konnte. Eine baubegleitende Vermessung war unverzichtbar!

Und erst der Tunnelbau! Hier war das Ergebnis der Vortriebe, die von zwei Mundlöchern ausgingen, vorab schon einmal per Augenmaß zu überprüfen, denn schließlich musste man sich auf halber Strecke möglichst genau treffen. Das war beim Tunnelbau im »Gegenortverfahren« nicht immer einfach, denn auch geringe Vortriebsfehler mussten sich nach dem Strahlensatz unvermeidbar vergrößern und konnten ein Scheitern des Projektes bedeuten.

Aus diesem Grund haben sich die römischen Vermessungsingenieure sehr häufig einer Methode bedient, die sie von den Etruskern – und die wiederum von den alten Persern – übernommen hatten, dem »Qanatverfahren«. Hierbei wurde die gesamte Tunnelstrecke in kurze Abschnitte eingeteilt, an deren Enden man Schächte abteufte und unterirdisch die Verbindung zum nächsten Schacht suchte. Damit hielt man mögliche Vortriebsfehler klein, was eine Versicherung gegen das Scheitern bedeutete.

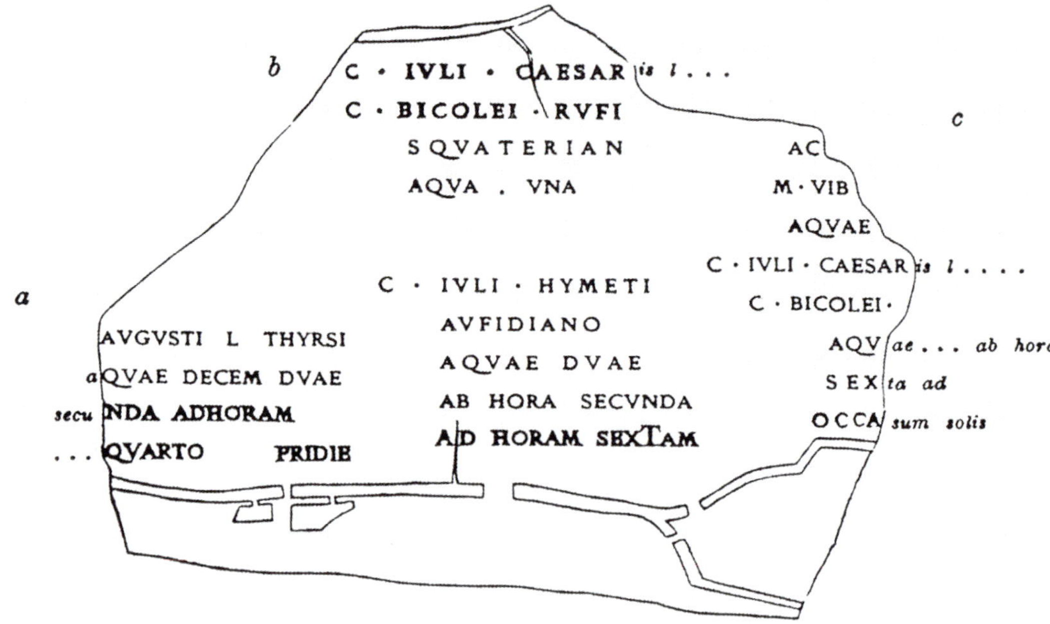

Ein Leitspruch galt in der Antike, so wie er auch heute noch gilt: »Kein Bauwerk ohne Vermessung«. Ein gutes Augenmaß war und ist zwar immer hilfreich, aber eine gründliche Vermessung ist nicht zu ersetzen, wenn Strecken, Höhen und Winkel stimmen sollen.

Titus Statilius Aper war Mensor aedificiorum *und hat auf der Seitenfläche seines Grabsteins auch sein Werkzeug darstellen lassen, darunter eine verkleinert abgebildete Decempeda. Ein solcher »Zehnfuß« wurde für die Streckenmessung benötigt.*

Neben der Decempeda hat Titus Statilius Aper ein Bündel Zählnadeln, einen Fußmaßstab und eine Wachstafel mit einer angefangenen Vermessungsskizze abbilden lassen.

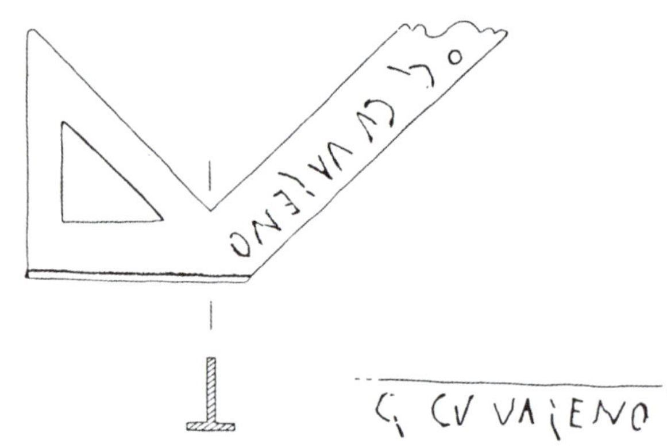

Mit dem Winkelmaß des Gaius Cu(...) Valenus ließen sich sowohl 90°-Winkel als auch halbe rechte Winkel abtragen.

Die Arbeit der antiken Vermesser wird nicht nur in der exakten Ausführung von Bauwerken sichtbar, sondern auch in Karten und Plänen. Hier das Fragment eines Marmorplanes vom Aventin in Rom, der den Verlauf einer Wasserleitung mitsamt offizieller Entnahmestellen und deren Nutzungszeiten wiedergibt.

Im Giebelfeld seines Grabsteins hat der Landmesser Marcus Aebitius Mecedo seine Vermessungsgeräte darstellen lassen: Neben einer Setzwaage sind ein Fußmaßstab, ein Lot und ein Winkelmaß zu sehen.

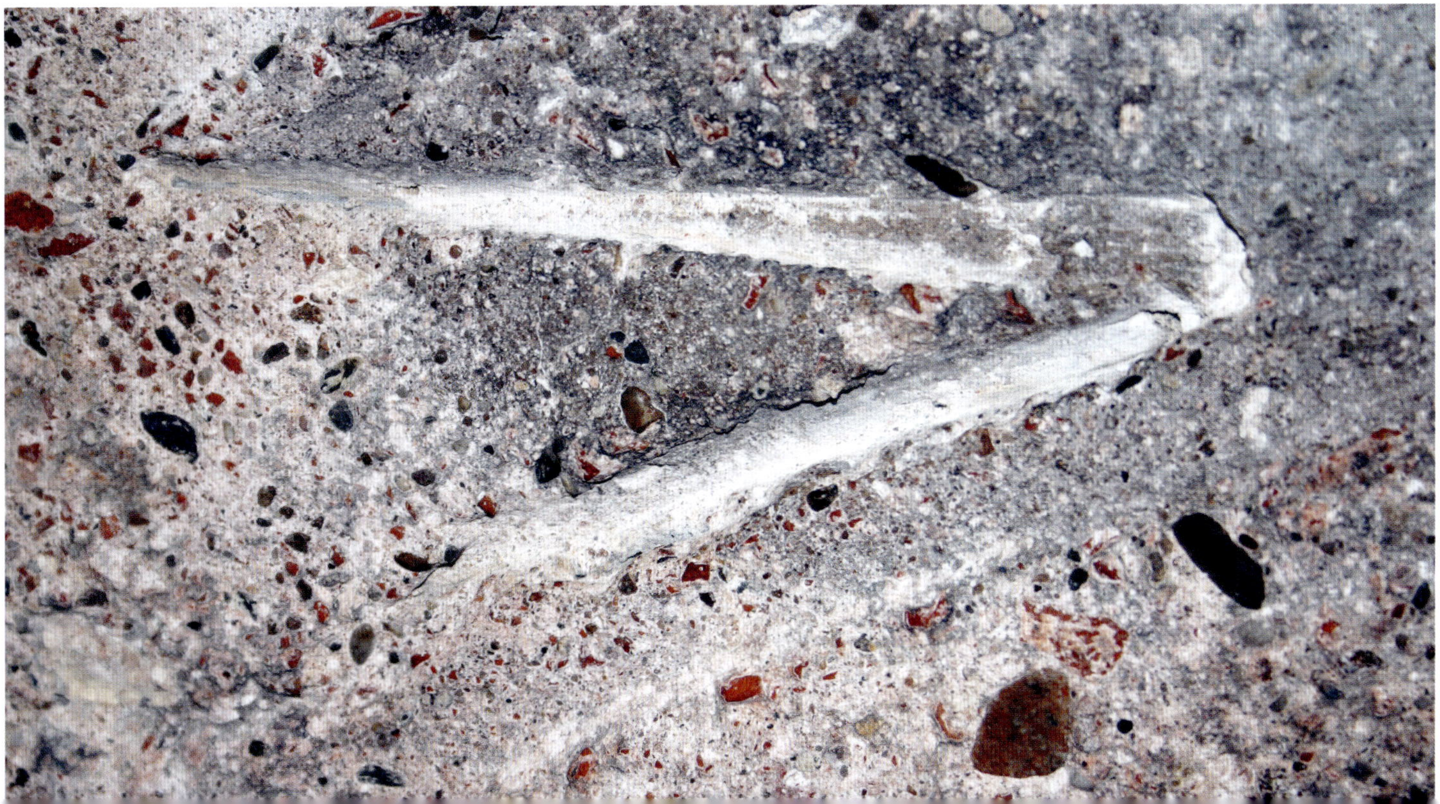

Im Gewölbe eines Ganges in den Trierer Kaiserthermen ist der Abdruck eines Zirkels zu sehen. Womöglich hat ein Baumeister diesen auf dem Lehrgerüst liegen gelassen, sodass er sich im frischen Mörtel abdrücken konnte.

8. »Gab es so etwas wie die VOB (›Vergabe- und Vertragsordnung für Bauleistungen‹) schon in der Römerzeit?«

Spätestens dann, wenn ein Bauwerk erfolgreich abgeschlossen ist, erhält der Auftraggeber eine sogenannte Bauabrechnung. Grundlage dafür ist das Aufmaß. Anhand desselben werden die tatsächlich erbrachten Bauleistungen nach Fertigstellung erfasst und der Endbauabrechnung zugrunde gelegt. Hiermit wird der Sachverhalt der Leistungsausführung festgestellt und letztendlich die Kostenverteilung durchgeführt.

Wegen fehlender Unterlagen ist die Antwort auf die oben gestellte Frage nicht einfach, aber: In einer Fernwasserleitung wie der Eifelleitung nach Köln erkennen wir, dass die Bauleute abschnittsweise – also jeweils in ihrem Baulos – Materialien und auch Bautechniken angewandt hatten, die sich von denen in anderen Baulosen unterscheiden konnten. Wir stellten nämlich fest, dass man in manchen Baulosen Sohle und Wangen des Specus ganz in Gussbeton gearbeitet hatte; in anderen wurde das Wangenmauerwerk aber hinter einer »verlorenen« Schalung aus Handquadersteinen gefertigt.[37] Derartige Unterschiede in der Bauweise lassen den Schluss zu, dass hier verschiedene Handwerksbetriebe tätig waren, die je nach Kosten und Verfügbarkeit der Baustoffe ihr Gewerk ausführten. Auch das Spezialwissen unterschiedlicher Handwerker wird bei der Auswahl der Bautechniken eine Rolle gespielt haben.

Und noch etwas ist bei den archäologischen Untersuchungen aufgefallen: Sowohl am Pont du Gard als auch bezüglich der Eifelwasserleitung ließ sich nachweisen, dass die Brücken im Verlauf von Fernwasserleitungen von jeweils anderen Bautrupps ausgeführt worden sind als der Specus, also die Rinne der Wasserleitung.[38] In dieser Hinsicht kann es also auch in solchen Details eine Arbeitsteilung zwischen zwei »Spezialbetrieben« des Handwerks gegeben haben. Waren aber mehrere Handwerksbetriebe im Einsatz, so stand natürlich jedem von ihnen ein angemessener Anteil an dem zur Verfügung stehenden Budget zu, denn ein mit der Ausführung beauftragter Handwerker musste selbstredend seine festen Mitarbeiter und gegebenenfalls auch die angeworbenen und zeitweilig von ihm angestellten Tagelöhner, Bauern und Handwerker bezahlen.

Es wäre aufschlussreich, wenn man die Abrechnung einer Baustelle zur Verfügung hätte. Doch leider sind solche Aufzeichnungen ebenso wenig erhalten wie die Baupläne.

Wir haben aber die Bauwerke selbst! Und so wie wir an ihnen manche technische Idee des bauausführenden Handwerkers ablesen können, lassen sich mancherorts auch Aussagen zur Organisation der Baustelle treffen. Nehmen wir das Beispiel des Aquäduktes von *Minturnae* /Minturno (Italien): Hier gab es vor der antiken Stadt eine Fernwasserleitung, die über eine lange Strecke auf einer Pfeilerreihe geführt wurde. Das Bauwerk ist zwar nicht mehr in Betrieb, aber gut erhalten.[39]

Es war lange rätselhaft, was die merkwürdigen Ziegelmarken an ca. 70 dieser Pfeiler bedeuten. Diese Marken bestehen aus jeweils zwei übereinandergesetzten handquadergroßen Ziegelsteinen.[40]

Betrachtet man die Pfeiler jedoch noch einmal genauer, dann fällt auf, dass die Außenhaut nicht einfach aus übereinander geschichteten Steinlagen besteht, sondern dass der Baumeister an den Seitenflächen noch etwas Zierrat untergebracht hat. Die schichtigen Steinlagen sind unterbrochen von in Retikulat-Mauerwerk (*Opus reticulatum*) ausgeführten Feldern, die jeweils eine T-förmige Fläche ausfüllen.[41] Von diesen Ts sind je nach Höhe des Pfeilers mehrere übereinander angebracht worden, wobei die Querbalken der Ts jeweils zwei oder drei Schichten des Mauerwerks einnehmen.

Diese Ts stehen in einem merkwürdigen Zusammenhang mit den Ziegelmarken, der an manchen Pfeilern mehr und an anderen weniger deutlich sichtbar wird. Dort, wo die Platzierung der Ziegelmarke mit einem T kollidiert, hat man in vielen Fällen die Verzierung in der Aufmauerung beendet und stattdessen ohne Retikulat nur noch schichtig weitergearbeitet.

In manchen Fällen ist sogar nur der Schaft des Ts angelegt worden – die Trennlinie zwischen beiden Mauertechniken ist auch hier durch eine Ziegelmarke gekennzeichnet. Diese Merkwürdigkeit trifft zwar nicht auf alle Pfeiler zu, aber eben doch auf auffällig viele.

Minturnae *beim heutigen Minturno (Italien). Kurz vor der Stadt musste der antike Aquädukt eine Niederung durchfahren, da am höchsten Punkt derselben ein* Castellum divisorium *erreicht werden sollte, von dem aus das Wasser in einem Druckleitungsnetz weiterverteilt werden konnte.*

Nehmen wir auch für *Minturnae* an, dass der Aquäduktbau in diesem Streckenabschnitt auf zwei Fachfirmen – eine für den Brückenbau und eine für den Specus – aufgeteilt war, dann können diese Marken aber durchaus einen Sinn bekommen. Zumindest in dem von uns untersuchten Abschnitt der Aquäduktbrücke von *Minturnae* deuten Ziegelmarken auf einen Wechsel in der Bauabfolge hin. Anders als zum Beispiel am Pont du Gard haben die Bautrupps des Specus die Arbeiten hier bereits übernommen, als die Pfeiler und Bögen noch nicht auf ihre Sollhöhe hochgezogen waren. Der Bautrupp des Unterbaus hatte also zu diesem Zeitpunkt seine Arbeiten noch nicht fertiggestellt. Damit war vom Specus-Bautrupp eine erhebliche Mehrarbeit zu leisten gewesen und diese musste für die spätere Abrechnung irgendwie nachvollziehbar gemacht werden. Dazu passt übrigens, dass die Marken – an manchen Stellen erkennbar – erst mit dem Beginn des Oberbaus verlegt worden sind; schließlich hatte der Baumeister des oberen Bauteils das meiste Interesse an einer klar erkennbaren Trennlinie.

Auf den Punkt gebracht: Um für die spätere Bauabrechnung nachweisen zu können, wie sich die erbrachten Leistungen aufteilten, hat man im Mauerwerk Ziegelmarken verlegt. Dass ab diesem Zeitpunkt auf Zierrat wie die Applikation von Retikulat im Pfeilermauerwerk verzichtet worden ist, mag einem Zeitverzug geschuldet gewesen sein.

Man kann davon ausgehen, dass es eine »VOB«, so wie wir sie heute kennen, in römischer Zeit sicher nicht gab, aber eine Abrechnung der Entlohnung für geleistete Arbeiten muss natürlich erfolgt sein. Das Beispiel *Minturnae* hat gezeigt, wie man den Einsatz verschiedener Bautrupps kenntlich gemacht hat, um eine gerechte Entlohnung zu gewährleisten.

Minturnae (*Italien*). *An ca. 70 Pfeilern der Hochleitung vor der Stadt finden sich auffällige Markierungen in Form von eingemauerten Doppelziegeln. In den Pfeilerverkleidungen sind T-förmige Felder mit Retikulatmauerwerk als Zierrat eingelassen. In diesem Bild sieht man vier solcher Felder übereinander, von denen das oberste nicht vollständig ausgeführt worden ist.*

Minturnae (Italien). Vom Retikulat des obersten Ts ist nur die unterste Lage des Schaftes ausgeführt worden, darüber hat man die Verkleidung des Mauerwerks ohne Verzierung fortgeführt. Dass man die Ausführung der Pfeilerschale geändert hat, scheint mit einem Wechsel des Bautrupps zusammenzuhängen. Die Bauleute der Brücke, die als Unterkonstruktion für den Aquädukt dienen sollte, waren vermutlich mit ihren Arbeiten in Verzug geraten, sodass die Arbeiten am nachrückenden Wasserleitungsgerinne ins Stocken gerieten. Diese Bauleute scheinen vor dem Bau des Specus nun auch die restlichen Arbeiten am Unterbau übernommen zu haben, markierten aber die Übernahme durch Einbau einer Ziegelmarke. Damit ließ sich dann bei der Bauabnahme nachweisen, wer welche Arbeiten ausgeführt hatte – und dafür auch zu entlohnen war.

Minturnae (Italien). Hier ändert sich genau dort, wo die Ziegelmarke eingemauert ist, auch die Ausführung des Verkleidungsmauerwerks. Der Querbalken des Ts ist nur zu einem Drittel in Retikulat ausgeführt worden.

Minturnae (Italien). In diesem Pfeiler stößt die Ziegelmarke an die Oberkante eines Retikulatfeldes.

37 Grewe (1986).
38 Grewe (2014) 100–103 und 275–278.
39 Grewe (2012); Grewe (2014) 103–106.
40 Grewe (2020b); Bankel (2020).
41 *Opus reticulatum* = Mauerwerk aus netzförmig angeordneten Steinen

9. »Was war denn so genial am Chorobat, dem römischen Nivelliergerät?«

Im Rahmen seiner Beschreibung der »Anlage einer Wasserleitung« stellt der römische Fachschriftsteller Vitruv im 1. Jahrhundert v. Chr. im achten seiner *Zehn Bücher über Architektur* ein einfaches Gerät zum Nivellieren – also zur Vermessung des Höhenunterschieds zwischen zwei Punkten – vor, den Chorobat:

> Die erste Arbeit ist das Nivellieren. Nivelliert aber wird mit dem Diopter oder der Wasserwaage oder dem Chorobat, aber ein genaueres Ergebnis erreicht man mit dem Chorobat, weil Diopter und Wasserwaage täuschen. Der Chorobat aber besteht aus einem etwa 20 Fuß [1 röm. Fuß = 0,296 m] langen Richtscheit. Dieses hat an den äußersten Enden ganz gleichmäßig gefertigte Schenkel, die an den Enden [des Richtscheits] nach dem Winkelmaß [im Winkel von 90 Grad] eingefügt sind, und zwischen dem Richtscheit und den Schenkeln durch Einzapfung festgemachte schräge Streben. Diese Streben haben genau lotrecht aufgezeichnete Linien, und jeder einzelnen dieser Linien entsprechend hängen Bleilote von dem Richtscheit herab, die, wenn das Richtscheit aufgestellt ist und alle Bleilote ganz gleichmäßig die eingezeichneten Linien berühren, die waagerechte Lage anzeigen.
>
> 2. Wenn aber der Wind störend einwirkt und durch die so hervorgerufenen Bewegungen der Bleilote die Linien keine zuverlässige Anzeige mehr bieten können, dann soll das Richtscheit am obersten Teil eine Rinne von 5 Fuß Länge, einem Zoll Breite und 1 ½ Zoll Tiefe haben, und dort hinein soll man Wasser gießen. Wenn nun das Wasser in genau gleicher Höhe die obersten Ränder der Rinne berührt, dann wird man wissen, dass die Länge waagerecht ist. Ebenso wird man, wenn mit diesem Chorobates so nivelliert ist, wissen, wie groß das Gefälle ist.[42]

Zeichnungen Vitruvs zum Chorobat sind nicht erhalten, ebenso wenig ist beschrieben, wie denn dieses Gerät gehandhabt wurde. Seit der Renais-

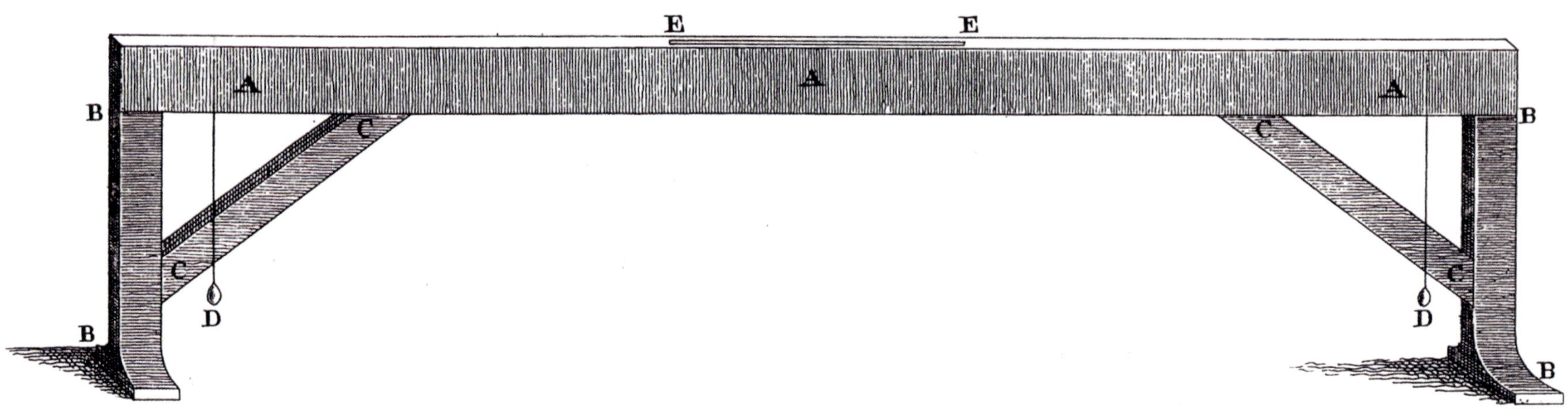

Das Bild des Chorobates von Giovanni Poleni und Simone Stratico (1825/30) kommt der Beschreibung Vitruvs von allen Rekonstruktionsversuchen am nächsten. Sämtliche bei ihm genannten Elemente sind in der Zeichnung berücksichtigt. Durch seine von Vitruv vorgegebene Länge konnten mit dem Chorobat gleichzeitig mit dem Nivellement auch Strecken ermittelt werden. Schließlich benötigte man für die Errechnung des Gefälles den Höhenunterschied und die Strecke zwischen zwei Punkten.

sancezeit bemüht sich die Wissenschaft um eine funktionsgerechte Rekonstruktion des Chorobates. Aber schon Leonardo da Vinci weicht von der Vitruv-Beschreibung ab und zeigt uns ein gänzlich anderes Gerät. Auch nach Leonardo werden uns statt nachvollziehbarer Vitruv-Rekonstruktionen eigentlich immer nur Chorobat-Neuerfindungen vorgelegt. Das geht so – von wenigen Ausnahmen abgesehen – bis in unsere heutige Zeit.

Folgt man aber der Beschreibung Vitruvs wortgetreu, so entsteht ein Nivelliergerät, das in seiner Einfachheit von geradezu bestechender Genialität ist. Nun wurde mittels dieses Gerätes nicht mehr visiert, vielmehr maß man die Höhenunterschiede am Gerät selbst. Die 5,92 m lange Riesenwasserwaage wurde wie ein Stechzirkel von Punkt zu Punkt über die zu nivellierende Strecke bewegt, wobei sich die Auswirkungen der Erdkrümmung selbsttätig eliminierten, da Lote und Wasserwaage für die Horizontierung des Chorobates genutzt wurden. Zudem wurden durch stetiges Wenden des Gerätes nach jedem Messgang sämtliche Gerätefehler ausgeglichen.

Das war nämlich der geniale Grundgedanke der antiken Baumeister: Durch das Wenden des Gerätes nach jedem Messgang wurden die Auswirkungen von unvermeidbaren Gerätefehlern ausgeschaltet, da der bei einer Messung entstandene Fehler im Plus-Bereich durch denselben Fehler im Minus-Bereich bei der Anschlussmessung aufgehoben wurde. Nach zwei Aufstellungen des Chorobates lag der Fehler bei ± 0! Eine bestimmte Messanordnung schloss darüber hinaus sogar die Schreib- und Rechenfehler aus und machte Kontrollmessungen weitgehend überflüssig. Ganz nebenbei wurde gleichzeitig mit dem Nivellement die Streckenlänge der späteren Aquädukttrasse ermittelt.

Einfachheitshalber konnte man sich mit dem Chorobat aber auch auf einer Höhenlinie durch die Landschaft bewegen und den Höhen-

Mit diesem Chorobat wurde nicht gezielt oder gepeilt, sondern ohne optische Hilfen »Schritt für Schritt« gemessen. Dazu war ein erheblicher Personalaufwand erforderlich, denn das Gerät war schon wegen der Länge von 5,92 m sehr unhandlich. Mindestens zwei – wenn nicht vier – Mitarbeiter waren allein für die Aufstellung notwendig. Für das Horizontieren mussten die Lote und die eingebaute Wasserwaage beobachtet werden, dazu waren dann weitere drei oder mehr Gehilfen nötig. Eine Hilfskraft musste die Holzpfählchen für die Markierung der Zwischenpunkte im Boden einschlagen. Horizontiert wurde das Gerät mittels der Lote und der eingebauten Wasserwaage. Die Übertragung der Höhe wurde mit den Unterkanten seiner Standbeine vorgenommen.

unterschied zum nächsten Festpunkt erst dann ermitteln, wenn man diesen erreicht hatte.

In älteren Erklärungen der Handhabung des Chorobates wird oft beschrieben, dass man zur Ermittlung der Höhenunterschiede zwischen zwei Punkten über die Oberkante des Gerätes gepeilt habe, um Messwerte auf einer Messlatte abzulesen. Diese Methode ist aber zu verwerfen, da auf diese Weise kaum genaue Daten zu ermitteln waren, vor allem aber, weil man die für die Gefälleberechnung unbedingt erforderliche Strecke zum nächsten Punkt so gar nicht messen konnte. Die dafür notwendigen Parameter sind mit dem Chorobat nur zu ermitteln, wenn man ihn **nicht** wie ein modernes Nivellierinstrument benutzt, sondern »mit den Füßen abgreift«.[43] Nicht ohne Grund hat Vitruv sein Gerät »*chorobat*« (deutsch: »Auf dem Boden dahinschreitend«) genannt.

Da sowohl der Höhenunterschied als auch die exakte Streckenlänge genau die Parameter sind, die zur Errechnung des Gefälles zwischen zwei durch eine Wasserleitung zu verbindenden Punkten benötigt werden, stand den römischen Vermessungsingenieuren mit dem Chorobat ein genial einfaches Nivelliergerät zur Verfügung.

Auf die Frage »Was war denn so genial am Chorobat?« kann man daher eigentlich nur antworten, dass das Gerät, obwohl so einfach in der Konstruktion, in der Anwendung schlicht genial war – also »genial einfach« oder besser »einfach genial«!

42 Vitruv VIII, 5, 1 und 2.
43 Grewe 2009c); Grewe (2014)

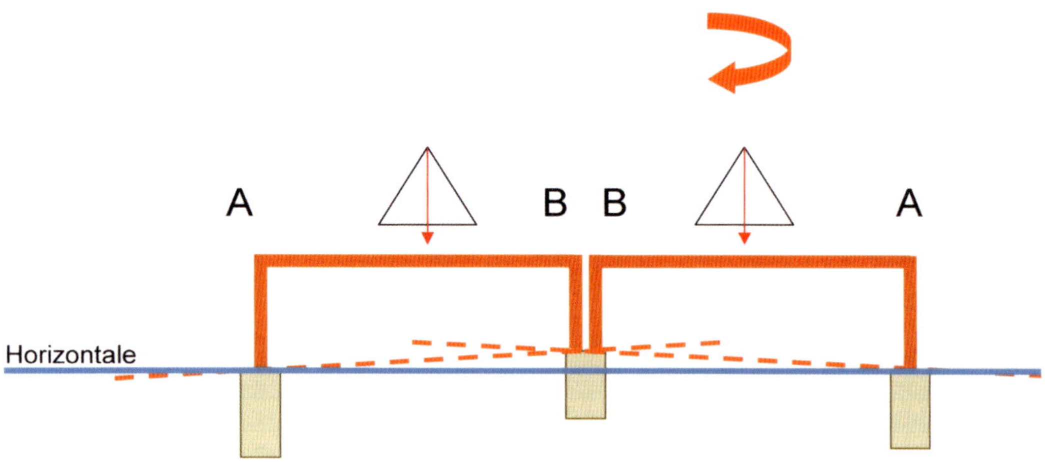

Da ein Chorobat mit seinen großen Abmessungen kaum ohne kleine Fehler hergestellt werden konnte, man bei einem hölzernen Gerät auch immer mit etwas Verzug rechnen musste, war bei jedem Nivellement ein minimaler Gerätefehler eigentlich unvermeidbar. Selbst bei sorgfältigstem Einsatz des Chorobates war dieser nicht zu umgehen. Deshalb verfielen die römischen Ingenieure auf einen Kniff, den man schlicht genial nennen muss: Sie wendeten den Chorobat nach jeder Aufstellung, sodass der Gerätefehler sich abwechselnd positiv und negativ auswirken musste. Bei jedem zweiten Messvorgang hob sich also der Fehler der vorherigen Aufstellung auf, und man war mit seinem Nivellement fehlerfrei.

Die Rekonstruktion, die uns von Leonardo da Vinci überliefert ist, stellt eine Fortentwicklung des Chorobates von Vitruv dar (Codice Atlantico, *Blatt 131 Ra). Sie ist drehbar und hat eine kurze Zielachse. Das Gerät wurde nicht mit Loten und Wasserwaage, sondern mit einer Setzwaage horizontiert. (In Leonardos Zeichnung schwebt diese wie ein »A« über dem Gerät.) Zur Ermittlung von Höhenunterschieden wurde mittels Zielvorrichtungen über die Oberkante eine entfernt aufgestellte Zieltafel angepeilt. Gerätefehler wurden allerdings nicht eliminiert, sondern vergrößerten sich beim Messvorgang allein schon gemäß des Strahlensatzes.*

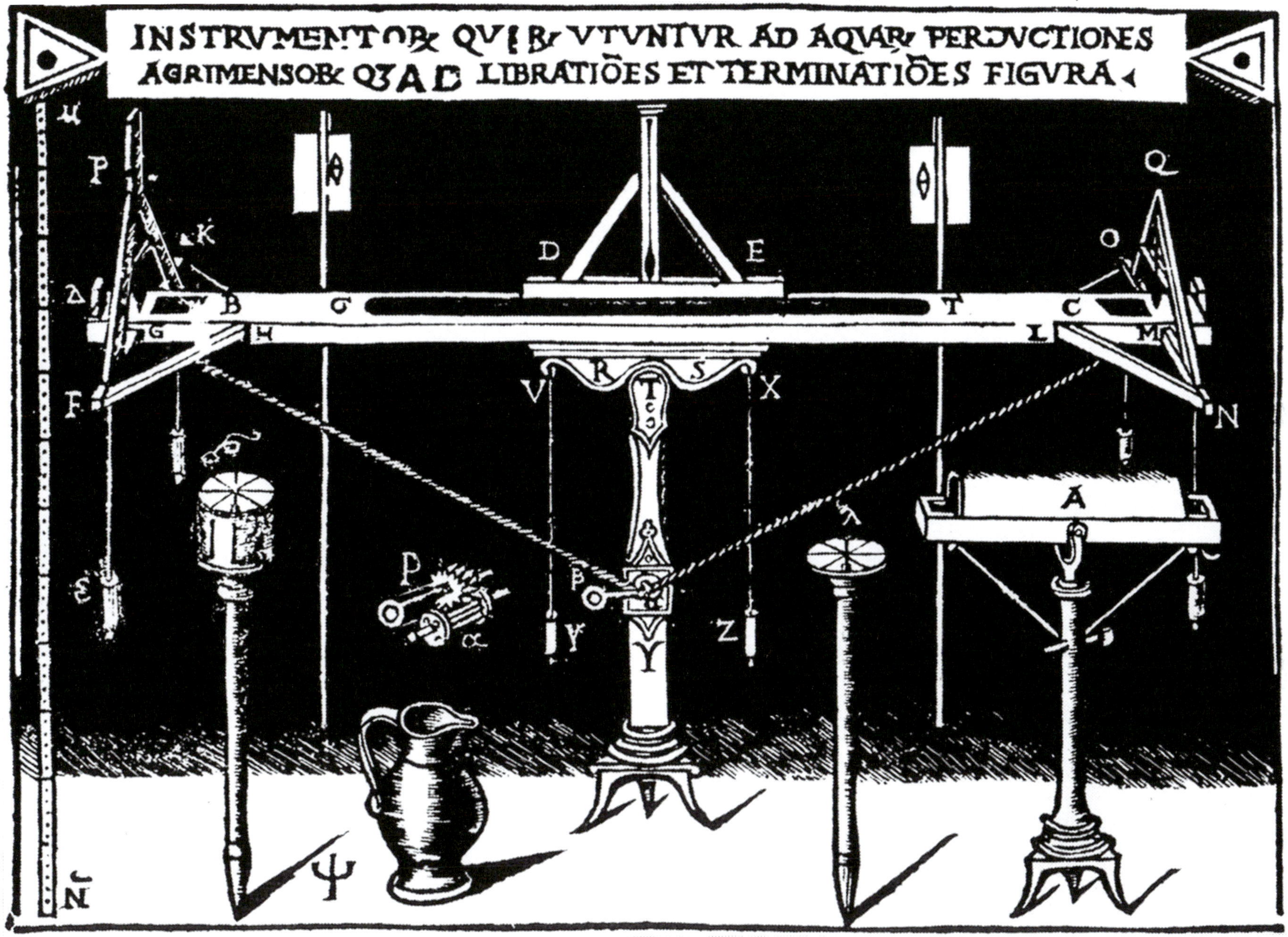

Die Chorobates-Rekonstruktion des Cesare Casariano in der Vitruvübersetzung von 1521 folgt den Überlegungen Leonardos. Das Gerät ist bei ihm noch detaillierter dargestellt. 1548 übernimmt Walther Herrmann Ryff (Rivius) diese Rekonstruktion in der ersten deutschen Ausgabe Vitruvs mit all ihren Unzulänglichkeiten.

10. »Wie hat man denn vor der Erfindung des Lasers das Gefälle eines Kanals abstecken können?«

Das Nivellement mit dem Chorobat war in römischer Zeit die probate Methode, den Höhenunterschied zwischen zwei Punkten zu ermitteln. Für die Absteckung des Gefälles wurde jedoch eine völlig andere Vermessungsmethode verwendet. Wir konnten feststellen, dass in den Baulosgrenzen in der Regel Höhenabweichungen aufgetreten sind und zwar in der Form, dass ein oberes Baulos mit seinem Ende immer zu hoch auf den Anfang des anzuschließenden Bauloses getroffen ist. Die römischen Bauleute haben hier dann Stufen eingebaut, um das Wasser überzuleiten. Dort, wo solche Stufen zu groß geworden wären, hat man regelrechte Tosbecken integriert, um der zerstörerischen Gewalt des Wassers an einer Sollstelle Einhalt zu gebieten, wodurch Schäden am Bauwerk verhindert werden sollten.

Was man hier auf den ersten Blick fälschlicherweise vielleicht als Vermessungsfehler eingestuft hätte, hat sich bei genauer Betrachtung jedoch als genialer Schachzug erwiesen, der gewährleistete, dass man an diesen Nahtstellen nicht zu tief auf den Anschlusspunkt traf, denn das hätte erhebliches Nacharbeiten im oberen Baulos erforderlich gemacht. Es war also eine glückliche Fügung, dass sich ein solcher Übergang an den Nahtstellen der Baulose in dieser Weise ergab. Aber wie war er zustande gekommen?

Das von den römischen Ingenieuren angewandte Verfahren der Gefälleabsteckung gestaltete sich gänzlich anders als ein Nivellement, wie wir es zuvor beschrieben haben. Es war einfach und genial zugleich und wurde nicht umsonst noch in den 50er Jahren des 20. Jahrhunderts bei der Kanalabsteckung praktiziert. Erst mit der Erfindung des Laserstrahls hat eine neue Technik es ersetzt. Davor wurde ganz einfach »ausgetafelt«. Man benötigte für das »Austafeln« drei T-förmige Lattengestelle, die absolut gleichartig hergestellt sein mussten: Brusthohe senkrechte Latten waren am oberen Ende mit kürzeren Querlatten versehen.[44]

Das errechnete Gefälle zwischen zwei Zwangspunkten hatte man am Beginn einer Gefällestrecke mit dem Chorobat abgesteckt und mit Holzpfählchen vermarkt. Hätte man nun über die beiden Holzpfählchen eine Schnur gespannt, so hätte diese das gewünschte Gefälle gezeigt. Ziel der Planung war es, dieses über die nachfolgende Strecke zu verlängern und abzustecken. Diesen Messvorgang hätte man ohne die T-Tafeln allerdings auf dem Boden liegend durchführen müssen, was nicht unbedingt zweckmäßig gewesen wäre. Das war zu vermeiden, indem man das Gefälle »austafelte«, denn durch den Einsatz der T-Tafeln verschob man die Gefällelinie von den Holzpfählchen um die Höhe der T-Tafeln in Brusthöhe und machte dadurch die Absteckung praktikabel. Zu diesem Zweck hielten zwei Vermessungsgehilfen jeweils eine der T-Tafeln auf den abgesteckten Holzpfählchen, wonach ein weiterer Vermessungsgehilfe sich mit dem dritten T einige Meter weiter entfernt von einem vierten Vermessungsgehilfen einweisen ließ. Die Oberkante des dritten Ts musste danach genau in Verlängerung der Oberkanten der beiden ersten Ts liegen. Mit einem dritten Holzpfählchen ließ sich dieser neue Gefällepunkt vermarken.

Damit war das Gefälle eines Trassenabschnittes um eine Teilstrecke verlängert, und man konnte fortfahren, indem man das erste T umsetzte und zur Absteckung des vierten Punktes der Gefällelinie verwendete. So verfuhr man weiter, bis man auf den nächsten Zwangspunkt traf, beispielsweise auf den Anfang des nächsten Bauloses oder eine Brücke.

Das Austafeln hatte aber eine Auswirkung auf das Messergebnis, die man keinesfalls als Fehler bezeichnen darf, denn sie führte zu dem schon erwähnten Ergebnis, dass man auf den Anschlusspunkt zu hoch auftraf. Und das war beabsichtigt, denn damit waren viele Probleme wie von selbst eliminiert. Man hatte sich etwas zunutze gemacht, was man bei Vermessungen in anderen Fällen gerne ausschließt, nämlich die Erdkrümmung. Durch die ständige Verlängerung des Anfangs der Gefällelinie bewegte man sich nicht – wie zuvor beim mithilfe von Loten und Wasserwaage durchgeführten geometrischen Nivellement mit dem Chorobat – auf der Erdkrümmung, sondern stattdessen auf der Tangente dazu.

Und die geht nun mal aus der Erdkrümmung heraus, was zwangsläufig zu dem beschriebenen Ergebnis führen musste. Wieder einmal: »Genial einfach« oder besser »einfach genial«!

Nun sage man nicht, die Römer hätten von der Kugelgestalt der Erde keine Ahnung gehabt. Wie wir gesehen haben, bezieht sich schließlich schon Vitruv im 1. Jahrhundert v. Chr. auf die entsprechenden Ausführungen des Aristoteles.

44 Grewe (2014) 54–56.

Mit dem Chorobat hat der römische Ingenieur Höhenunterschiede ermittelt oder Höhen übertragen. Da man sich mit dem Nivellement in 5,92-m-Schritten an das Geländerelief anschmiegte, zeigten die bei jeder Messung mit Holzpfählchen markierten Geländepunkte schon in etwa die spätere Trasse an. Das vorgesehene Gefälle wurde aus den ermittelten Strecken und den Höhenunterschieden errechnet und musste nun in das Gelände übertragen werden. Dazu bediente man sich einer Methode, die selbst in der Mitte des 19. Jahrhunderts noch angewandt wurde: des »Austafelns«.

Die beim Austafeln als Vorgabe für das Gefälle in den Boden des Baugrabens eingeschlagenen Holzpfählchen konnten an Ort und Stelle verbleiben und wurden einfach mit dem Opus caementicium der Kanalsohle ummörtelt und mit Opus signinum überputzt. Bei archäologischen Untersuchungen fanden sich dann rechteckige Hohlräume, die nach dem Vergehen der Holzpfählchen als negative Abdrücke in der Sohle verblieben waren. Im Bild ein Befund mit nachgestellten Holzpfählchen im Unterbau des Römerkanals vor der ehemaligen Erftbrücke bei Euskirchen-Rheder.

11. »Wie kamen in römischen Bauwerken die ›unverschämt‹ genauen rechten Winkel zustande?«

Es ist auffällig: In römischen Bauwerken sind die Grundformen äußerst exakt ausgeführt worden. Bögen sind »echte« Bögen und auch »rechte« Winkel sind in der Regel genau gezogen. Das hat einerseits mit dem Berufsethos der antiken Ingenieure zu tun, andererseits muss es aber Vermessungsgeräte und -methoden gegeben haben, die eine derart exakte Bauausführung überhaupt zugelassen haben.

Während sich ein Kreis oder Halbkreis mittels einer Schnur recht einfach abbilden lässt, ist die Anlage eines rechten Winkels schon etwas schwieriger. Mit dem Seildreieck 3:4:5 der alten Ägypter sind zwar gute Ergebnisse zu erzielen gewesen, aber die römischen Ingenieure brachten da schon etwas mehr an Technik in das Baugeschehen ein. Immerhin hatten sie ein Gerät entwickelt, das universell zum Abstecken gerader Linien und rechter Winkel einzusetzen war: die Groma.[45] Dieses Gerät war so wichtig im antiken Vermessungswesen, dass es dem ganzen Berufsstand den Namen *»gromatici«* gab.

Mit der Groma stand den römischen Ingenieuren ein Gerät zum Abstecken rechter Winkel zur Verfügung, das in seiner Einfachheit und Genialität geradezu verblüffen muss. Auf einem gekröpften Stabstativ ist ein drehbares Winkelkreuz angebracht, an dessen vier Enden Lotschnüre mit Loten herabhängen.[46] Zur Aufstellung der Groma wird im Schnittpunkt des Winkelkreuzes ein weiteres Lot eingehängt, womit sich das Gerät über dem Vermessungspunkt, in dem ein rechter Winkel abgesteckt werden soll, positionieren lässt. Damit ist ein Punkt der Grundlinie fixiert.

Nun dreht man das Winkelkreuz und zielt über zwei diagonal gegenüberliegende Lotschnüre den Fluchtstab im zweiten Punkt der Grundlinie an; damit ist die Groma eingerichtet. Die beiden anderen Lotschnüre zeigen jetzt den rechten Winkel zur Grundlinie an. Mittels einer Visur über diese beiden Lotschnüre lässt sich der rechte Winkel in das Gelände übertragen.

Da eine solche Groma bezüglich des rechten Winkels im Schnittpunkt ihrer beiden Achsen kaum fehlerfrei herzustellen war, konnte auch

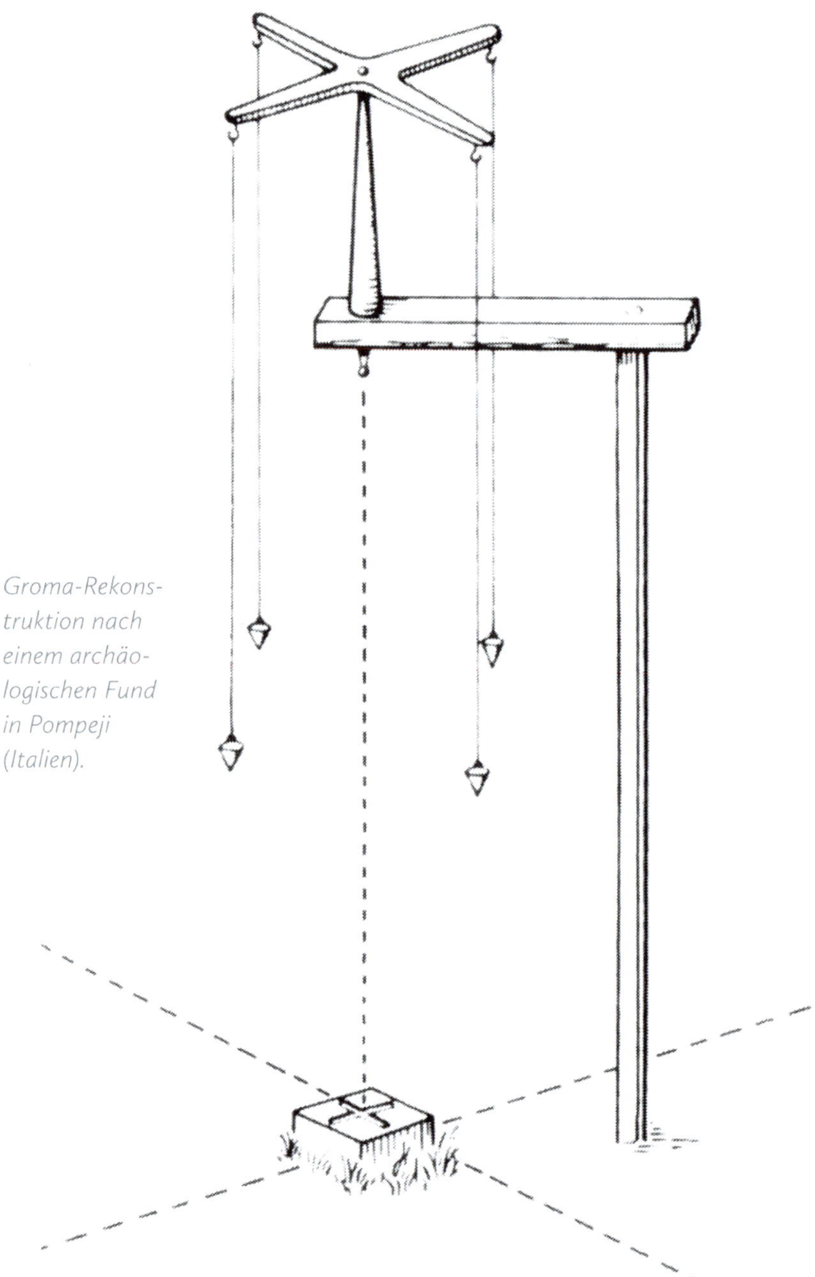

Groma-Rekonstruktion nach einem archäologischen Fund in Pompeji (Italien).

die Übertragung in das Gelände schwerlich fehlerfrei gelingen. Hier setzt nun aber die im Grundkonzept dieser Groma erkennbare Genialität ein, denn mittels eines zweiten Messganges ließ sich der Winkelfehler der Absteckung auf Null reduzieren. Dazu drehte man das Winkelkreuz um 90° und wiederholte den Messvorgang. Dieses Mal wurde die Groma also über die zwei anderen Lote auf der Grundlinie eingerichtet, und danach konnte der rechte Winkel ein zweites Mal abgesteckt werden. Da der Gerätefehler derselbe blieb wie beim ersten Messvorgang, war die Absteckung natürlich wiederum fehlerbehaftet und zwar in derselben Größenordnung – dieses Mal aber mit einem anderen Vorzeichen: Lag man mit der ersten Absteckung links vom wahren rechten Winkel, so lag man mit der zweite Absteckung um denselben Wert rechts davon. Der Abstand zwischen den beiden abgesteckten Punkten zeigte also den doppelten Absteckfehler an und musste nun nur noch halbiert werden, um einen exakten rechten Winkel zur Grundlinie zu erhalten. Bei sorgfältiger Absteckung war auf diese Weise eine fast fehlerfreie Messung möglich.

Diese Gromarekonstruktion wurde anhand von Befunden einer Ausgrabung in Pompeji realisiert. Es existiert aber noch ein zweites Gromamodell, das sich nach der Darstellung auf einem Grabstein in Ivrea rekonstruieren lässt, wonach sich eine etwas »elegantere« Version ergibt. Hierbei ist das drehbare Winkelkreuz nicht auf einem Auslegerarm der Groma angebracht, sondern mittig auf dem Stabstativ selbst. Um den Blick über die jeweils gegenüberliegenden Lotschnüre zuzulassen, ist unter dem Winkelkreuz im Stabstativ ein Sichtfenster ausgespart. Der Messvorgang muss genau wie bei der Pompeji-Groma vonstattengegangen sein: Durch Wiederholung der Winkelabsteckung mit einem um 90° gedrehten Winkelkreuz wird der Gerätefehler eliminiert.

Die Art der Anwendung einfacher Mittel zur Erzielung bestmöglicher Ergebnisse, wie sie in der Groma sichtbar wird, ist einmal mehr ein Beleg für den unschlagbaren Pragmatismus der römischen Ingenieure in der Bautechnik.

45 Grewe (2009c); Grewe (2010) 112–113; Grewe (2014) 42–46.
46 Schöne (1901); Della Corte (1922); Blume / Lachmann / Rudorff (1967).

Zerlegbares Groma-Modell auf dem Grabstein des Lucius Aebutius Faustus in Ivrea (Italien).

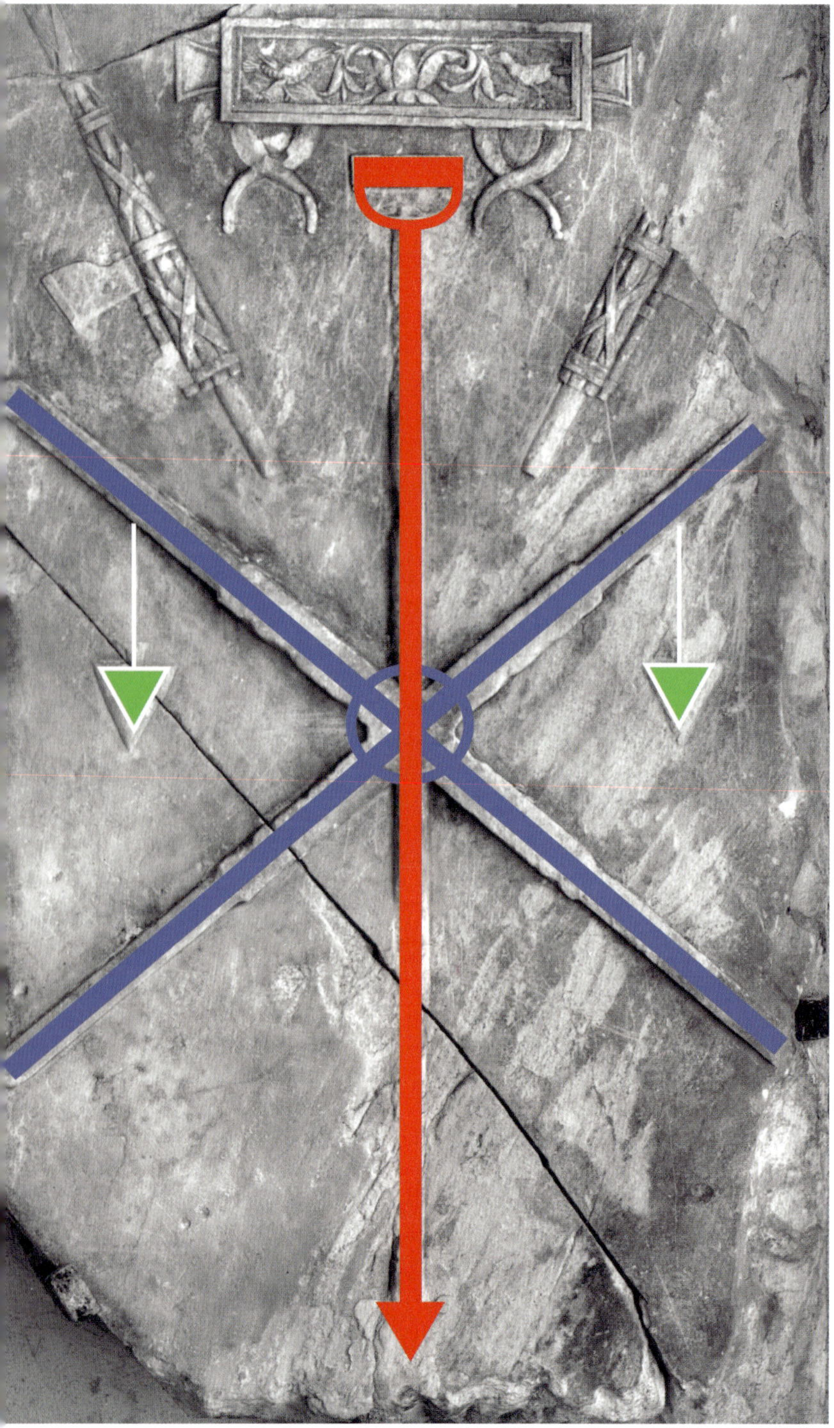

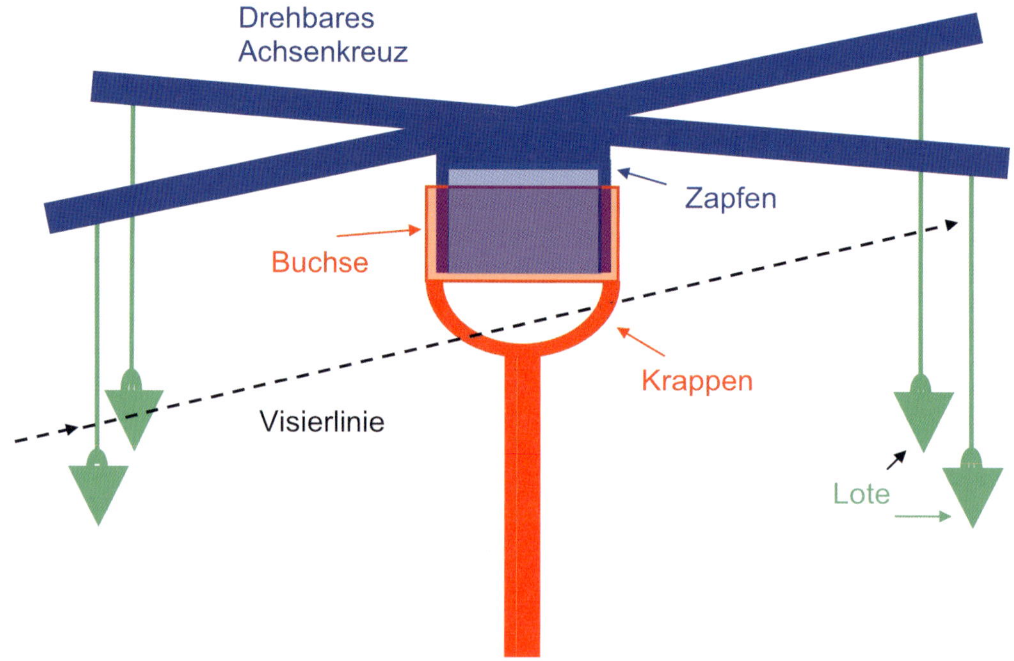

Wichtig bei der Entschlüsselung des Reliefs war die Entdeckung des Sichtfensters unter der Buchse, in welche das auf einem Zapfen aufgesteckte Winkelkreuz eingesetzt wurde. Nur durch dieses Sichtfenster war die Visur über zwei gegenüberliegende Lotschnüre möglich.

Nach der Darstellung auf dem Grabstein in Ivrea ließ sich eine perfekte Groma rekonstruieren. Die Hervorhebung der Einzelteile der Groma macht ihre Funktionstüchtigkeit deutlich: Das Winkelkreuz mit den Loten war abnehmbar und wurde für die Winkelabsteckung auf das obere Ende des Stativstabes aufgesetzt.

Neben der Ivrea-Groma, die direkt über dem Messpunkt aufgestellt wurde, gab es ein zweites Groma-Modell, das sich nach Funden aus Pompeji rekonstruieren ließ. Diese Groma verfügte über einen Auslegerarm, auf dem das Winkelkreuz drehbar angebracht war. Damit ließ sich das Gerät neben dem Messpunkt aufstellen und über ihm zentrieren. Diese Groma hatte den Vorteil, dass sie kein Sichtfenster unter dem Drehkreuz benötigte, da die freie Sicht für die Peilungen über die Lotschnüre gegeben war.

AQUÄDUKTE – WIE DAS WASSER LAUFEN LERNTE

Es sind ganz hervorragende Leistungen, die von den römischen Ingenieuren bezüglich der Wasserversorgung ihrer Städte, Militärlager oder sonstiger Siedlungsplätze vollbracht worden sind. Wenn an einem Ort keine Wasserversorgung zu gewährleisten war, musste Wasser von entfernt liegenden Wasserdargeboten in das Versorgungsgebiet transportiert werden, um es dort nutzbar zu machen. Eine solche Wasserversorgung ist äußerst komplex und setzt sich aus verschiedenen einzelnen Modulen zusammen, von denen jedes für sich wiederum eine Vielzahl von Problemen und Schwierigkeiten mit sich bringt.

Das beginnt mit der Wassergewinnung am Ort eines Wasserdargebotes. Hier musste sich der römische Ingenieur ganz pragmatisch auf die angetroffene Situation einstellen und gestützt auf sein Fachwissen nach

Der Pont du Gard bei Nîmes (Frankreich) von seiner schönsten Seite. Mit seinen 50 m Höhe und seiner dreigeschossigen Bauweise stellt er einen der herausragendsten unter allen Technikbauten dar.

Der Weg des Wassers von der Quelle zur Kloake: Musterbeispiel einer römischen Fernwasserleitung mit den wichtigsten Elementen zum Betrieb. Drei große Komplexe fallen auf: die Zone der Wassergewinnung (links), die Baumaßnahmen für den Wassertransport und die Zone der Wassernutzung (rechts).

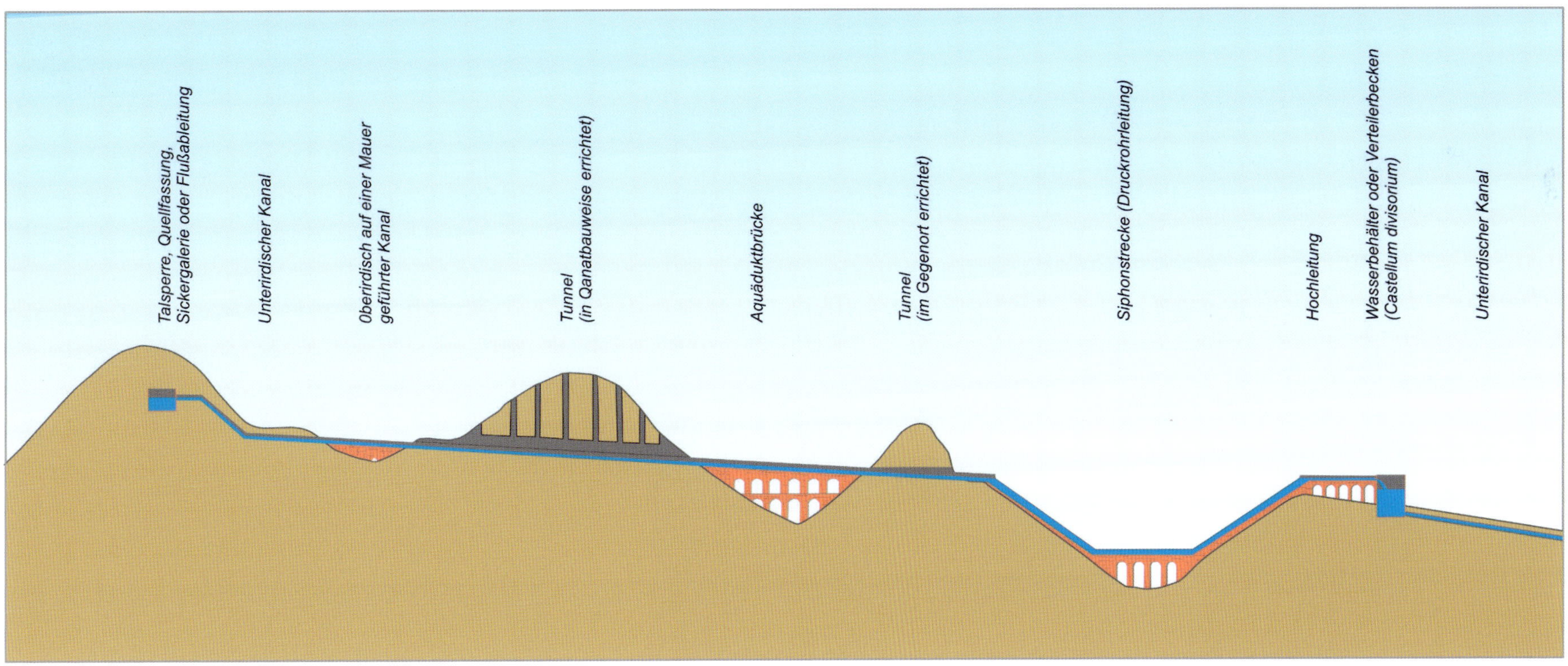

Die Zone der Wassergewinnung: Beim Grünen Pütz handelt es sich um die am weitesten von Köln entfernte Quellfassung der Eifelwasserleitung. In 50 km Entfernung haben die römischen Ingenieure fünf Wasserdargebote erschlossen, die alle in der sogenannten Sötenicher Kalkmulde liegen. Das hier gewonnene kalkhaltige Wasser wurde in einer 95,4 km langen Gefälleleitung nach Köln transportiert. Die Wassergewinnung am Grünen Pütz besteht aus einer 80 m langen Sickergalerie (links vom Becken), die bergseitig das aus dem Fels tretende Hangwasser aufnimmt. Rechts an das Becken ist die Fernwasserleitung angeschlossen.

einer Lösung suchen. Das ist der Grund dafür, dass wir durchaus unterschiedliche Techniken der Wassergewinnung in den verschiedenen Regionen des *Imperium Romanum* vorfinden. Wenn in der überschaubaren Region nördlich der Alpen an einem Ort das Quellwasser genutzt wurde, an einem anderen das Grundwasser und wenn an wieder einem anderen das Wasser einem Fließgewässer entnommen wurde, dann werden schon allein darin der große Pragmatismus und die Flexibilität der antiken Ingenieure deutlich. Dass in anderen Regionen, beispielsweise in den ariden und halbariden Zonen der Erde, wieder andere Techniken zum Einsatz kommen mussten, ist evident. Und so

Die Quellfassung der Eifelwasserleitung in Mechernich-Urfey wurde 2010 archäologisch untersucht. Sie liegt in unmittelbarer Nähe zu einem rezent genutzten Wasservorkommen. Man war hier bei der Anlage eines neuen Brunnens auf römisches Mauerwerk gestoßen. Erstaunlich ist, dass die Ingenieure unserer Tage in der Sötenicher Kalkmulde drei Wasservorkommen nutzen, die in unmittelbarer Nähe zu römischen Quellfassungen liegen, obwohl diese beim Bau der neuen Quellfassungen über Tage nicht zu erkennen gewesen waren.

In ariden und halbariden Zonen bauten die Römer Staudämme, um die Wasserversorgung einer Stadt auch in wasserarmen Jahreszeiten sicherzustellen. Der Cornalvo-Staudamm von Augusta Emerita / Mérida (Spanien) ist heute noch in Nutzung. Die Gewichtsstaumauer ist zwar in späterer Zeit erneuert worden, der römische Entnahmeturm hat sich aber erhalten. Man erkennt auf der zum Staudamm gerichteten Seite sogar noch den Ansatz der antiken Bedienungsbrücke.

In der Sierra de Guadarrama, in den Bergen oberhalb von Segovia (Spanien), trifft man auf eine seltene Technik der Wassergewinnung, nämlich in Form einer Flussableitung. Mit einem kleinen Wehr haben die römischen Ingenieure das Wasser des Río de la Acebeda aufgestaut, um es vom Bachbett in einen Kanal Richtung Stadt abzuleiten. In unseren Breiten findet man diese Methode der Wassergewinnung in der Ruwer, aus der das antike Trier versorgt wurde.

finden wir in diesen Ländern großartige Staudämme oder Wasserhebeeinrichtungen, die es in Mitteleuropa gar nicht geben musste, weil hier Wasser im Überfluss und ganzjährig in erreichbaren Entfernungen vorhanden war.

Im einfachsten Fall ließ sich eine Wasserleitung bauen, wenn das Wasser in freiem Gefälle talwärts geführt werden konnte. Das Gerinne bestand in der Regel aus einem U-förmigen Steinkanal (*specus*), den man unterirdisch verlegte und dazu mit Platten oder einem Gewölbe abdeckte. Der Querschnitt dieses Kanals richtete sich natürlich nach den zu transportierenden Wassermengen, weshalb wir die verschiedensten Querschnitte vorfinden. Eine *Villa rustica* benötigte selbstverständlich eine kleinere Wasserleitung als eine Provinzhauptstadt. Der Regelquerschnitt für die Wasserleitung aus der Eifel nach Köln betrug 0,70 m x 1,35 m, wodurch die Leitung sogar gebückt begehbar war und von Inspektoren auf Schäden kontrolliert werden konnte. Zu diesem Zwecke wurden im Leitungsverlauf in regelmäßigen (Beispiel: Lyon) oder in unregelmäßigen Abständen (Beispiel: Köln) Einstiegschächte angelegt.

Für die Überquerung kleiner und größerer Seitentäler waren in erster Linie Brückenbauten einzuplanen. Wenn man sich vorstellt, dass eine Freispiegelleitung dem freien Gefälle zu folgen hatte und sich dabei an das Geländerelief regelrecht anschmiegen musste, wird zum einen klar, warum die Trassen so viel länger sein mussten als die Luftlinie; zum anderen wird aber auch deutlich, warum es im Trassenverlauf so unglaublich viele Brücken und Brückchen gegeben hat: Bei der Ausfahrung der Seitentäler war in der Regel im Scheitelpunkt jeder Trassenschleife ein kleines Gewässer zu überwinden und das erforderte in jedem Fall einen kleinen Kunstbau. Größere Flüsse und Täler mussten natürlich mit entsprechend größeren Brücken übersprungen werden.

Waren die Täler mehr als 50 m tief, so verzichtete man auf jeden Fall auf einen Brückenbau und verwendete stattdessen Druckleitungen. Lyon ist ein solches Beispiel: Hier hat man zur Durchquerung des 123 m tiefen

Bei Kreuzau-Drove (NRW) liegt der Hillige Pütz (»Pütz« von lat. Puteus = *»Brunnen«), eine heute noch ergiebige Quelle, die von den Römern zur Versorgung einer* Villa rustica *genutzt wurde. Da dieses Landgut jenseits des Bergrückens der Drover Heide lag, musste für die Leitung ein Tunnel gebaut werden. Mit 1.660 m Länge wurde dies der längste römische Tunnel nördlich der Alpen.*

Baumaßnahmen für den Wassertransport: Der Blick in das Innere der römischen Eifelwasserleitung zeigt ein solides Mauerwerk, das hier mit einer »verlorenen Schalung« errichtet worden ist. Es wurden also zum Bau der Wandungen keine hölzernen Schalwände aufgestellt, die man später wieder herausnehmen konnte; man hat vielmehr Handquadersteine aufgemauert, die im Kanal verblieben sind. An den Wangen befinden sich dicke Kalksinterablagerungen. Im Gewölbe sind sehr schön die negativen Abdrücke der Schalbretter des Lehrgerüstes zu sehen.

Die Brunnenstube Klausbrunnen bei Mechernich-Kallmuth ist in das Erdreich eingetieft worden, um Grundwasser aufzunehmen. An den Klausbrunnen war der am Grünen Pütz beginnende Zweig der Eifelwasserleitung angeschlossen. Heute liegt die mit einem neuen Schutzbau überbaute Brunnenstube normalerweise trocken. Nach einer Regenperiode im Jahre 2016 war hier allerdings ein äußerst seltenes Bild zu sehen: Das Becken war für ein paar Tage komplett mit Wasser gefüllt und bot damit einen Anblick fast wie in römischen Zeiten.

Der Leitungsabschnitt zwischen der Zone der Wassergewinnung und der Zone seiner Nutzung diente dem Transport, und auch in diesem Teil einer Wasserleitung gingen die römischen Ingenieure sehr pragmatisch vor – man baute in einer von der durchzufahrenden Landschaft erforderten Technik und natürlich auch mit den dort zur Verfügung stehenden Materialien. In Aduatuca Tungrorum / Tongern (Belgien) war das Steinmaterial für den Bau der Fernwasserleitung offensichtlich äußerst knapp. Deshalb durchfuhr man die Niederung vor der Stadt nicht wie anderenorts auf einer Brücke oder Hochleitung, sondern auf einem Erddamm mit allerdings gewaltigen Ausmaßen. In der Landschaft ist dieser Damm noch sehr gut erhalten. Das Stadtmodell im Gallo-Römischen Museum in Tongern zeigt diese besondere Topografie sehr schön.

In Hierapolis Kastabala (Türkei) liegen die Reste der Wasserleitung vor der Stadt. In der Antike war hier der Aquädukt natürlich von allen Anreisenden zu sehen und zu bewundern.

Und immer wieder sind es die Aquäduktbrücken, die den Betrachter in ihren Bann ziehen. Nicht immer ist ihr Standort dazu angetan, das Augenmerk auf sie zu lenken. Aber ein »Hingucker« waren sie auch, wenn sie weit vor einer Stadt eine Wasserleitung über einen Sattel im Gebirge führten, wie hier vor Alinda (Türkei).

Yzeron-Tales einen gewaltigen Siphon aus Bleirohren gebaut, um die 25.000 m^3 Wasser, die täglich aus dem Fluss Gier gewonnen wurden, in die Stadt zu bringen.

Aber auch kleinere Taleinschnitte konnten den Bau einer Druckrohrleitung erforderlich machen – und die verwendeten Materialien waren wiederum ganz pragmatisch den vor Ort gegebenen Möglichkeiten angepasst. So finden wir in Lyon für die Rohre der acht ausgebauten Druckleitungsstrecken rund 35.000 bis 40.000 t Blei verbaut. In Almuñécar in Spanien hat man zu diesem Zweck Tonrohre in einem dicken *Opus caementicium*-Paket verlegt, die dem Leitungsdruck standhalten konnten. Anderenorts wurden auch Holzrohrleitungen verwendet. Und in der Türkei waren große Steinrohre die Regel im Druckleitungsbau. Ganz anders gestalteten sich hingegen die Probleme, wenn einer Wasserleitungstrasse ein Bergrücken im Wege lag. Dann konnte es unumgänglich sein, einen Tunnel zu bauen.

Den Endpunkt einer Wasserleitung bildete in der Regel ein *Castellum aquae*, wo der Übergang in das städtische Versorgungsnetz vorgenommen wurde, oder sogar ein *Castellum divisorium* zur Verteilung des Wassers auf die verschiedenen Zweige eines städtischen Rohrnetzes. Hier bietet Pompeji ein schönes Beispiel.

Die auffälligsten Bauwerke im Verlauf der Aquädukte stellten die Talüberquerungen dar, die Brücken. Während die Wasserleitungen in der Regel unterirdisch verlegt waren, traten sie auf Brücken für kurze Trassenabschnitte an das Tageslicht. Und im Brückenbau brachten es die Römer zu tatsächlicher Meisterschaft. Bis zu 50 m hoch überspannten ihre Bauwerke mit bis dahin nicht gekannten Abmessungen die Flüsse.

Das Gerinne für den Aquädukt von Myra (Türkei) hat man als Galerie aus einer Felswand herausgeschlagen. Ein älteres Felsengrab wurde dabei weder zerstört noch berührt, da man mit der Leitung die Grabanlage im Fels rückseitig umfuhr.

Die Aquäduktbrücke der Eifelwasserleitung von Mechernich-Vussem lag in der Antike abseits von jeder großen Straße und konnte deshalb niemanden besonders beeindrucken. Heute ist hier der Wiederaufbau von zwei Bögen der Brücke zu sehen. Bei genauer Betrachtung des Befundes erkennt man sehr gut, was in den Pfeilern vom antiken Mauerwerk noch erhalten ist.

Die unterirdisch geführten Leitungen mussten über Einstiegschächte verfügen, um von Zeit zu Zeit für Inspektionen oder Reparaturarbeiten betreten werden zu können. Die Eifelwasserleitung weist solche Zugänge in unterschiedlichen Abständen auf. In Lyon (Frankreich) sind unzählige dieser Schächte belegt.

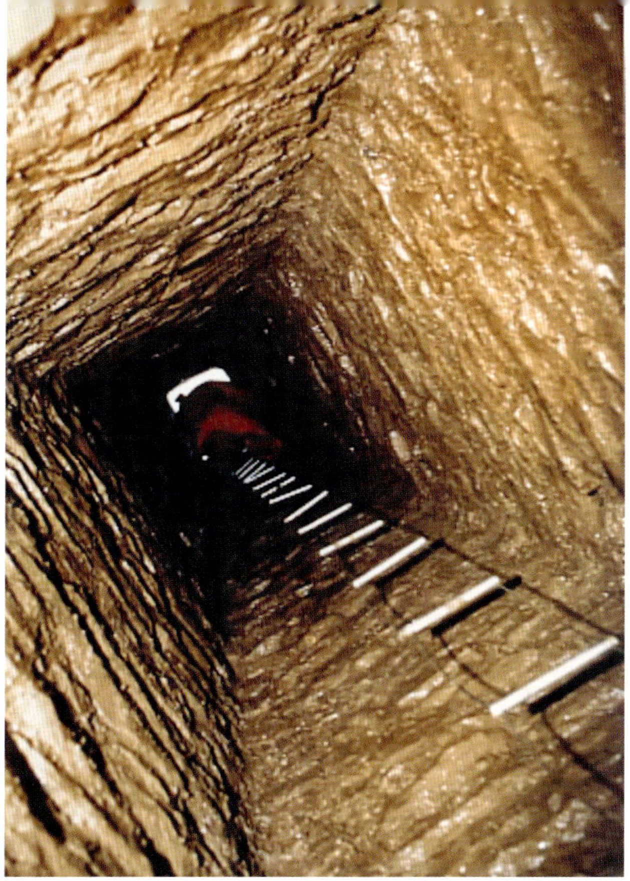

In Tunneln waren solche Einstiege ebenfalls notwendig. Meist handelte es sich hier aber um die ausgemauerten Bauschächte. Das hier gezeigte Beispiel konnte im Verlauf der Gier-Wasserleitung nach Lyon freigelegt werden.

Zu den Bauelementen des Wassertransports gehören neben Brücken, Tunneln und Druckleitungen auch Kleinbauwerke wie Tosbecken in Baulosgrenzen oder Ableitungsbecken vor Brücken, um diese bei Reparaturen trockenlegen zu können. Sammelbecken, wie dieses kreisrunde Bauwerk bei Mechernich-Eiserfey, dienten der Zusammenführung zweier Leitungsstränge der Eifelwasserleitung, um hydraulische Probleme wie Rückstau in einer der Leitungen zu vermeiden.

Druckstrecken im Fernleitungsbau wurden nicht nur notwendig, wenn tief eingeschnittene Täler zu durchfahren waren. Auch im Gebirge konnte diese Technik angewendet werden, wenn ein Gebirgssattel überwunden werden musste. In beiden Fällen vermied man mit dieser Bauweise, dass die Bauwerke dem Winddruck zu stark ausgesetzt waren. Die Druckleitung im Gebirge bei Patara (Türkei) gibt einen sehr schönen Einblick in diese Technik. In den Stirnseiten der Leitungssteine hat man sehr sorgfältig Muffenverbindungen ausgearbeitet, um bei der Verlegung eine größtmögliche Dichtigkeit zu erreichen.

Auch der Tunnel für die Wasserleitung zur römischen Stadt Nikopolis in Griechenland ist in Qanat-Bauweise gebaut worden. Man muss aber schon mit Fach- und Ortskenntnis suchen, um einen der ausgemauerten Bauschächte in der Landschaft zu entdecken.

Tunnelbau gehörte zu den schwierigen Techniken im Wasserleitungsbau. Das Beispiel des Aquädukttunnels von Briord (Frankreich) zeigt, dass man sich dort bei der Höhenfestlegung erheblich vertan hatte. Nachdem man den Fehler bemerkte, legte man die Tunnelsohle tiefer und setzte auf neuer Höhe mit dem weiteren Vortrieb an. Briord ist eines der seltenen Beispiele dafür, dass man für die Durchleitung des Wassers den gesamten Querschnitt des Tunnels nutzte.

Vor vielen Versorgungszielen finden wir in den Leitungen Absetzbecken zur Klärung des Wassers vor der Einspeisung in das innerstädtische Leitungsnetz. Das vor den Toren Kölns gefundene Bauwerk gehörte zur ältesten Kölner Leitung aus dem Vorgebirge (30 n. Chr. erbaut). In solchen Becken verringerte sich aufgrund des größeren durchströmten Querschnitts die Fließgeschwindigkeit, und im Wasser befindliche Schwebstoffe konnten sich absetzen. Von Zeit zu Zeit wurde der angesammelte Schlamm durch Öffnen einer Spülschleuse (im Bild hinten rechts) ausgespült. Das Becken wurde bei der Aufstockung der Leitung um 50 n. Chr. als Substruktrion genutzt. Man gründete also einen Pfeiler der neuen Hochleitung mitten im Absetzbecken des Vorgängerbaus. Davon ist allerdings heute nichts mehr zu sehen.

Die Zone der Wassernutzung begann dort, wo die Fernwasserleitung das Versorgungsziel erreicht hatte. Meist am höchsten Punkt einer Stadt, da das Wasser von hier aus mittels eines Druckleitungsnetzes in die einzelnen Bezirke geführt werden musste. In Nîmes (Frankreich) ist das Verteilungsbecken sehr gut erhalten: Das Wasser der Fernleitung strömte in das Becken ein, beruhigte sich dort und wurde über mehrere Leitungen kleineren Kalibers verteilt. Auf diese Weise konnten die Stadtbezirke ganz gezielt versorgt werden.

Die letzte Nutzung in diesem ausgeklügelten System römischer Wasserversorgung fand in den Latrinen statt. Eine zwölfsitzige Anlage – wie diese in Dougga (Tunesien) – war sicher ein beliebter morgentlicher Treffpunkt. Hier konnte man »sein Geschäft erledigen« – und zwar in doppelter Bedeutung. Eine ständige Durchspülung der Latrine sorgte zwar für eine annähernd hygienische Umgebung, es darf aber bezweifelt werden, dass das unseren Ansprüchen heute noch genügen würde. Und wenn sie auch am Ende der Abnehmerliste in der Wasserversorgung standen, wurde hier letztendlich doch bestes Trinkwasser verbraucht – ein Luxus, den wir uns übrigens auch heute noch leisten.

Wasserbevorratung konnte bei der Wassergewinnung in Form von Stauseen erfolgen. Eine andere Möglichkeit bestand darin, das Wasser in einem Vorratsbecken oder einem Reservoir am Zielort zur Versorgung bereitzuhalten. Am Kap Misenum wurde ein »wunderbares Becken« für die Versorgung der hier stationierten römischen Flotte gebaut, das mit einem Fassungsvermögen von 12.600 m³ gewaltige Ausmaße hatte. In dem 70 m x 25,5 m messenden Bauwerk trugen 48 Säulen von 15 m Höhe die Überdachung. Das Innere hinterließ auch nach Nutzung als Wasserreservoir einen überwältigenden Eindruck und führte schon im Mittelalter zu der Bezeichnung Piscina mirabilis.

Auch in Hierapolis / *Pamukkale (Türkei) liegt das* Castellum divisorium *am höchsten Punkt der Stadt. In dem großvolumigen Becken konnte man einen gewissen Wasservorrat bereithalten, der dann mittels mehrerer Rohre über die Stadt verteilt wurde. Bei Reinigungsaktionen konnte das weiterhin zuströmende Wasser in einer Bypassleitung auf dem Beckenrand um das* Castellum *herumgeleitet werden, um die Versorgung aufrechtzuerhalten.*

Neben den Laufbrunnen waren die Thermen die großen Wasserverbraucher einer römischen Stadt. Thermalquellen wurden natürlich gern genutzt, um das warme Wasser für die Bäder ohne großen Aufwand bereitzustellen – wie hier in Aquae Sulis / Bath (England). In Bath stand 46,5° C heißes Wasser für die Bäder aus ortsnahen Quellen zur Verfügung. War das nicht der Fall, musste mit Fernleitungen herantransportiertes Wasser mit großem Aufwand erhitzt werden. Überhaupt wird hierin ein großes Problem der Badeorte deutlich, denn die Trinkwasserversorgung konnte nicht aus den Thermalquellen gedeckt werden, sondern war nur über eine Fernwasserleitung von außerhalb der Städte möglich.

12. »Wie heißt es denn nun richtig: ›der‹ Aquädukt oder ›das‹ Aquädukt?«

Also, »Aquädukt«, das scheint ein schweres Wort zu sein. Ganz zu schweigen von der rheinischen Sprachverhunzung »Äquadukt«, die einen richtig zum Schaudern bringt, gibt es auch noch »den Aquädukt« und »das Aquädukt« zur Auswahl. Der Duden ist bezüglich des Geschlechts flexibel und lässt beides zu, die Schweizer und die Österreicher verwenden allerdings nur das »das«. So weit, so gut; aber auch bezüglich der Bedeutung des Wortes ist der Duden sehr großzügig und erklärt »Aquädukt« als eine »Wasserleitung, bei der das Wasser in offenen oder abgedeckten Kanälen über eine oft mehrgeschossige Bogenbrücke in natürlichem Gefälle dem Ziel zugeleitet wird«.[47] Während man bei der Frage nach »der« und »das« noch kulant sein und die Wahl einfach dem Sprachgebrauch der Region, in der dieses Wort gebraucht wird, überlassen kann, sollte man bei der Definition der Bedeutung nicht so einen breiten Spielraum lassen. Schließlich kann man doch klar ausdrücken, was man meint: »Aquädukt« leitet sich vom lateinischen *aquae ducere* ab, was im Deutschen ganz einfach »Wasser leiten« oder »Wasser führen« heißt. Mit »Aquädukt« beschreibt man also nicht mehr und nicht weniger als eine Wasserleitung. Wenn diese über eine Brücke geführt wird, dann ist das ganz einfach eine »Aquäduktbrücke«, und wenn sie durch einen Tunnel gebaut wird, ist dieser entsprechend ein »Aquädukttunnel«. Andere Länder machen es ebenso: So unterscheidet man etwa im Französischen zwischen *aqueduc* und *pont-aqueduc*.

Fazit: Lassen wir den Straßen ihre »Viadukte«, beim »Aquädukt« bleiben wir etwas präziser: Der »Aquädukt« und die »Aquäduktbrücke«!

47 https://www.duden.de/rechtschreibung/Aquaedukt (Aufgerufen am 31.01.2022).

Ganz spezielle Brücken baute man für Wasserleitungen, um Druckleitungsstrecken durch eine Talsenke zu führen. Vitruv hatte schon darauf hingewiesen, dass die Druckleitungen bersten könnten, wenn es in ihrem Verlauf Knicke gäbe. An derartigen Knickpunkten musste man deshalb für eine Druckentlastung sorgen und baute hydraulische Türme ein – wie hier in Aspendos (Türkei): Auf Rampen führte man das Wasser an zwei Knickstellen zu Freispiegelbecken in 40 m Höhe – danach entsprechend wieder hinunter. Zwischen den Druckentlastungstürmen musste das Wasser horizontal geführt werden, weshalb aufwendige Unterkonstruktionen zu errichten waren, die Brücken nicht unähnlich sind.

Heute von Menschen und Tieren als Flussübergang genutzt, ist diese Aquäduktbrücke bei Alabanda (Türkei) zum pittoresken Bestandteil der umgebenden Landschaft geworden. Da man das Baumaterial vor Ort zur Verfügung hatte, fügt sich ihr Anblick harmonisch in das Landschaftsbild ein. Wenn auch als Aquäduktbrücke heute nicht mehr in Nutzung, kann İnce Kemer Köprüsü doch als eines der schönsten Beispiele für römischen Aquäduktbrückenbau gelten.

Aquädukte zeigten den Reisenden schon vor dem Erreichen der Städte etwas von der Qualität des städtischen Lebens. In Antiochia ad Pisidiam / Yalvaç (Türkei) haben diese Bögen der 11 km langen Wasserleitung die Jahrhunderte und manches Erdbeben überdauert. Der Anblick dieses Aquäduktes war wahrscheinlich der erste Eindruck, den der Apostel Paulus von Antiochia gewann, als er die Stadt auf seiner ersten Missionsreise besuchte.

Die Aquäduktbrücke von Alinda (Türkei) mal aus einer anderen Perspektive.

Die Aquäduktbrücke im Verlauf der Wasserleitung nach Tarraco / *Tarragona in Katalonien (Spanien), auf Katalanisch »Aqüeducte de les Ferreres«, auch »Pont del Diable« (»Brücke des Teufels«) genannt, gehört mit Abmessungen von 127 m Länge und 27 m Höhe zu den größeren Brücken im* Imperium Romanum.

»Der« oder »das« Aquädukt? Dem Pont du Gard als Franzosen ist das ohnehin egal: Er ist ja ein pont-aqueduc *und* pont *ist männlich. Da es im Französischen aber gar kein Neutrum gibt, stellt sich dort die Frage ohnehin nicht: Bei unseren Nachbarn heißt es »der« Aquädukt.*

13. »Wie fanden die Römer denn überhaupt ergiebige und qualitätsvolle Wasserdargebote?«

Wenn man in Betracht zieht, dass die römischen Ingenieure oftmals einen übergroßen Aufwand betrieben, um Trinkwasser über kilometerlange Aquädukte in ihre Städte zu leiten, dann kann man getrost nach einem guten Grund für eine derart kostspielige Unternehmung suchen. Man wird fündig werden! Und wieder einmal ist es Vitruv, der uns auf die Sprünge hilft.

> Wasser ist nämlich ganz unentbehrlich für das Leben, die Freuden des Lebens und den täglichen Gebrauch. Es ist aber leichter zugänglich, wenn seine Quellen offen zu Tage liegen und fließend sind.[48]

Damit gibt uns Vitruv nicht nur einen Hinweis auf das Motiv für die Wassersuche, sondern auch gleich auf ein lohnendes Ziel derselben, denn er meint sprudelnde Quellen beziehungsweise die Wasserläufe unterhalb von ihnen. Es gibt auch Beispiele für diese Art der Wassergewinnung; wir müssen nur nach Spanien schauen, wo man für die Versorgung von Segovia in der Sierra de Guadarrama den Río de la Acebeda in seinem oberen Lauf aufgestaut hat, um dort sauberes Wasser abzuleiten.[49] Ähnlich war es in Trier, wo man die Ruwer in ihrem oberen Lauf abgeleitet hat.[50] Echte Quellfassungen finden wir im großen Stil für Karthago am Djebel Zaghouan oder eine ganze Nummer kleiner für eine allerdings reiche römische Villa am Eifelnordrand, wo man das Wasser der Quelle Heiliger Pütz bei Kreuzau-Drove genutzt hat.[51]

> Wenn sie aber nicht emporquellen, dann muss man die Quellen unter der Erde aufspüren und sammeln. Ermitteln muss man sie dann folgendermaßen: Man lege sich vor Sonnenaufgang an den Stellen, wo man das Wasser suchen muss, mit zur Erde gewendetem Gesicht platt auf die Erde, lege das Kinn auf die Erde, stütze es und beschaue die Gegend. ... Dann soll man da, wo sich kräuselnde und in die Luft aufsteigende feuchte Dünste zeigen, graben.

In der Vitruvausgabe von J. Martin (1547) findet sich die von Vitruv empfohlene Methode zur Auffindung von geeigneten Wasserdargeboten anschaulich illustriert.

Bei der Suche nach Wasservorkommen für die Ortschaften der Umgebung stieß man 1938 in den Hausener Benden bei Mechernich-Weyer auf die römische Eifelwasserleitung direkt unterhalb einer ihrer Quellfassungen. Man baute um diese Öffnung herum eine Betonfassung und schloss eine Rohrleitung an. Das Wasser floss nun aus dem Römerkanal direkt in die moderne Versorgung.

Daneben beschreibt uns Vitruv auch noch die Bodenarten sowie deren Auswirkungen auf das Wasser und führt aus, dass als Indikatoren für dessen Güte die am Standort wachsenden Pflanzen herangezogen werden können.[52] Selbst auf die Qualitätsprüfung geht er ganz pragmatisch ein:

> Die Erprobung und Prüfung der Quellen aber muss so besorgt werden. Wenn die Quellen von selbst hervorquellen und offen zu Tage liegen, dann betrachte und beobachte man, bevor man mit dem Leitungsbau beginnt, welchen Gliederbau die Menschen haben, die in der Umgebung dieser Quellen wohnen. Ist ihr Körperbau kräftig, ihre Gesichtsfarbe frisch, sind ihre Beine nicht krank und ihre Augen nicht entzündet, dann werden die Quellen ganz vortrefflich sein.[53]

Vitruv empfiehlt also, sich bei der Suche nicht nur vom eigenen Geschmack leiten zu lassen, sondern auch die Pflanzenwelt der Umgebung der Quellen und vor allen Dingen die Menschen, die sich bisher aus diesen versorgt haben, zu begutachten. Ein schlechter Gesundheitszustand der Menschen sei durchaus auch als ein Hinweis auf die schlechte Qualität des von ihnen genutzten Trinkwassers zu werten.

Fassen wir zusammen: Man ging hinsichtlich der Wassersuche ganz pragmatisch vor. In ariden und halbariden Gegenden baute man sogar Talsperren, um wasserarme Zeiten überbrücken zu können – *Augusta Emerita* / Mérida in Spanien ist ein besonders schönes Beispiel dafür.[54] Und dort, wo sich in den Bergen ein sauberer Fluss anbot, leitete man diesen ab. Allerdings war Quellwasser die beliebteste Ressource.

In der Eifel hat man für die Leitung nach Köln fünf Wasserdargebote genutzt, die gleichmäßig über ein Gebiet verteilt, das wir heute die »Sötenicher Kalkmulde« nennen, anzutreffen sind. Aber auch dort ging man ziemlich pragmatisch vor, denn in vier Fällen baute man sogenannte »Brunnenstuben«, also in den Grundwasserhorizont eingetiefte Sammelbecken. Im Falle des Grünen Pütz bei Nettersheim hat man allerdings – ganz nach Vitruvschen Vorgaben[55] – eine 80 m lange Sickergalerie am Fuße eines Nordhanges angelegt, die das Hangwasser aufnahm und über ein Klär- und Sammelbecken dem Kanal nach Köln zuleitete.

Als man Mitte des 20. Jahrhunderts für die Versorgung der Ortschaften um Mechernich Wasserdargebote erkundete, stieß man erstaunlicherweise bei drei Versuchen – in den Ortschaften Kallmuth, Urfey und Dreimühlen –, ohne, dass an der Erdoberfläche etwas zu erkennen gewesen wäre, exakt auf die römischen Vorgängerbauten. Die Brunnenstube Klausbrunnen bei Kallmuth wurde über dem archäologischen Befund rekonstruiert, ist heute vorbildlich eingehaust und am Römerkanal-Wanderweg für Besucher zugänglich.[56]

Über Jahrzehnte war der archäologische Befund in den Hausener Benden für die Öffentlichkeit nicht mehr zugänglich. Im Jahre 2008 gab es dann noch einmal die Möglichkeit, in die Brunnenstube einzusteigen. Auch 70 Jahre nach ihrer Entdeckung sah die Fundstelle noch völlig gleich aus.

Aufgrund des 1953 angetroffenen Befundes konnte die Brunnenstube Klausbrunnen sehr anschaulich rekonstruiert werden: Im Bild sieht man zuunterst einen der großen Wasserzuläufe und das zwischen Sandsteinblöcken aufgeschichtete mörtellose und damit wasserdurchlässige Mauerwerk. Darüber fangen ein Sturz und ein Bogen das Gewicht des aufgehenden Mauerwerks ab.

Im Quellgebiet Hauser Benden bei Dreimühlen war man unterhalb der antiken Quellfassung auf den Anfang des unterirdisch noch wasserführenden Aquäduktes getroffen. Hier waren dann die modernen Wasserbauingenieure sehr pragmatisch, haben ihre Leitung direkt neben dem antiken Kanal angelegt und das Wasser einfach übergeleitet. Heute liefern die drei Quellfassungen nahe der römischen Wasserleitung im Quellgebiet Hauser Benden 15 % (180.000 m³) des Mechernicher Wasserbedarfs.

Mit 60 % (650.000 m³) wesentlich ergiebiger ist die Wassergewinnungsanlage Urfey, die sich mit drei Tiefbrunnen in unmittelbarer Nähe um die antike Quellfassung dieses Armes der Eifelwasserleitung gruppiert.

> Das Einzugsgebiet der Wassergewinnungsanlage Urfey liegt … in der geologisch zu bezeichnenden Sötenicher Kalkmulde. Der vorherrschende Grundwasserträger besteht also aus Kalkgestein und gibt dem Grundwasser seinen gesundheitsfördernden hohen Anteilen an Magnesium und Calcium – vergleichbar mit diversen Mineralwässern.[57]

Die modernen Methoden zum Auffinden von ergiebigen Quellgebieten scheinen sich also von den antiken kaum zu unterscheiden. Obwohl: Man kann sich eigentlich nicht vorstellen, dass sich die Wasserbauingenieure von heute immer noch »mit zur Erde gewendetem Gesicht platt auf die Erde legen«, um aufsteigende Wasserdämpfe zu beobachten – jedenfalls wohl kaum »vor Sonnenaufgang«, wie es uns Vitruv so anschaulich beschrieben hat!

48 Vitruv VIII, 1, 1.
49 Grewe (2014) 103.
50 Neyses (1975); Neyses (o.J.); Grewe (1988) 79–83; Grewe (2014) 219–221; Tanz (2020).
51 Grewe (2014) 61–67.
52 Vitruv VIII, 1, 3.
53 Vitruv VIII, 4, 1.
54 Grewe (2014) 70–74.
55 Vitruv VIII, 1, 6.
56 Grewe / Knauff (2019) 71–75.
57 https://www.mechernich.de/rathaus-politik/dienstleistungen-der-verwaltung/energieversorgung-stadtwerke/wasserversorgung/ (Aufgerufen am 28.10.2020).

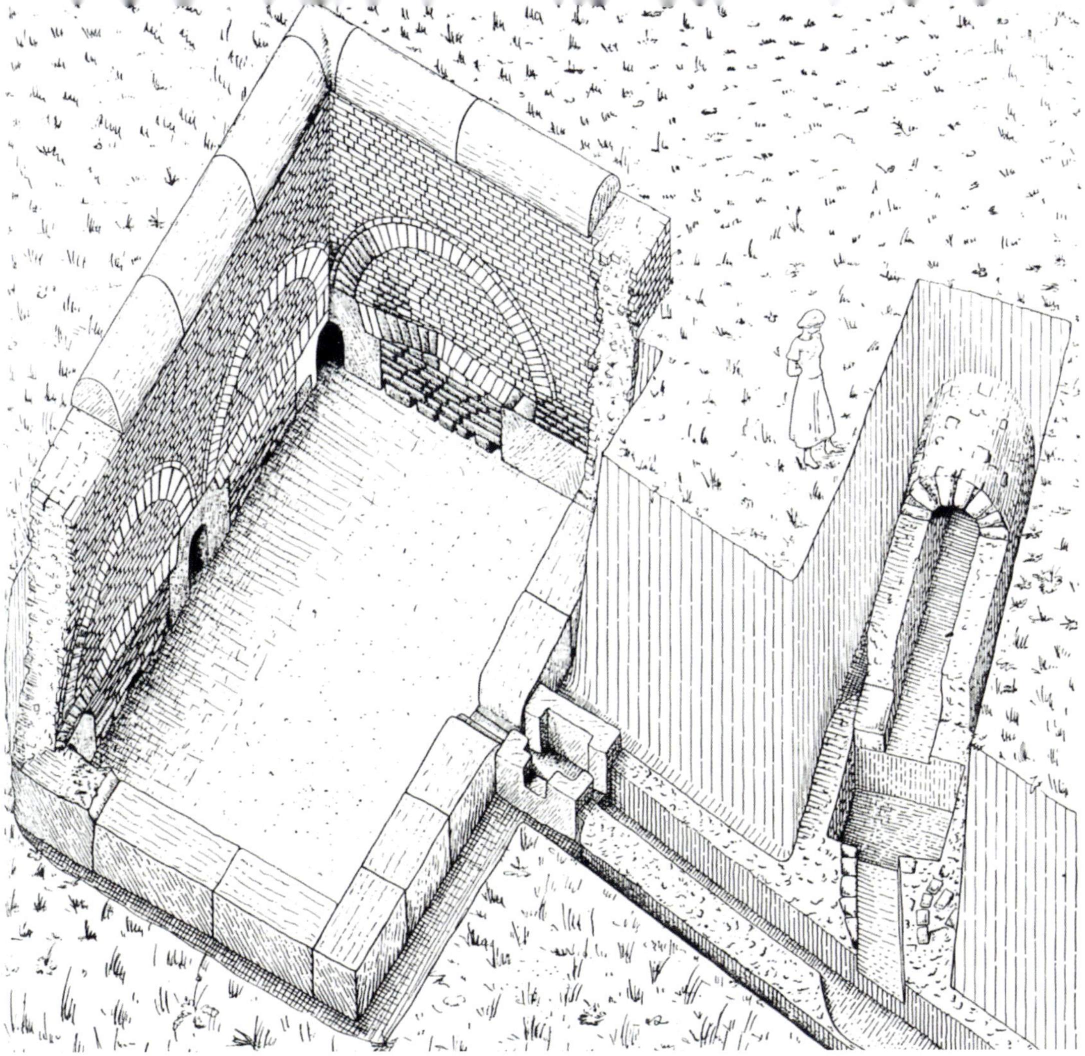

In Mechernich-Kallmuth war man 1930 bei der Suche nach einem Platz für den Bau einer Quellfassung auf Mauerwerk einer römischen Brunnenstube gestoßen. Man verschloss die Fundstelle aber wieder und verlegte die neue Wasserentnahme um ein paar hundert Meter. Aufgrund alter Fotos und der Erinnerung älterer Anwohner hat W. Haberey diesen Befund 1953 erneut freigelegt.

Auch das Wasserdargebot im Urfttal bei Nettersheim mussten die römischen Ingenieure mit einfachsten Mitteln auffinden. Demnach baute man eine 80 m lange Sickergalerie, die das aus dem Karst austretende Quellwasser durch ihre mörtellos gesetzte Wange von der Bergseite her aufnahm. Das Wasser wurde dem Grünen Pütz zugeführt, dort beruhigt und erstmals geklärt, um anschließend mit dem Römerkanal in das 95,4 km entfernte Köln transportiert zu werden.

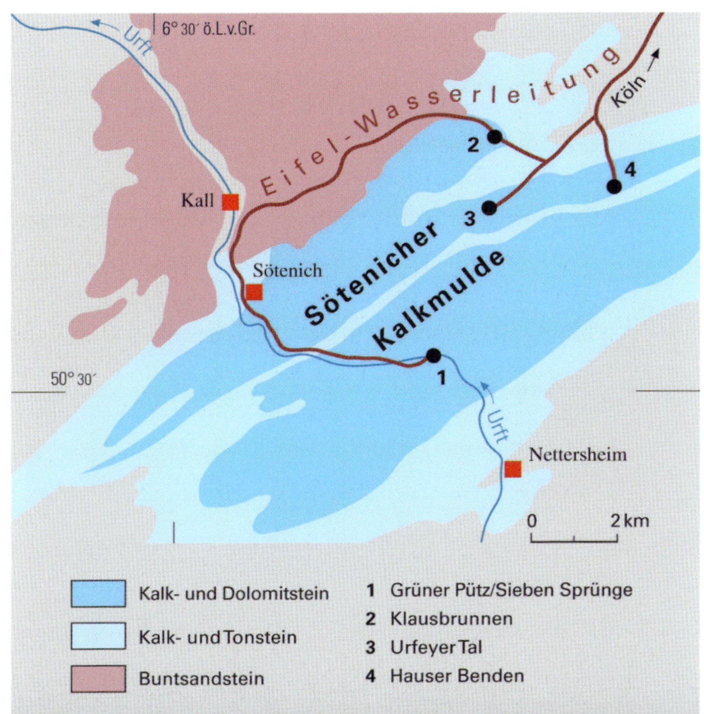

Die geologische Karte zeigt sehr schön das Prospektionsergebnis der römischen Ingenieure bei der Wassersuche für die Versorgung der CCAA: Mit geradezu traumwandlerischer Sicherheit haben sie das Gebiet der Sötenicher Kalkmulde aufgespürt und Wasserdargebote angezapft. Offensichtlich suchte man Quellen mit kalkhaltigem Wasser.

14. »Warum bevorzugten die Römer kalkhaltiges Wasser zur Versorgung ihrer Städte mit Trinkwasser?«

Wenn man die mit der römischen Eifelwasserleitung erschlossenen Wasserdargebote in der Nordeifel in eine geologische Karte einträgt, dann kann man feststellen, dass die fünf genutzten Quellen über ein Gebiet verteilt sind, das wir heute die Sötenicher Kalkmulde nennen. Daraus ist zu schließen, dass die römischen Wasserversorger ganz bewusst bis in die Eifel gegangen sind, so als hätten sie unbedingt kalkhaltiges Wasser für die Versorgung Kölns gewinnen wollen. Da fragt man dann doch nach dem Grund, denn es hätte ja auch in größerer Nähe zu Köln mehrere Wasserdargebote gegeben, zum Beispiel im Bereich des Swistbaches oder der Erft. Der Rhein wäre natürlich auch ein großer Wasserspender gewesen, aber er schied von vornherein aus, weil er durch Oberlieger schon ein wenig verschmutzt worden war.

In der Fachliteratur findet man als Antwort auf die eingangs gestellte Frage häufig die Erklärung, das sei im anspruchsvollen Geschmack der Römer begründet gewesen, und das impliziert dann folglich, die Römer hätten härteres Wasser wegen des Geschmacks mehr geschätzt als weiches. Aber war das wirklich so?

Betrachten wir die Frage einmal aus einer ganz anderen Sicht, nämlich jener der gesundheitlichen Vorsorge. Wir wissen doch, dass die steinerne Fernleitung aus der Eifel an der Stadtmauer der *CCAA* in einem *Castellum divisorium* endete und dass von dort aus das innerstädtische Netz gespeist wurde. Die Verteilung des Wassers über das Stadtgebiet erfolgte mittels Druckleitungen, deren Rohre aus Blei gefertigt waren. Und in dieser Tatsache dürfte die Grundlage für die gefundenen Lösungen

Ausgangsprodukt für die Rohrherstellung: In den Bleiminen wurden für den Transport geeignete Barren gegossen. Hier ein im Gallo-Römischen Museum Tongern (Belgien) ausgestellter Barren.

zu suchen sein. Dabei hat uns wieder einmal Vitruv auf die Sprünge geholfen, denn er schreibt:

> Auch ist Wasser aus Tonröhren gesünder als das durch Bleileitungen geleitete, denn das Blei scheint deshalb gesundheitsschädlich zu sein, weil aus ihm Bleiweiß entsteht. Dies aber soll dem menschlichen Körper schädlich sein. Wenn nun das, was aus ihm entsteht, schädlich ist, kann es auch selbst zweifellos der Gesundheit nicht zuträglich sein. Ein Beispiel hierfür können uns die Bleiarbeiter liefern, weil sie eine bleiche Körperfarbe haben. Wenn nämlich Blei geschmolzen und gegossen wird, dann entzieht der von ihm ausströmende Dampf, der sich an den Gliedern des Körpers festsetzt und sie von dort ausbrennt, ihren Körperteilen die wertvollen Eigenschaften des Blutes. Daher scheint es ganz und gar nicht gut, dass man Wasser durch Bleiröhren leitet, wenn wir der Gesundheit zuträgliches Wasser haben wollen.[58]

Die Herstellung der Rohre erfolgte am Ort der Verwendung. Das Blei wurde in einem Sandbett zur Platte gegossen. Im Sand konnte man eine Inschrift eindrücken, um den Auftraggeber zu benennen. Die Inschrift musste natürlich negativ eingeprägt werden, um später am Rohr lesbar zu sein. Die Bleiplatte wurde zu einem Rohr gebogen und die Nahtstelle mit Blei vergossen.

Vitruv empfiehlt also schon im 1. Jahrhundert v. Chr., dass man sich aus gesundheitlichen Gründen doch bitte vor der Verwendung von Bleileitungen hüten solle. Andererseits ist Blei aber ein vorzüglicher Werkstoff, um ein innerstädtisches Rohrleitungsnetz herzustellen. Wegen seiner leichten Verformbarkeit waren aus diesem Material sehr leicht Rohre herzustellen: In römischer Zeit goss man dazu in einem Sandbett Platten aus Blei, die man um eine Model zu einem Rohr formte. Die Nahtstellen wurden dann zusammengedrückt und mit Blei vergossen. Wenn man in das Sandbett vor dem Guss in Spiegelschrift eine Inschrift eindrückte, wurde im fertigen Rohr sodann der Abdruck davon sichtbar. So konnte sich sogar der Auftraggeber einer Rohrleitung noch namentlich verewigen.

Bleirohre waren also einerseits giftig, andererseits aber wegen ihrer Verarbeitungsmöglichkeiten unverzichtbar. Wir finden sie dann auch später noch in römischer Tradition hergestellt, wie ein Reparaturrohr aus Ravenna durch eine Inschrift belegt: *»DN·REX·THEODERICUS·CIVITAT·REDIDIT«*, wonach der ostgotische König Theoderich diese Leitung »… den Bürgern zurückgegeben hat«.[59]

Was bedeutet das aber für eine antike Stadt? War es eine pragmatische Möglichkeit, durch die Verwendung kalkhaltigen Wassers in den Rohren eine Ablagerung zu erreichen, die eine Kontaminierung des

An einem Bleirohr im Archäologischen Museum von Arles (Frankreich) sind die Inschrift und die vergossene Nahtstelle sehr schön zu sehen.

Wassers durch ein Bleirohr ausschloss? Konnte man auf diese Weise die von Vitruv beschriebene Gesundheitsgefährdung ausschließen?

Dahinter steckt folgende Grundidee: Wenn man für die Versorgung einer Stadt kalkhaltiges Wasser in das Druckleitungsnetz einleitete, war doch eigentlich davon auszugehen, dass die Bleileitungen im Inneren recht bald versinterten (verkalkten) – ganz so, wie man das aus dem Verlauf der Fernleitungen kannte. Und auf diese Weise hätte man das ganze Bleiproblem umgangen, da das Wasser mit dem Blei nicht mehr in Berührung käme.

Nun gibt es aber Untersuchungen, die belegen, dass es diese Deckschichten in einer schützenden Stärke in Bleirohren gar nicht gegeben hat:

> Die weißlichen Ablagerungen sind Bleioxid und Bleicarbonat, deren Löslichkeit die Kontamination des Wassers bestimmen: Bei tiefem pH das Pb-Ion, bei hohem pH der Bleicarbonat-Komplex. ... Lege ich die Analyse des Wassers im Quellgebiet Urfey zugrunde, so hatte das Trinkwasser in Colonia vermutlich 1,6 mmol/L Mg, 0,5 mmol/L Ca und 3 mmol/L Säurekapazität bis pH 4,3. Da es gut belüftet war, müsste es einen pH-Wert 8,3 gehabt haben. Entsprechend würde im Kontakt mit Bleirohren der Bleigehalt nicht akut toxisch sein, aber immer noch über dem gesundheitlichen Leitwert (10 µg/L) nach heutigen Maßstäben.[60]

Und da liegt das Problem, denn man darf nicht vergessen, dass Bleirohre noch bis ins 20. Jahrhundert in Deutschland allgemein Verwendung gefunden haben. Während zwar in Deutschlands Süden bereits seit mehr als 100 Jahren Bleileitungen für Trinkwasser verboten sind, wurden sie in Norddeutschland noch bis in die 1970er Jahre in Neubauten verlegt. »Hier hatten die Behörden wohl vor allem auf die Wirksamkeit der Schutzschicht vertraut – etwa durch Kalk –, die sich innerhalb der Bleirohre im Laufe der Zeit bildet und verhindern soll, dass das Metall ins Trinkwasser gelangt. Eine Rechnung, die nicht aufgegangen ist«, findet man im Internetportal der Deutschen Welle zu diesem Thema.[61]

Das Niedersächsische Landesgesundheitsamt vermeldet: »Es ist zwar prinzipiell richtig, dass sich in Bleileitungen mit der Zeit eine Deckschicht aus schwerlöslichen Bleisalzen und Kalk bildet, jedoch ist der Grenzwert der Trinkwasserverordnung 2001 so niedrig, dass er trotz Deckschicht voraussichtlich nicht eingehalten werden kann«.[62]

Wir müssen also feststellen, dass sich Schutzschichten aus Kalk in Bleirohren nicht in den Maßen bilden, wie es für eine Gesundheitsvorsorge notwendig ist. Nun ist es natürlich nicht so, dass sich heute eine dünnere Ablagerung zeigt als in der Römerzeit – unserer Tage sind aber gesetzlich vorgegebene Grenzwerte festgeschrieben, die man in der Römerzeit nicht hatte. Gelegenheit zur Bleivergiftung gab es auch auf andere Weise, wenn man nur an die Benutzung von Geschirr und Trinkgefäßen aus Blei denkt.

Vielleicht erinnern sich die älteren Leser daran, dass man als Kind immer angemahnt wurde, das Wasser aus der Leitung erst einmal ablaufen zu lassen, ehe man davon etwas trinken durfte. Denn es war durchaus bekannt, dass das stehende Wasser in der Hausleitung aus Blei die gefährliche Bleikontamination erfahren hatte: »Nach etwa 2 bis 6 Stunden Stagnation von Trinkwasser in Bleileitungen ist der Sättigungswert der Deckschicht erreicht: etwa 20 µg/L bis zu akut toxischen 3 mg/L (3000 µg/L).«[63]

Das gilt natürlich für alle mit Wasserhähnen verschließbaren Entnahmestellen, und dabei ist es unerheblich, ob in der Römerzeit oder in der jüngeren Vergangenheit. In der Antike betraf das aber besonders die privilegierten Haushalte, die sich einen eigenen Hausanschluss leisten konnten. In der öffentlichen Wasserversorgung, dort wo sich die Bürger an Straßenbrunnen bedienten, bestand das Problem weniger, da das Wasser ohne Unterbrechung floss und es hier folglich keine Stagnation in den Leitungen gab.

Das Innere eines Rohres wird erst bei seiner Zerstörung sichtbar. Hier kann man Versinterung eines Tonrohres im Castellum divisorium *von* Hierapolis / *Pamukkale (Türkei) sehen, weil das Tonrohr abgeplatzt ist.*

Und wenn die Behörden in Norddeutschland noch in den 1970er Jahren geglaubt haben, eine wie auch immer geartete (Kalk-)Ablagerung würde das Wasser vor einer Bleikontamination schützen, dann darf nicht verwundern, wenn man ähnlichen Gedankengängen auch vor 1.800 Jahren folgte.

Schließlich hatten die römischen Ingenieure die starken Kalksinterablagerungen in der Eifelleitung deutlich vor Augen, wenn sie sich die Frage nach einem Schutz des Wassers vor einer Bleikontamination stellten. Und es ist nicht abwegig anzunehmen, dass man sich diesen Effekt auch für die innerstädtischen Rohrleitungen zunutze machen wollte.

Dafür nahm man sogar in Kauf, dass die steinerne Zuleitung innen versinterte. Da man aber mit großem Querschnitt – praktisch »auf Zuwachs« – gebaut hatte, bereitete das für einen langen Zeitraum keine Probleme. Eine Verringerung der Transportleistung hätte nämlich erst dann stattgefunden, wenn sich die Sinterschichten an den Wangen soweit nach oben ausgedehnt hätten, dass sie unter der Firste zusammengetroffen wären.

Betrachtet man die Härtegrade des Quellwassers aus der Eifel, so ist dieses erstaunlicherweise weniger kalkhaltig als das heutige Wasser, das die Kölner Versorgungsbetriebe bereitstellen: Während wir für die Eifelquellen Werte von 16° dH bis 18° dH ermitteln konnten, liegen die heutigen Werte in Köln bei 18° dH bis 22° dH.[64]

Was die Vorliebe für hartes oder weiches Wasser angeht, so wissen wir nicht, wohin die Geschmacksrichtung der Römer ging. Und heute sind die Geschmäcker einfach zu verschieden, um allgemeingültige Vorlieben anzugeben. Eines scheint allerdings nicht nur für die heutige Zeit zu gelten, denn im Grunde hat man vor fast 2.000 Jahren auch schon ausgerufen: »Dat Wasser vun Kölle es joot!«.[65]

58 Vitruv VIII, 6, 10.
59 Grewe (1991b) 26.
60 Freundlicher Hinweis von A. Grohmann; siehe auch: Grohmann (2003).
61 https://www.dw.com/de/deutschland-will-trinkwasser-bleifrei-machen/a-17261204. (Aufgerufen am 8.12.2020)
62 https://www.nlga.niedersachsen.de/startseite/umweltmedizin/wasser/blei_im_trinkwasser/fragen_und_antworten_zu_blei_im_trinkwasser/blei-im-trinkwasser-117055.html#7. (Aufgerufen am 8.12.2020)
63 Freundlicher Hinweis von A. Grohmann
64 https://www.wasserhaerte.net/deutschland/nordrhein-westfalen/50667-koeln.html (Aufgerufen am 23.10.2020).
65 Mundartlied der Bläck Fööss von 1984.

Die Positionierung des in Eiserfey ausgestellten Kalkbrockens in der Eifelwasserleitung während der Betriebszeit.

Das kalkhaltige Wasser aus der Sötenicher Kalkmulde verursachte natürlich auch in der Eifelwasserleitung nach Köln starke Versinterungen. Eine Kalkablagerung mit 40 cm Stärke wurde im oberen Verlauf der Trasse gefunden und ist heute am römischen Sammelbecken in Mechernich-Eiserfey ausgestellt.

Diese Versinterung stammt aus der steinernen Druckleitung von Laodikeia (Türkei). Das Steinrohr selbst ist zerstört.

15. »Kann man Wasser denn auch bergauf fließen lassen?«

»Dem Ingeniör ist nichts zu schwör!« – Aber kann man ihm auch dieses Kunststück zutrauen?

Das ist doch der Klassiker unter den Sprachschöpfungen, die uns Erika Fuchs in den deutschen Übersetzungen der Donald-Duck-Bildergeschichten von Carl Barks hinterlassen hat. Das Motto »Dem Ingeniör ist nichts zu schwör« hat sie dem rastlosen Erfinder Daniel Düsentrieb in den Schnabel gelegt, wobei das eigentlich keine Übersetzung, sondern eher eine eigene Sprachschöpfung war![66] Also, wir können demnach annehmen, dass Daniel Düsentrieb es auch geschafft hätte, Wasser bergauf fließen zu lassen. Aber im wahren Leben? Und bei den Römern?

Wenn wir uns die von den römischen Ingenieuren verwirklichten Lösungen zum Transport von Wasser über dutzende Kilometer anschauen, dann fallen mehrere Techniken auf. Die gängigste Transportart war die Gefälleleitung, in der das Wasser der Schwerkraft folgend einfach bergab floss. Minimalgefälle von 0,24 ‰, wie im Verlauf der Wasserleitung nach Nîmes als Durchschnittsgefälle nachgewiesen, sind zwar die Ausnahme, belegen aber, dass die römischen Ingenieure Unglaubliches geleistet haben, wenn es darum ging, »das Wasser laufen zu lehren!«.[67] Aber damit floss es immer noch nicht bergauf!

Andere großartige Leistungen im Aquäduktbau waren die Brücken und Tunnel, aber auch hier wurden die physikalischen Gesetze nicht aufgehoben. Doch wie war das mit den Druckleitungen? Druckleitungsstrecken funktionieren nach dem Prinzip der kommunizierenden Röhren: In miteinander verbundenen Rohren behält Wasser an jeder Stelle denselben Pegel; es steigt also auf der einen Seite so hoch an, wie es auf der anderen Seite hineingegeben wird, weil Schwerkraft und Luftdruck konstant sind. Die römischen Ingenieure machten sich dieses »Prinzip der kommunizierenden Röhren« zunutze, wenn es zum Beispiel galt, mit einem Aquädukt ein Fluss-

Bevor das Wasser »bergauf« fließen konnte, musste es in einem geschlossenen Leitungssystem erst einmal »bergab« transportiert werden. Auf einer Rampe wurde die Leitung ins Tal geführt, das auf einer Brücke in horizontaler Lage gequert werden musste. Dann ging es wiederum auf einer Rampe bergwärts. Wenn das Auslaufbecken etwas tiefer lag als der Einlauf, floss das Wasser in die anschließende Leitungsstrecke über – so beschreibt es jedenfalls Vitruv und so lernen es die Kinder heute, wenn in der Schule die »kommunizierenden Röhren« besprochen werden. Die Talsohle musste auf einer Siphonbrücke horizontal gequert werden.

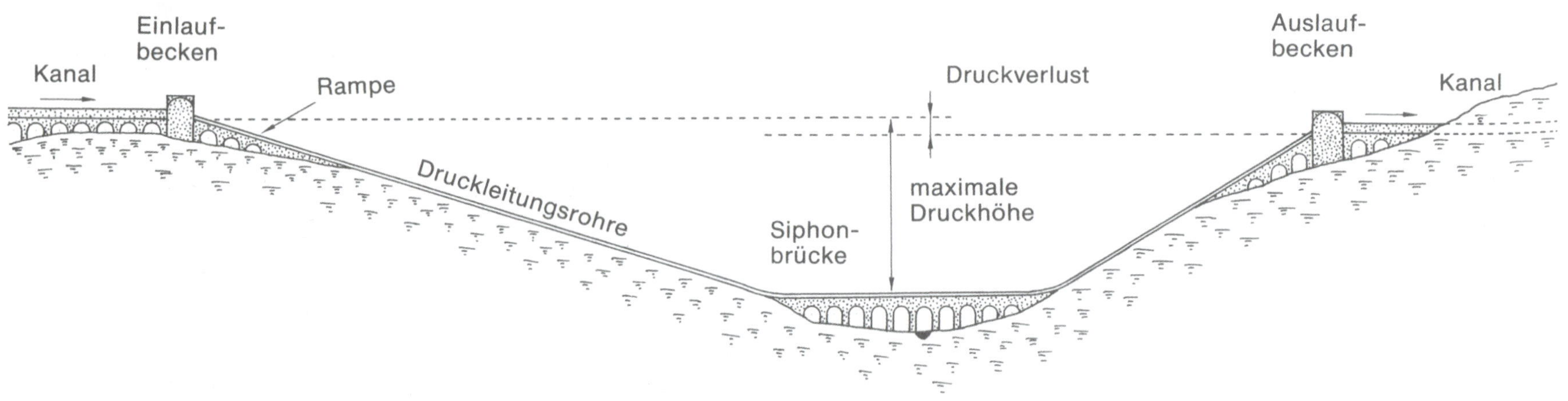

Das Wasser wurde in einer Gefälleleitung zu einem Wasserturm geführt, der vom Einlaufbecken des Siphons gekrönt war. Von dort wurde die Druckleitung, die aus Stein-, Ton- oder Bleirohren bestehen konnte, gefüllt. Im Bild das Einlaufbecken in Chaponost der Gier-Leitung für Lyon (Frankreich). Hier wurde das mehr als 2 km breite Tal des Yzeron gequert. Bei einem Abstieg von 123 m bis zur Siphonbrücke mussten die Bleirohre einem Druck von 13 bar standhalten.

tal zu durchfahren. Man vermied auf diese Weise aufwendige Brückenbauten – besonders, wenn die notwendigen Taldurchfahrungen Brücken von mehr als 50 Meter Höhe erfordert hätten. Aber auch in flacheren Talsenken verlegte man Druckleitungen.

Vitruv beschreibt dieses Spezialproblem im Wasserleitungsbau im achten seiner *Zehn Bücher über Architektur* recht anschaulich:

> Sind aber ausgedehnte Täler da, dann wird man die Leitung am Abhang entlang herabführen. Wenn man ins Tal gekommen ist, wird ein so hoher Unterbau aufgeführt, dass die Leitung eine möglichst lange Strecke die gleiche Niveauhöhe hat. Dies aber wird der »Bauch« sein, den die Griechen *Koilia* nennen. Kommt dann die Leitung an die andere ansteigende Seite, dann schwillt das Wasser infolge des langen Zwischenraums, den der Bauch bildet, leicht an und dürfte wohl zum Kamm der Höhe hinaufgedrückt werden.[68]

Beim für die Druckleitungsrohre verwendeten Material gibt es selbst für die römische Zeit regionale Unterschiede: In Spanien finden wir in Mörtelpakete eingebettete Tonrohrleitungen (zum Beispiel in Almuñécar), in Frankreich eher Bleileitungen (Lyon) und in der Türkei sind Druckleitungen aus Steinrohren (*Aspendos*) die Regel.

In all diesen Leitungen wurde das Wasser auf einer Seite eines Tales in einem Einleitungsbecken aus einer Gefälleleitung in eine Druckleitungsstrecke übergeleitet. Nach dem Gesetz der kommunizierenden Röhren stieg das Wasser in der Druckleitung soweit an, wie es eingefüllt worden war – ein kleiner Druckverlust war einzukalkulieren. Wenn man nun das Auslaufbecken auf der anderen Seite des Tales etwas tiefer legte als den Einlauf, so konnte man das Wasser hier wieder in eine angeschlossene Gefälleleitung überleiten und der Versorgung zuführen.

Wir stellen also fest, dass auch bei den Römern das Wasser nicht bergauf fließen konnte, denn von »fließen« konnte man selbst in Druckleitungen wahrlich nicht reden. Das Wasser wurde also bergauf »gedrückt« – ganz wie der Name der Leitung es schon sagt.

66 »Frau Dr. Fuchs! Mir fehlen die Worte ...«. Festschrift zur Verleihung der Morenhovener Lupe (Swisttal-Morenhoven 1994).
67 » ... wie das Wasser laufen lernte!« ist der Leitspruch des 2019 eröffneten Römerkanal-Informationszentrums in Rheinbach.
68 Vitruv VIII, 6, 5.

In besonderen Fällen wurden Bleirohrleitungen auf Rampen mehrsträngig nebeneinander in ein Tal hinab und auch wieder bergan geführt – wie hier im Verlauf der Gier-Leitung vor Lyon (Frankreich) mittels Druckleitungen in Form eines Siphons. Die Anschlüsse der Bleirohre an das Einlaufbecken La Gerle sind gut zu sehen – im Hintergrund die an dieses herangeführte Hochleitung.

In seltenen Fällen hat man auch innerstädtisch Steinrohre als Druckleitungen verlegt. Dieses Beispiel stammt aus Antiochia ad Pisidiam / Yalvaç (Türkei).

Um die Fließbrunnen oder Versorgungsstellen in reichen Privathäusern zu erreichen, musste das Wasser in Bleirohren aufwärts geführt werden, so wie es hier an einer Hauswand in Pompeji (Italien) zu sehen ist. Gespeist wurden diese Rohre vom innerstädtischen Druckleitungsnetz, das auch hier als »kommunizierende Röhren« verlegt war.

Der Stapel Bleirohre im Archäologischen Museum von Arles (Frankreich) entstammt einem Siphon (Düker), der das Flussbett der Rhône durchquerte, und ist zur Entnahme zersägt worden. Die Bleiwulste an den Enden lassen die ehemaligen Stoßstellen zwischen den Rohrstücken erkennen.

In den Städten wurden in der Regel Rohrleitungen verlegt, um das Wasser zu den Entnahmestellen zu bringen. Meist waren es Bleileitungen, wie hier in den Thermen von Aquae Sulis / Bath (England). Die Leitungen lagen dann in Bodenhöhe oder im Fußboden verdeckt, mussten aber in jedem Fall das letzte Stück ihres Weges bergan geführt werden, um die Auslaufstellen der Brunnen bedienen zu können. Dafür sorgte der Druck, den man in der Leitung an ihrem Beginn aufgebaut hatte.

16. »In Vorderasien finden wir vor vielen römischen Städten Druckleitungsstrecken, die aus großkalibrigen Steinrohren gefertigt worden sind. Gab es so etwas eigentlich auch nördlich der Alpen?«

Die meisten Druckleitungsstrecken baute man entweder beim Queren von Flusstälern oder kurz vor den Versorgungsgebieten, also Militärlagern oder Zivilsiedlungen. Diese waren in der Regel auf Anhöhen gebaut, um beispielsweise nahe an Flüssen eine hochwasserfreie Lage zu nutzen oder ganz einfach, um das Terrain besser verteidigen zu können. Das hatte aber zur Folge, dass man mit einer von außen herangeführten Wasserleitung vor einer Stadt jeweils eine Senke zu durchqueren hatte und sich deshalb bei der Planung einer Gefälleleitung, die nur dem natürlichen Gefälle folgen sollte, mit einem Problem konfrontiert sah. Spätestens hier musste man sich entscheiden, entweder eine Brücke zu bauen oder eine Druckleitung, die nach dem Prinzip der kommunizierenden Röhren zu funktionieren hatte. Das Problem bestand darin, dass man das Wasser ja in Höhe des Stadtareals benötigte, und dort musste es trotz der Senke vor der Stadt irgendwie hin transportiert werden.

Ein ähnliches Problem ergab sich bei Taldurchquerungen. Dank archäologischer Befunde wissen wir, dass der römische Brückenbau bei 50 m Höhe seine Grenze hatte. Täler, die eine Tiefe von mehr als 50 m aufwiesen, wurden nicht mehr mit Brücken überquert, sondern mittels Druckleitungen durchfahren. Es gibt aber auch Beispiele, in denen bei Tälern mit wesentlich kleinerem Taleinschnitt ebenso verfahren wurde.

Eine derartige Druckleitung, die man auch als »Siphon« bezeichnen könnte, bestand immer aus der durch das Tal geführten Leitung mit einem Einlaufbecken am Anfang und einem Auslaufbecken am Ende. In diesen beiden Becken fand die Überführung des Wassers von der Freispiegelleitung in die Druckleitung und umgekehrt in die Anschlussleitung statt. Die Druckleitung wurde auf Rampen schräg in das Tal hinunter- und auch wieder hinaufgelegt. Zur Überquerung der Talsohle wurde nach Vorgaben von Vitruv ein »so hoher Unterbau aufgeführt, dass die Leitung eine möglichst lange Strecke die gleiche Niveauhöhe hat.«[69] Vitruv warnte vor dem Einbau von Knicken sowohl im vertikalen als auch im horizontalen Verlauf, denn »dann wird das Wasser durchbrechen und die Verbindungsfugen der Röhren sprengen.« War ein Knick im Verlauf von Horizontalstrecken nicht zu vermeiden, musste man *Kolliquiarien* (Druckentlastungstürme) bauen. Letztere finden wir im Verlauf des Aquäduktes der Stadt *Aspendos* (Türkei) in einer Druckleitungsstrecke gleich zweimal verwirklicht und zwar mit einer Bauhöhe von 40 m.[70]

Wie bei anderen Leitungen in der Türkei auch, hat man für die Druckleitungsstrecke in *Aspendos* großkalibrige Steinrohre gefertigt, die dem Wasserdruck von immerhin 4 bar standhalten mussten. Das waren aufgebohrte Steinwürfel, die mit Muffenverbindungen aneinandergefügt und verbunden wurden.

In anderen Teilen des *Imperium Romanum* hat man auch andere Materialien für derartige Druckleitungen verwendet, so etwa in einem Mörtelbett verpackte Tonrohre in Almuñécar (Spanien)[71] oder Bleirohre, zum Beispiel in Lyon (Frankreich), wo die Fernwasserleitung das Yzerontal mit 120 m Tiefe – also 12 bar Druck – durchqueren musste.[72] In Köln ist man dem Problem ausgewichen, indem man vor der Stadt eine 8 km lange Hochleitung gebaut hat, um das Wasser mir natürlichem Gefälle in die *CCAA* zu führen.[73]

Auch für das Legionslager *Bonna* / Bonn hatte man eine Fernleitung für die Wasserversorgung gebaut. Da das Bonner Lager aus Hochwasserschutzgründen auf einer Geländeerhebung links des Rheins errichtet worden war, konnte das Trinkwasser nur von Westen herangeführt werden. Man nutzte dazu Quellen im Vorgebirge bei Duisdorf und Witterschlick. Beim Ausbau der Trasse zum Legionslager, die die von Westen kommende Römerstraße parallel begleitete, gab es allerdings die Schwierigkeit, dass ein alter Rheinarm, in Bonn »Gumme« genannt, durchfahren werden musste.[74]

Das Prinzip der Druckrohrleitungen haben wir im vorherigen Kapitel bereits erklärt. Nun kommt also die Antwort auf die Frage, ob es nördlich der Alpen auch Druckleitungen aus Steinrohren gegeben habe – so wie wir das aus vielen Beispielen in Vorderasien kennen. Und da fällt das Beispiel der Leitung für das Bonner Legionslager ins Auge – obwohl es lange gedauert hat, bis das erkannt wurde. Erst der Zufallsfund der Steinrohre brachte Licht ins Dunkel: Da der Unterbau der Druckleitung als Brücke durch die Gumme (einen verlandeten Rheinarm) zum Legionslager Bonna geführt worden war, ließ der archäologische Befund lediglich Pfeilergrundrisse erkennen. Und die waren mit denen von Aquäduktbrücken völlig identisch. Da dieser Befund leider nur beschrieben ist, müssen wir zur Veranschaulichung einen Luftbildbefund aus der Colonia Ulpa Traiana / Xanten anführen, der aber die Pfeiler einer regulären Brücke als Bodenmerkmale zeigt.

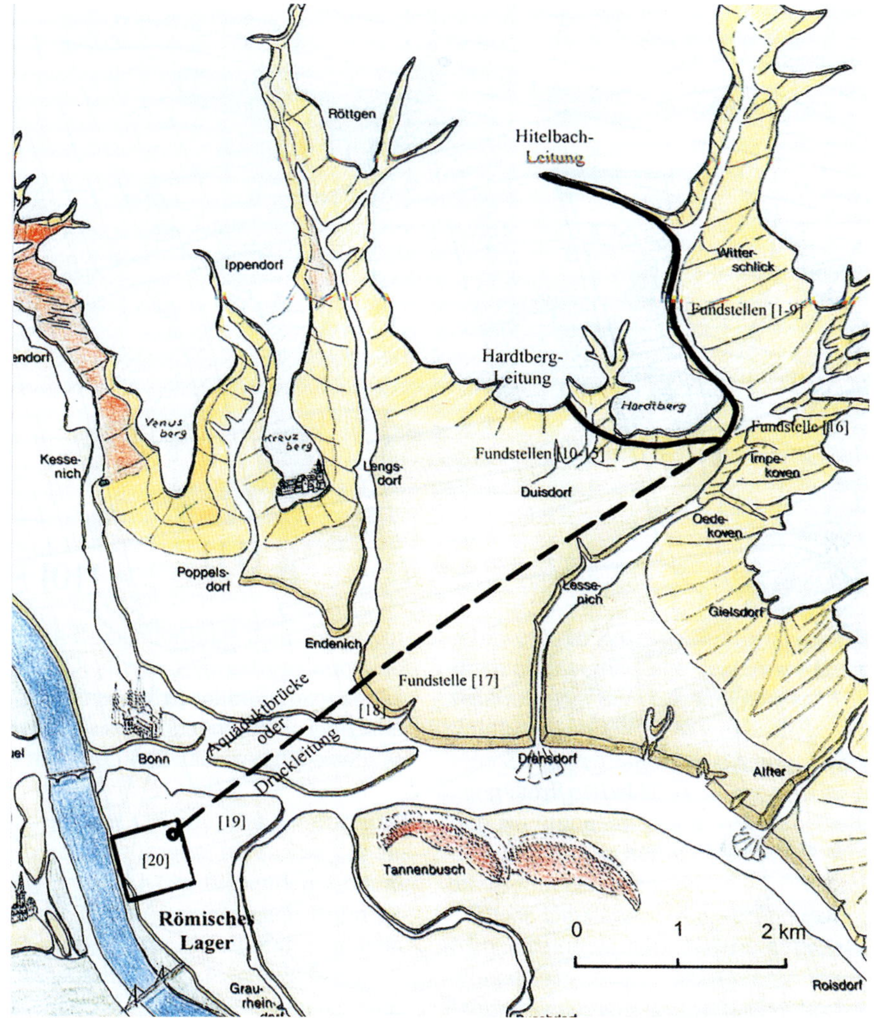

Die geologische Karte von G. Meyer macht das von der Gumme verursachte Problem für die römischen Ingenieure deutlich. Der verlandete Rheinarm liegt 2 km breit zwischen Vorgebirge und Römerlager. Für die Querung mittels einer Wasserleitung musste entweder eine entsprechende Brücke oder nach Vitruvs Vorgaben eine Druckleitung gebaut werden. (Die Karte ist nach Süden ausgerichtet!)

Im archäologischen Befund hatten sich bei Bauarbeiten entlang der Heerstraße immer wieder Pfeilergründungen gezeigt, sodass man bis dato annahm, die Gumme wäre mittels einer Aquäduktbrücke gequert worden. Bis 1987 bei einer Baumaßnahme im Bereich des Römerlagers drei Steinrohre gefunden wurden, die eindeutig zu einer antiken Druckwasserleitung gehört haben müssen. Dafür kam allein schon

Drei Rohrsteine aus Drachenfels-Trachyt mit handwerklich sauber ausgearbeiteten Muffenkränzen wurden im Bonner Norden rein zufällig gefunden. Zur Provenienz gab es keinerlei Angaben. Allerdings beweist die Versinterung der Innenflächen, dass die Rohre als Wasserleitungen in Nutzung waren. In der Fertigungstechnik entsprechen sie den Rohrsteinen aus Vorderasien, sodass eine andere Verwendung nicht vorstellbar ist.

Im Ausgrabungsbefund kamen die Ursachen der Bodenmerkmale ans Tageslicht: Die Gründungen der Brückenpfeiler. Ähnlich muss es auch im Bonner Befund ausgesehen haben, denn eine Brücke als Unterbau einer Druckrohrleitung, mittels derer eine Gefälleleitung ein Tal durchquerte, hat sich in keiner Weise von einer Aquäduktbrücke unterschieden.

Bei genauer Betrachtung wird die sorgfältige Bearbeitung aller Außenflächen mit dem Scharriereisen deutlich.

Brunnenstube der sogenannten Kurfürstenquelle in Bonn-Duisdorf. Diese Quelle war in der Römerzeit neben der des Hitelbaches in Alfter-Witterschlick eines der beiden für das Bonner Legionslager genutzten Wasserdargebote. Noch heute beziehen der Botanische Garten und einige Universitätsinstitute Wasser aus dieser Quelle, vor gar nicht so langer Zeit auch noch die Marktfontäne und die Kurfürstenbrauerei.

Während das Quellgebiet am Hitelbach inzwischen mehr oder weniger versiegt ist, konnte man die Hardtbergquelle in Bonn-Duisdorf bis heute in Betrieb halten. Das kurfürstliche Wappen an der Stirnseite des Wasserhauses erinnert an die Bauzeit der Brunnenstube in der Amtszeit von Kurfürst Clemens August (1723–1761).

vom Kaliber her nur die Fernwasserleitung zum Legionslager in Betracht. Beziehen wir in die Betrachtungen die Bemerkung Vitruvs bezüglich eines »Unterbaus« ein, auf dem eine Druckleitung »eine möglichst lange Strecke die gleiche Niveauhöhe« haben sollte, dann wird klar, dass wir für Bonn im Bereich der Gumme den Bau einer steinernen Druckleitung annehmen können, die auf einem von Pfeilern getragenen Unterbau verlegt worden war. In dieser Art ist der Bonner Befund nördlich der Alpen einzigartig. Die drei genannten Druckleitungssteine sind heute im Römerkanal-Informationszentrum in Rheinbach zu sehen.

69 Vitruv VIII, 6, 5.
70 Grewe (2014) 139–148.
71 Grewe (2014) 214–216.
72 Grewe (2014) 211–214.
73 Grewe (1986) 172–192.
74 Grewe (2014) 228–231.

An seinen jetzigen Standort auf dem Alten Friedhof von Bonn ist das Johanniskreuz Mitte des 19. Jahrhunderts versetzt worden.

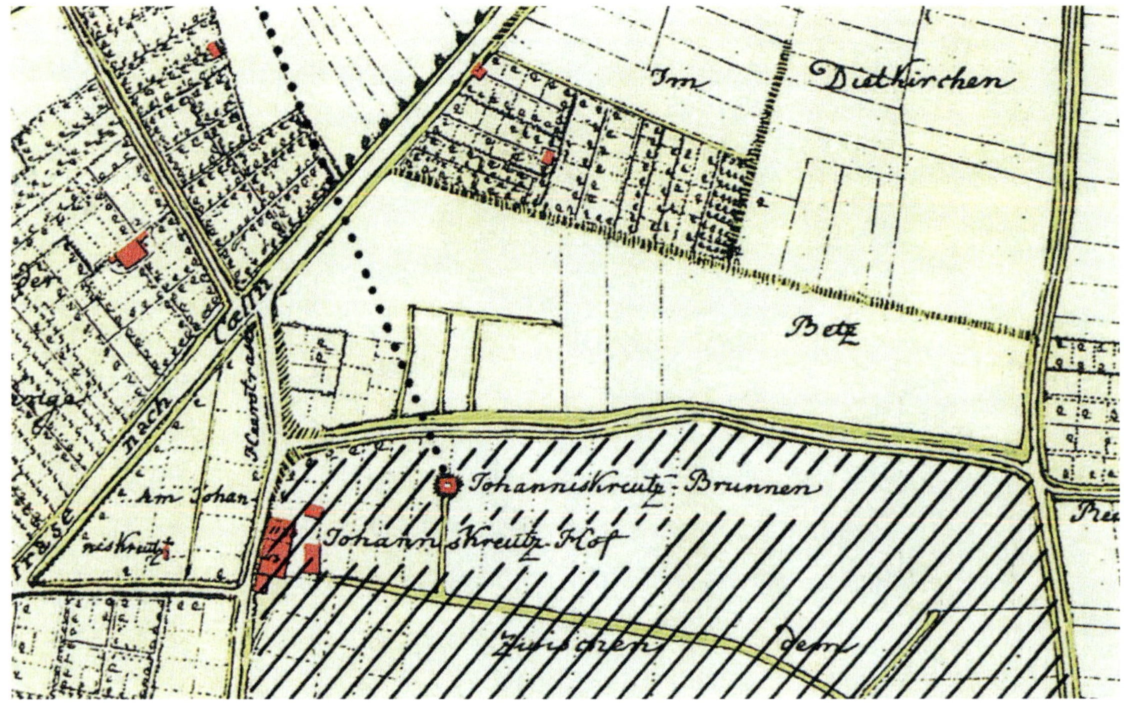

Die römische Wasserleitung endete in einem Castellum aquae *in der Südwestecke des Legionslagers. Genau an dieser Stelle wurde in fränkischer Zeit die erste christliche Pfarr- und Taufkirche Bonns (Dietkirche = Volkskirche) errichtet. Sie war Johannes dem Täufer geweiht. Vermutlich war die noch intakte römische Wasserleitung maßgeblich für die Ortswahl, denn nach frühchristlichem Ritus taufte man in fließendem Wasser. Im hohen Mittelalter wurde hier zudem der älteste Markt Bonns eingerichtet, für den man auch einen Brunnen benötigte. Das an diesem aufgestellte Marktkreuz wurde nach dem Patronat der Kirche »Johanniskreuz« genannt. Im Hundeshagenplan von 1819 ist der »Johannis-Kreutz-Brunnen« noch eingetragen.*

In kurfürstlicher Zeit wurde auch der Bonner Marktbrunnen (»Marktfontäne«) aus der Kurfürstenquelle versorgt. Den Obelisken ließ Kurfürst Maximilian Friedrich von Königsegg-Rothenfels 1777 aufstellen. Der Marktbrunnen erhält sein Wasser heute aus der städtischen Wasserversorgung.

17. »Wie erklären sich die sensationell kurzen Bauzeiten der römischen Aquädukte?«

Vor dem Ausbau einer Aquädukttrasse waren mehrere Arbeitsgänge erforderlich, die sehr streng voneinander zu unterscheiden sind: Grundvoraussetzung war, den Höhenunterschied zwischen Wasserdargebot und Versorgungsgebiet zu ermitteln, wobei ganz nebenbei festgestellt werden musste, ob sich auf dieser Strecke Geländeprobleme ergaben, die gar nicht oder nur mit erheblichem technischen Aufwand zu meistern gewesen wären. Hatte man geklärt, das dies nicht der Fall war, musste mittels eines Nivellements der Höhenunterschied gemessen und im selben Arbeitsgang auch die Strecke ermittelt werden, die man für die Planung von Gefälle zwingend benötigte. Danach teilte man im Ausbauplan die Gesamtstrecke in kürzere Abschnitte ein. Solche Abschnitte nennen wir heute »Baulose«. Diese Bauloseinteilung war dann erforderlich, wenn man den Aquädukt nicht mit nur einem Arbeitstrupp bauen wollte, sondern mit mehreren gleichzeitig, die an verschiedenen Stellen arbeiteten.

Mit der Freilegung eines Befundes der römischen Eifelwasserleitung bei Mechernich-Lessenich ergaben sich sukzessive neue Erkenntnisse zur Organisation einer römischen Großbaustelle. Die Fundstelle hatte man oberflächig wegen einer feuchten Stelle in einer großen Weide erkennen können. Schon bei der Freilegung der obersten Schichten des Befundes war aufgefallen, dass die Seitenwangen des Römerkanals an dieser Stelle leicht ausbuchteten. Das erforderte eine größere Umsicht bei der weiteren Ausgrabung. Die weißen Linien im Bild zeigen die durchgängigen Wangen ohne Ausbuchtung. Vom aufgehend höher erhaltenen Gewölbe auf der linken Seite des Römerkanals (im Bild rechts) ist diese Ausbuchtung hier etwas verdeckt.

Dafür mussten die Baulosgrenzen, also die Nahtstellen zwischen zwei Baulosen, berechnet und im Gelände sehr genau abgesteckt werden, denn diese Nahtstellen markierten die Endpunkte eines Bauloses und zugleich die Anfangspunkte des sich daran anschließenden. Eine solche Bauloseinteilung war zwingend erforderlich, wenn man mit den Arbeiten möglichst schnell fertig werden wollte. Ein gewisser Zeitdruck war vermutlich bei jedem Projekt vorhanden, denn es ist anzunehmen, dass der Auftraggeber oder Stifter die fertige Leitung auch einweihen wollte.

Ebenso wurden nach vorheriger Berechnung die Standorte der vielen Brücken und Brückchen abgesteckt, da deren Bau zeitlich vor dem Ausbau des Specus, also des Wasserleitungsgerinnes, fertiggestellt sein musste. Um Zeitverzug zu vermeiden, war

Mechernich-Lessenich. Bei der Betrachtung des Befundes zeigte sich, dass das Gewölbe des Römerkanals im oberen Teil der Fundstelle (im Bild links) um 35 cm höher lag als im anschließenden Teil. Die rote Linie lässt diesen Befund sehr deutlich erscheinen. Es ist darüber hinaus anzunehmen, dass an dieser Stelle ehemals ein Einstiegschacht vorhanden war.

Mechernich-Lessenich. Die Ausräumung des Kanalinneren ließ schnell erkennen, welch eine bedeutungsvolle Entdeckung hier zutage getreten war, denn die deutlich sichtbare Stufe in der Sohle stellt einen einzigartigen Befund in der Aquäduktforschung dar, der für die Kenntnisse bezüglich der Organisation einer römischen Großbaustelle von immenser Bedeutung ist: Hier wurde in einer römischen Wasserleitung zum ersten Mal eine Baulosgrenze, also die Nahtstelle zwischen zwei Baulosen, archäologisch nachgewiesen.

beim Ausbau darauf zu achten, dass dann, wenn man mit fortschreitender Fertigstellung des Specus ein Bächlein oder einen Fluss erreichte, an dieser Stelle bereits eine fertige Brücke stand, auf der man das Wasserleitungsgerinne ausbauen konnte.[75]

Bis dahin war es aber ein schwieriger Weg, der nur durch straffe Organisation und strenge Bauaufsicht in kurzer Zeit genommen werden konnte.

Betrachten wir die angewandten Vermessungstechniken genauer, wird klar, welch großes fachliches Wissen auf einer Aquäduktbaustelle gefordert war. Das ist auch der Punkt, warum wir annehmen können, dass die grundlegenden Arbeiten der Planung und Trassierung von Ingenieuren nahegelegener Legionen durchgeführt wurden.

Zumindest die Nivellements mit dem Chorobat müssen von fachkundigem Personal ausgeführt oder zumindest begleitet worden sein, denn sie hatten die Ergebnisse zu erbringen, die für die Planung der Aquädukttrasse notwendig waren. Der Fortgang der Arbeiten, bei dem es um die Umsetzung der Planungsergebnisse ging, machte dann nicht unbedingt die ständige Anwesenheit des Ingenieurs erforderlich. Es besteht aber kein Zweifel daran, dass alle an den Arbeiten beteiligten Kräfte geübt und zuverlässig sein mussten, denn ein »Gesamtkunstwerk Aquädukt«, das sich nach 2.000 Jahren noch respektabel darbietet, ist ein Ergebnis der schon um 150 n. Chr. auf dem Grabstein von Nonius Datus genannten Tugenden eines Ingenieurs: *»Patientia – Virtus – Spes«*, also Geduld, Tatkraft und die Zuversicht des Fachmannes, der auf seine Kenntnisse gestützt darauf vertraut, dass das schwierige Werk gelingen wird.

Erst wenn man diesen Arbeitsablauf in der Organisation einer Aquäduktbaustelle berücksichtigt, kann man sich erklären, wie die römischen Ingenieure ihre Bauwerke in so erstaunlich kurzen Bauzeiten fertigstellen konnten. Im Falle der 95,4 km langen Eifelwasserleitung nach Köln waren es die Bauloseinteilung und die – getrennt vom Specus-Bau, aber zeitgleich – durchgeführten Brückenbauten, die die schnelle Bauzeit von rund vier bis fünf Jahren ermöglicht haben.

75 Grewe (1986); Grewe (2011a); Grewe (2014).

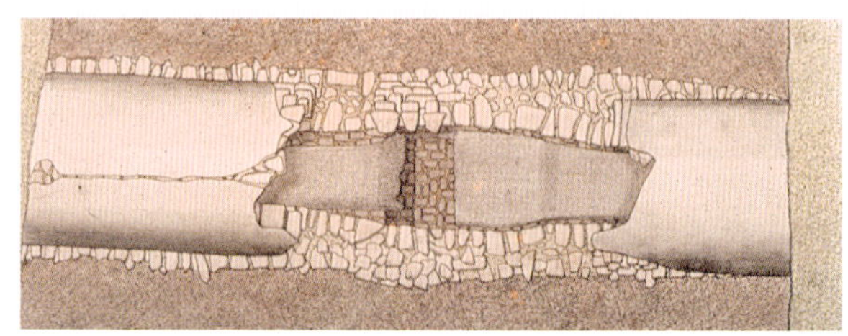

Mechernich-Vollem/Urfey. Der zweite Grund für die kurzen Bauzeiten der römischen Ingenieursprojekte war die Arbeitsteilung zwischen den Brücken- und den Leitungsbauern. An mehreren Standorten konnte nachgewiesen werden, dass die Brücken als Tragwerke einer Wasserleitung von eigenständigen Bautrupps vorab gebaut wurden. An dieser kleinen Aquäduktbrücke der Eifelleitung bei Mechernich-Vollem fiel eine Besonderheit auf, die erstmals auf diese Arbeitsteilung hindeutete: Das Leitungsgerinne lag ein wenig schief auf dem Brückenunterbau. Wäre die Brücke samt Wasserleitung in einem Zuge gebaut worden, müssten die Achsen von Brücke und Wasserleitungsrinne auf einer Linie liegen.

Die Methode, Brücken im Verlauf von Streckenbauwerken wie Aquädukten und Straßen vor den übrigen Gewerken zu errichten, ist also eine Erfindung der Römer, die sich als Idee aber über zwei Jahrtausende gut in den Köpfen der Ingenieure halten konnte. Auch heute noch baut man die Brücken beispielsweise beim Straßenbau zeitlich vorgezogen. Hier das Beispiel einer Brücke bei Euskirchen, die in den 1970er Jahren errichtet worden ist. Da man das geplante Autobahnprojekt aber inzwischen aufgegeben hat, steht sie heute als sogenannte »Soda«-Brücke einfach nur »so da« – wie die Kölner Rockband BAP es dann besungen hat.

Mechernich-Lessenich. Der Befund in Längsschnitt und Draufsicht macht die besondere Situation deutlich. Diese Art der Baustellenorganisation ist ganz sicher einer der Gründe dafür, dass die römischen Ingenieure ihre Bauwerke so effektiv und schnell erschufen. Im Verlauf der Eifelwasserleitung konnten auch die beiden oberhalb dieser Fundstelle liegenden Baulose mit ihren Grenzen archäologisch nachgewiesen werden. Ausgehend von diesen Befunden kann man annehmen, dass es zwischen dem Grünen Pütz und der CCAA etwa 20 Baulose gegeben hat.

Mechernich-Vollem/Urfey. Der Brückenbogen ruht auf zwei mächtigen Sandsteinblöcken, die die gesamte Breite der Brücke mit 1,79 m einnehmen. So unscheinbar, wie dieses Bauwerk auch erscheinen mag, darf man nicht außer Acht lassen, dass wir es hier mit einer der wenigen antiken Brücken nördlich der Alpen in fast vollständig erhaltenem Zustand zu tun haben. Hier fehlen lediglich zwei Bogensteine auf einer Seite, die beim ersten Zugriff mit der Baggerschaufel herausgerissen wurden. Die Brücke ist heute restauriert und im Verlauf des Römerkanal-Wanderweges zu besichtigen.

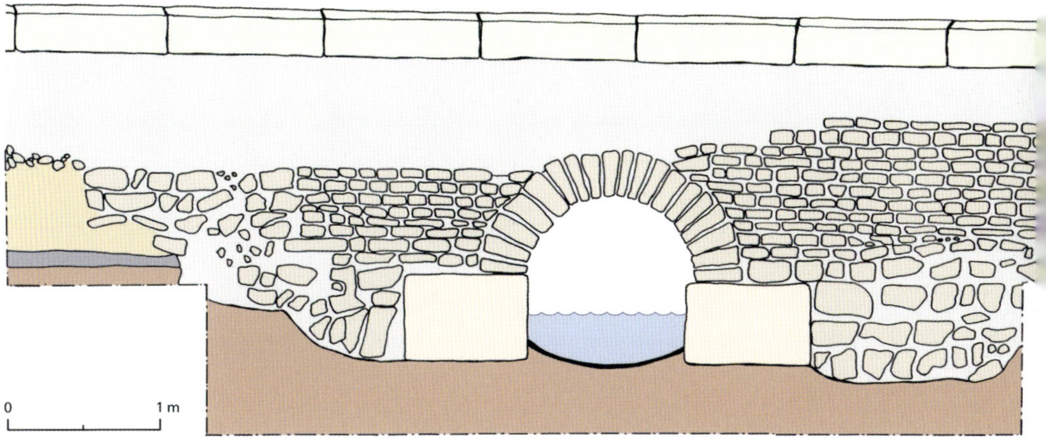

18. »Was geschah, wenn es in einem Abschnitt Probleme mit dem Baufortschritt gab?«

Die römische Baustellenorganisation war äußerst effektiv. Das wird besonders anhand der Großprojekte wie beispielsweise der Fernwasserleitungen deutlich. Die Einteilung der gesamten Trasse in mehrere überschaubare Baulose und die Aufteilung der Gewerke Brücken- und Specus-Bau auf verschiedene Bauunternehmer zeigten ihre positive Wirkung vor allem in den kurzen Bauzeiten. Ein gewichtiger Grund für diese ambitionierte Zeitplanung dürfte gewesen sein, dass die Geldgeber oder Auftraggeber die Fertigstellung des von ihnen geförderten Bauwerks (und damit natürlich auch sich selbst) gebührend gewürdigt sehen wollten. Die eingangs gestellte Frage ist deshalb sehr berechtigt. Was war, wenn ein Statthalter als Auftraggeber in eine andere Provinz beordert wurde, das von ihm protegierte Bauwerk an seiner bisherigen Wirkungsstätte aber noch in Arbeit war? Was passierte, wenn eine solche Bauverzögerung durch unvorhersehbare Ereignisse verursacht wurde?

Man kann sich sehr gut vorstellen, dass dann versucht wurde, mit provisorisch ausgebauten Streckenabschnitten die Problemstellen zu umgehen, um auf diese Weise Zeitverluste zu vermeiden. Mit dem Bau einer provisorischen Umwegleitung ließ sich das Problem insoweit kaschieren, als sich die Wasserleitung zumindest im Sparmodus in Betrieb nehmen ließ. Am Endpunkt des Aquäduktes, in der Regel dem *Castellum divisorium* der Stadt, kam auf diese Weise pünktlich Wasser an und der Festakt der Einweihung konnte planmäßig stattfinden.

Im Trassenverlauf der Eifelwasserleitung gab es einen Streckenabschnitt, der genau das zuvor geschilderte Problem offensichtlich machte.[76] Ob bezüglich dessen Behebung auf irgendwelche Weise Druck aus Köln ausgeübt wurde oder ob hier eigenwillige Entscheidungen der Bauleitung maßgeblich waren, lässt sich nicht mehr sagen. Was wir aber im Ausgrabungsbefund sehen, ist das Ergebnis einer grundlegenden Planänderung, die das Ziel hatte, keinerlei Verzögerungen in der Aufnahme des Betriebs der Leitung auftreten zu lassen.

Bei Mechernich-Lessenich gibt es den Bergsporn Am Grünen Winkel, der von der geplanten Trasse durchschnitten werden sollte. Dieser Einschnitt wäre bis zu 8 m tief und bei Böschungsneigungen von 1 : 1 an der Oberseite bis zu 16 m breit geworden. Es scheint, als sei ein Bergdurchstich mit diesen Dimensionen nicht einfach zu realisieren gewesen, wobei die nicht gewährleistete Stabilität des Erdreichs eine besondere Rolle gespielt haben könnte.

Jedenfalls war das Anschlussbaulos, das gleich hinter diesem Geländeeinschnitt begann, offensichtlich schon fertiggestellt, als man an dem von Am Grünen Winkel noch arbeitete. Die *CCAA* hätte ohne diese Problemstelle bereits versorgt werden können.

Da der Baugraben für die unterirdisch zu führende Leitung auf eine Strecke von mehr als 2 km vor der Problemstelle für den Ausbau bereits vorbereitet war, entschloss man sich, darin eine provisorische Holzleitung zu verlegen, mit dieser aber vor dem Grünen Winkel abzuknicken, um sie um den Bergsporn herumzuführen. Da man mit dieser provisorischen Umwegtrasse nicht nur den Geländeeinschnitt umrundete, sondern auch die Baulosgrenze umfuhr, konnte man die Holzleitung hinter dem Bergsporn problemlos an die ab hier schon ausgebaute Steinleitung Richtung Köln anschließen. Damit war es möglich, die Versorung der Stadt provisorisch in Betrieb zu nehmen, und an der Problemstelle hatte man Zeit gewonnen, um nach Plan weiterzuarbeiten.

Um für den nunmehr von der Holzleitung belegten Graben Ersatz zu schaffen, musste die Arbeitsterrasse im Berghang auf die ganze Länge bergseitig erweitert werden. Parallel zur alten Trasse war nun ein neuer Graben anzulegen, in dem der Steinkanal dann gebaut werden konnte. Dieser begleitete die provisorisch ausgebaute Trasse, schwenkte aber kurz hinter der Stelle, an der die Holzleitung zur Bergumfahrung abknickte, auf die alte Trassenlinie ein und durchschnitt ab hier planmäßig den Bergsporn.

Nun fällt bei der Betrachtung dieser beiden von 2–3 m voneinander entfernten, parallel geführten Linien auf, dass dieser Abstand im Trassenverlauf über die erwähnten 2 km stetig eingehalten wird. Allerdings treffen die Linien immer dann für eine kurze Strecke zusammen, wenn es gilt, einen kleinen Taleinschnitt oder Siefen zu queren. Das ist an acht Stellen anzutreffen und kann somit kein Zufall sein.

Vor der Baulosgrenze bei Mechernich-Lessenich gab es beim Bau der Eifelwasserleitung offensichtlich Schwierigkeiten beim Durchstechen des Bergsporns Am Grünen Winkel. Wegen der enormen Tiefe des Einschnitts von mehr als 8 m waren die Böschungen vermutlich schwer zu halten gewesen. Abrutschendes Erdreich könnte die Bauarbeiten so stark behindert haben, dass die vorgegebenen Bauzeiten nicht einzuhalten waren. Das führte zu einer Planungsänderung: Man baute bis zum Grünen Winkel in der geplanten Trasse eine provisorische Holzleitung von rund 3 km Länge, führte diese um den Bergsporn herum und schloss sie hinter der Baulosgrenze an das schon fertiggestellte Anschlussbaulos an.

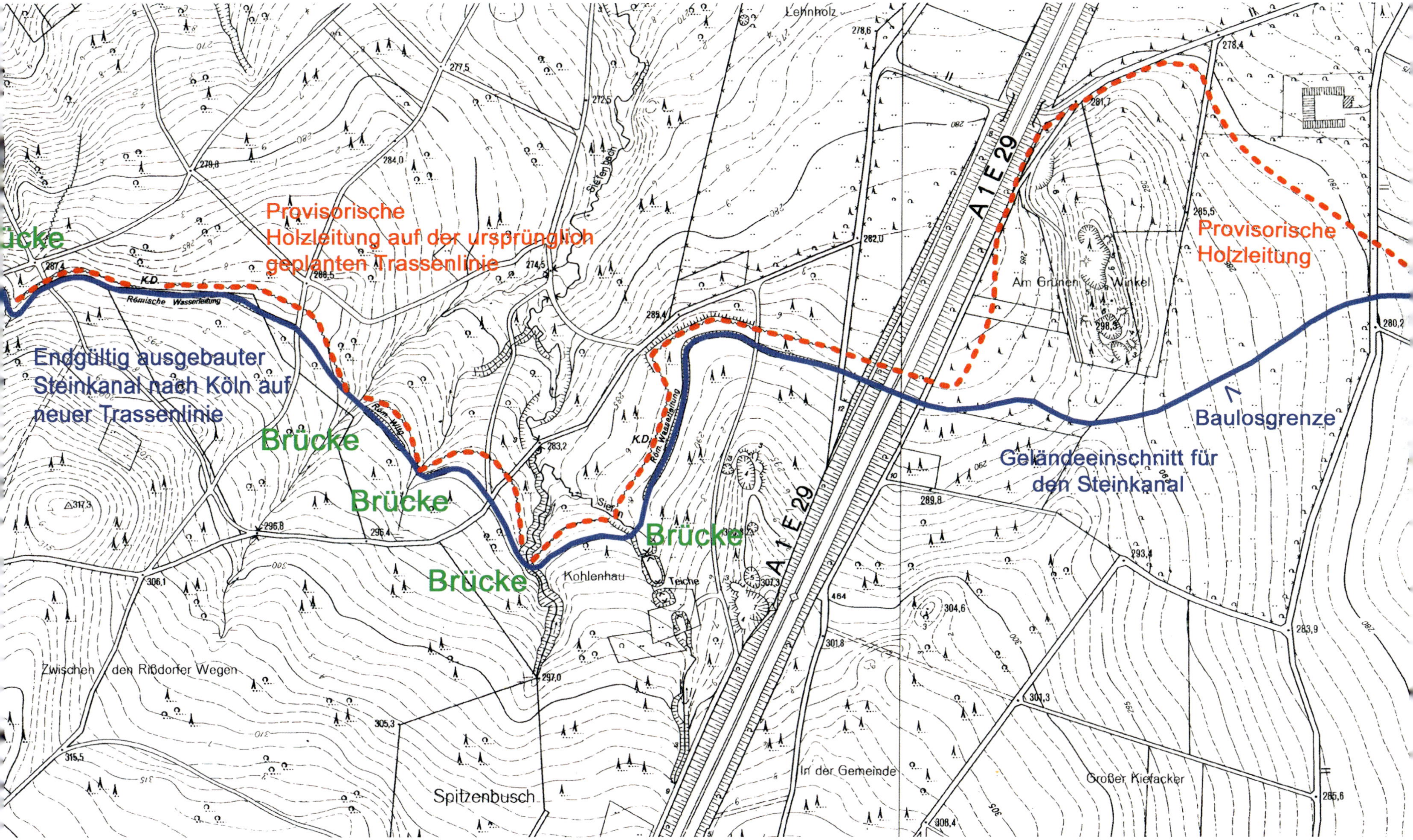

Nun haben wir im vorherigen Kapitel aufgezeigt, dass die Brücken und Brückchen im Verlauf der Trasse unabhängig vom Specus vorab gebaut wurden. Das muss auch hier im Mechernicher Wald der Fall gewesen sein, sodass man diese Brücken bereits für die provisorische Holzleitung nutzen konnte. Da es sich dabei um feste Steinbrücken handelte, die als Unterbauten für den Steinkanal gebaut worden waren, konnte man sie dafür auch verwenden. Als Ergebnis finden wir in der Trassenbetrachtung dieses etwas merkwürdige Zusammenführen der Linien bei den Talübergängen.

76 Grewe (1986) 97–106.

Im Hombusch sind die beiden Trassen der Eifelleitung sehr gut zu sehen. Der linke Graben ist das Relikt der hölzernen provisorischen Leitung, im rechten verbirgt sich der endgültige Steinkanal, der über weite Strecken im Boden noch erhalten ist.

Von den zu querenden Tälern war der Hombusch-Siefen das eindrucksvollste. Von einer ehemaligen Brücke sind archäologisch die beiden Widerlager nachzuweisen. Die ehemalige Brücke trug also – wie alle anderen in diesem Abschnitt auch – vor dem Ausbau des Steinkanals zunächst die provisorische Holzleitung – ein eindeutiger Hinweis darauf, dass die Brücken vorab gebaut worden sind.

Im Hombusch-Siefen ließ sich aufgrund der archäologischen Befunde eine dreibogige Aquäduktbrücke rekonstruieren, deren vermutliches Aussehen hier abgebildet ist.

19. »Wieso hat der Pont du Gard bei Nîmes (Frankreich) drei Stockwerke, wenn die anderen Aquäduktbrücken in der Regel doch höchstens zwei besitzen?«

Kein Zweifel: Der Pont du Gard als Aquäduktbrücke ist eines der schönsten technischen Bauwerke der Antike. Das ist besonders bemerkenswert, weil die Aquäduktbrücken auch in der damaligen Zeit nie Selbstzweck waren. Sie hatten ganz klar eine Funktion zu erfüllen, denn mit ihrer Hilfe wurde das Wasser von einer Talseite zur anderen geleitet. Wenn dann ein solches Bauwerk auch noch abseits aller Verkehrswege lag und damit den Blicken staunender Reisender verborgen blieb, fragt man sich noch einmal mehr, warum man sich in der Antike solche Mühe gemacht hat, ein Bauwerk nicht nur funktionell, sondern auch noch höchst ansehnlich zu gestalten.

Wir stehen also im Tale des Gardon und schauen zum Pont du Gard empor: Auf einer dreistöckigen Brücke verläuft in 50 m Höhe der Aquädukt von Uzès nach Nîmes über dieses tief eingeschnittene Flusstal. Wir stehen und staunen, denn diese Brücke steht hier seit fast 2.000 Jahren,[77] und nicht einmal die tief in die Pfeiler über dem 1. Stockwerk eingeschlagenen Kerben, die in nachrömischer Zeit auch sonstigem Verkehr den Weg frei machen sollten, haben der Brücke etwas anhaben können.

Man fragt sich natürlich: Warum hat man hier so eine hohe Brücke gebaut und warum musste diese denn dreigeschossig sein? Zur Antwort auf diese Fragen muss man sich nicht nur die Topografie und die Probleme vergegenwärtigen, die die landschaftlichen Gegebenheiten für den Baumeister aufwarfen, sondern sich auch in dessen Gedankenwelt hineinversetzen. Da wir nämlich auch in diesem Fall keine antiken Baupläne überliefert bekommen haben, bleibt uns nichts anderes übrig, als die Herausforderungen, die ein solches Bauwerk mit sich brachte, anhand desselben zu entschlüsseln. Wir müssen versuchen, die Gedankengänge des Baumeisters nachzuvollziehen.

Halten wir uns dazu die topografischen Voraussetzungen vor Augen: Die Trassenlänge zwischen den Quellen bei Uzès und dem *Castellum divisorium* in Nîmes beläuft sich auf 49.702 m, wobei der Höhenunterschied auf dieser Strecke lediglich 12,27 m beträgt.[78] Aus diesen Werten ergibt sich ein Durchschnittsgefälle von 0,24 ‰, also 24 cm auf den Kilometer! (Zum Vergleich: Für die Eifelwasserleitung stand bei einer Trassenlänge von 95,4 km ein Höhenunterschied von knapp 365 m zur Verfügung, der ein Durchschnittsgefälle von 3,83 ‰ zuließ, also 3,83 m auf den Kilometer).[79]

Nun ist ein Durchschnittsgefälle natürlich nur in seltenen Fällen auf einer gesamten Trassenlänge auszubauen gewesen, da es immer irgendwelche Geländehindernisse zu überwinden galt. Es war also erforderlich, die Trasse einerseits dem Geländerelief anzuschmiegen, dabei aber andererseits mit der zur Verfügung stehenden Energiehöhe hauszuhalten. Um der vom antiken Baumeister gewählten Lösung nachzuspüren, schauen wir uns die heute noch messbaren Daten an: Obwohl der Gardon nicht auf halber Trassenlänge zwischen Uzès und Nîmes liegt, haben die französischen Kollegen für die zur Verfügung stehenden Energiehöhen auf beiden Teilstrecken ziemlich gleiche Werte ermittelt, nämlich 6,138 m oberhalb und 6,137 m unterhalb des Pont du Gard. Der römische Baumeister hatte offensichtlich den Höhenunterschied zwischen Quelle und *Castellum* in Nîmes am Beginn seiner Planungen exakt ermittelt und zwischen beiden Teilstrecken gleichmäßig aufgeteilt. Damit ergeben sich aber für diese beiden Teilstrecken unterschiedliche Durchschnittsgefälle, nämlich 0,3837 ‰ und 0,1831 ‰.

Damit hatte der Baumeister im unteren Abschnitt allerdings ein neues Problem, denn mit diesen 0,18 ‰ (6,137 m auf 33.524 m Trassenlänge) blieb ihm nicht viel Spielraum für die Planung der Trasse.

Wir haben bei der Betrachtung anderer Aquädukte schon gesehen, dass die Brücken im Trassenverlauf zeitgleich mit der anzuschließenden Leitung oder vorab gebaut wurden, um Zeitgewinn zu erzielen. Da der Aufwand für eine Brücke der Größenordnung im Gardontal natürlich ganz enorm war, spielte hier der Zeitfaktor einmal mehr eine besondere Rolle. Zudem musste der Baumeister jedes Risiko, durch das seine Bauziele irgendwie in Gefahr geraten könnten, vermeiden, und das be-

Der Pont du Gard bei Nîmes (Frankreich) in seiner ganzen Pracht: Wenngleich als reiner Zweckbau errichtet, wurde er in höchster Ästhetik in die Landschaft gesetzt. Ein Imponierbau, der nicht nur uns heutige Menschen zu beeindrucken vermag, sondern der auch in der Antike Staatsmacht und römischen Ingenieurgeist ausstrahlte – obwohl er abseits der großen Straßen lag.

traf besonders den höhengleichen Anschluss der beiden Bauabschnitte an die Brücke. Er musste sich also speziell bei diesem Aquädukt rückversichern, um jedes Scheitern des Projektes wegen vermessungstechnischer Probleme an diesem brisanten Verknüpfungspunkt auszuschließen.

Hier wird allerdings wieder römischer Pragmatismus deutlich, denn der Baumeister fand eine höchst intelligente Lösung für den Brückenbau am Gardon: Er ließ erst einmal die beiden unteren Stockwerke errichten und plante dafür eine Höhe ein, die fast exakt mit der des Leitungsendes am *Castellum divisorium* in Nîmes identisch war. Damit schloss er in jedem Fall aus, mit seiner Brücke beim Verknüpfen der beiden Bauabschnitte zu hoch zu liegen, was den Anschluss des oberen Bauloses unmöglich gemacht hätte. Das dritte Stockwerk war damit planmäßig vorgesehen, um die Energiehöhe für den Weitertransport des Wassers vom Gardon bis Nîmes bereitzustellen.

Schauen wir uns abschließend das dritte Stockwerk genauer an, dann sehen wir, dass die Pfeiler und die Bögen aus Großsteinmauerwerk gefertigt sind, wohingegen die wasserführende Rinne aus Gussmörtel besteht. Mit diesem Wechsel der Mauertechnik hatte sich der Baumeister die Möglichkeit vorbehalten, auch im letzten Arbeitsgang noch Höhen anzugleichen, um den Durchfluss des Wassers bis Nîmes problemlos zu gewährleisten.[80] Und das war bei den gegebenen Höhenverhältnissen unverzichtbar!

77 Die neuesten Datierungsversuche verorten die Bauzeit der Wasserleitung nach Nîmes in den Regierungszeiten der Kaiser Claudius oder Nero; Fabre / Fiches (2006).
78 Fabre / Fiches / Paillet (1991) 93 und Längsprofil S. 9–95; Fabre (2001) 18; Paillet (2005) 49–68. (Da eine exakte Sohlenhöhe erst 180 m unterhalb der Eure-Quelle ermittelt werden konnte, ergibt sich für die weiteren Berechnungen ein Wert von 49.512,38 m. Das hat aber auf die angegebenen Durchschnittsgefälle keinen nennenswerten Einfluss.)
79 Grewe (1986) 36–37.
80 Grewe (2014) 100–104.

	Stationierung	Länge	Höhe	Höhenunterschied (Energiehöhe)	Gefälle (m/km)
Leitungsanfang (180,61m unterhalb der Eure-Quellen bei Uzès)	0.180,61		71,220		
Teilstrecke (oberhalb des Pont du Gard)		**15.996,57**		**6,138**	**0,3837 ‰**
Pont du Gard	16.177,18		65,082		
Teilstrecke (unterhalb des Pont du Gard)		**33.524,81**		**6,137**	**0,1831 ‰**
Castellum aquae in Nîmes	49.701,99		58,945		
Gesamtstrecke		**49.521,38**		**12,275**	**0,2479 ‰**

Tabelle: Gesamtgefälle und Teilstreckengefälle der römischen Wasserleitung nach Nîmes; nach Fabre / Fiches / Paillet (1991) Längsprofil S. 94f.

Die Bauphasen des Pont du Gard wurden von den römischen Ingenieuren äußerst klug ausgewählt: Da für die knapp 50 km lange Wasserleitung nach Nîmes insgesamt nur 12,27 m Höhenunterschied zur Verfügung standen, konnte man auch bei der Gardon-Überquerung kein Risiko eingehen. Man baute deshalb in einer ersten Bauphase die beiden unteren Stockwerke bis zu einer Höhe, die dem Endpunkt der Leitung in Nîmes entsprach. Damit hatte man in einem dritten Stockwerk »Spielraum« für das weitere Gefälle.

Auch bei der weiteren Aufstockung ging man sehr vorsichtig vor und baute als erstes eine Bogenreihe aus Großquadern. Mit dem endgültigen Abschluss der Brücke konnte man nun warten, bis der Bautrupp mit dem Specus die Brückenbaustelle fast erreicht hatte.

Nun endlich konnte man auf der Brücke den Specus fortführen. Dazu änderte man die Bauweise vom Großstein- zum Gussmörtelmauerwerk, das in einer verlorenen Schalung aus Handquadersteinen errichtet wurde. Knappstem Höhenunterschied zum Trotz, hat man auf diese Weise den Gardon überqueren und dennoch durchgängig von Uzès bis Nîmes ein ausreichendes Gefälle abstecken können.

Das Ausschnittfoto zeigt den Wechsel in der Mauerwerkstechnik des dritten Stockwerks vom Großstein- zum Gussmörtelmauerwerk.

20. »Sextus Iulius Frontinus war um 100 n. Chr. ›Chef‹ der Wasserwerke von Rom. Das war ein ehrenwerter Posten – aber was hat Frontin davor gemacht?«

Für die Erforschung der Geschichte der Wasserversorgung stellt uns Sextus Iulius Frontinus eine der ergiebigsten Quellen zur Verfügung, denn sein Werk *De aquaeductu urbis Romae*[81] ist für die technikgeschichtliche Forschung eine wahre Fundgrube und wegen seiner Erhaltung ein Glücksfall. Die darin enthaltenen detaillierten Beschreibungen des Zustands der stadtrömischen Wasserleitungen, aber beispielsweise auch die Ausführungen zur Rohrleitungstechnik allgemein geben einen tiefen Einblick in den Stand der Technik um 100 n. Chr. Zusammen mit dem achten Buch der *Zehn Bücher über Architektur*[82] Vitruvs aus dem 1. Jahrhundert v. Chr. stehen uns damit zwei an Informationen nur so sprudelnde antike Quellen für unsere Aquäduktforschungen zur Verfügung.

Die Inschrift auf dem Frontinus-Tor von Hierapolis / *Pamukkale zeugt von* SEX·IVLIVS·FRON...

Frontin (* um 35; † 103 n. Chr.) hatte in seiner aktiven Zeit machtvolle Positionen inne, sowohl in seinen politischen als auch in militärischen Ämtern. Seine Karriere als Politiker und Militär begann im Jahre 74/75 als Statthalter der Provinz Britannien; dort ist er auch als militärischer Führer im Kampf gegen die Silurer und andere britische Stämme erfolgreich in Erscheinung getreten. Über verschiedene Stationen kam Frontin vermutlich 84/85 in die Provinz Asia, wo er als Prokonsul tätig war. In *Hierapolis* / Pamukkale (heute Türkei) zeugt eine Inschrift am Stadttor von diesem Einsatz.

Am Ende seiner hochpolitischen und militärischen Karriere in den Diensten mehrerer Kaiser von Vespasian (69–79 n. Chr.) bis Trajan (98–117 n. Chr.) wurde Frontin 97 n. Chr. von Kaiser Nerva zum *Curator aquarum* ernannt, womit er das Ehrenamt eines Oberaufsehers über die römischen Aquädukte übertragen bekam. (Mit heutigen Begriffen ausgedrückt könnte man sagen, dass er damit das Amt eines »CEO«[83] innehatte.) In den sechs Jahren seiner Amtszeit bis zu seinem Tode verfasste er für sich und seine Nachfolger die Bestandsaufnahme der stadtrömischen Wasserversorgung *De aquaeductu urbis Romae.* Mit der Übernahme dieses Amtes, das er in der Zeit seines 3. Konsulats ausübte, hatte Frontin ein Politikerleben gekrönt, das man sich aufregender kaum vorstellen kann. Als Schriftsteller hinterließ er uns neben *De aquaeductu urbis Romae* noch Werke über Kriegslisten[84] und Vermessungskunst[85].

Köln war 50 n. Chr. von Kaiser Claudius zur *Colonia Claudia Ara Agrippinensium (CCAA)* erhoben worden. Damit war ein für die Geschichte des römischen Köln spannender Zeitabschnitt eingeleitet. Schon wenige Jahrzehnte später, um 85 n. Chr., wurde die *CCAA* zur Hauptstadt der unter Domitian (81–96 n. Chr.) durch Neugliederung der linksrheinischen Verwaltungseinheiten Hauptstadt der neugegründeten Provinz Niedergermanien erhoben. Kurz vorher (81 n. Chr.) war der zuvor erwähnte Frontin vom selben Kaiser in der *CCAA* zum *legatus Augusti pro praetore* als Kommandant des niedergermanischen Heeres und Statthalter des dazugehörenden Heeresbezirks berufen worden, ein Amt, das er vermutlich bis 83/84 n. Chr. innehatte. Frontin war also nur kurze Zeit vor der Provinzgründung Statthalter am Niederrhein, und es ist anzunehmen, dass er an den Vorbereitungen zu dieser Neuordnung maßgeblich beteiligt war.

Auf die Anwesenheit Frontins im Rheinland hatte schon die Inschrift auf einem Weihestein aus Xanten hingewiesen:[86]

[I(ovi) O(ptimo) M(aximo) I]unoni [Mine]rvae pro [sal(ute) S]exti Iul(i) [Fro]ntini [leg(ati) Aug(usti)] [pro pr(aetore)].

81 Frontin
82 Vitruv
83 Chief Executive Officer, Geschäftsführer, oberster Leiter des operativen Geschäfts.
84 Bendz (1963).
85 Castillo Pascual (2013); Castillo Pascual (2016).
86 CIL XIII 8624; Ritterling (1928); Eck (1982) 54.
87 Eck / Pangerl (2003) 205–219.

(Weihung an) Iuppiter den Besten und Größten, Iuno und Minerva für die Unversehrtheit (des kaiserlichen Beauftragten) Sextus Iulius Frontinus.

Aber erst aus der Inschrift eines Diploms des niedergermanischen Heeres ließ sich rekonstruieren, dass Frontin zwischen 81 und 83/84 als Heereskommandeur am Niederrhein stationiert gewesen war.[87] Derartige Urkunden erhielten Soldaten, wenn sie nach Absolvierung ihrer Dienstzeit entlassen wurden. Durch den Inhalt dieses Diploms konnte die im Weihestein Frontins fehlende Zeile *»[leg(ati) Aug(usti)] [pro pr(aetore)]«* ergänzt werden, und erst dadurch ließ sich aus der bloßen Anwesenheit Frontins seine Stellung als Statthalter und Oberbefehlshaber der Legionen am Niederrhein belegen.

Ab 84/85 n. Chr. war Frontin als Prokonsul in der Provinz Asia tätig. In einer Inschrift auf dem Stadttor von Hierapolis / Pamukkale (Türkei) ist sein Name genannt.

Durch die Inschrift auf dem in Xanten gefundenen Stein ist die Anwesenheit Frontins im Rheinland belegt. Aber erst dank des Textes eines Militärdiploms ließ sich die entscheidende Zeile auf dem Stein ergänzen, wonach Frontin zwischen 81 und 83/84 n. Chr. Oberbefehlshaber der am Niederrhein stationierten Legionen und damit auch Statthalter in der CCAA war.

21. Nachgefragt: »Hat Frontin denn auch etwas mit dem Bau der Eifelwasserleitung nach Köln zu tun gehabt?«

Bezüglich des Ausbaus der *CCAA* lässt aufhorchen, dass die Stadtmauer neuen archäologischen Befunden zufolge gegen Ende des 1. Jahrhunderts gebaut wurde, also zur Zeit der Erhebung Kölns zur Hauptstadt Niedergermaniens unter Kaiser Domitian. Es war also eine Zeit großer Stadtentwicklung, und wir wissen, dass Frontin kurz vor dieser Neuordnung der Provinzen den höchsten politischen und militärischen Rang im Rheinland innehatte. Sein Wirken in dieser Region stand vermutlich mit dieser Entwicklung in engem Zusammenhang, da er 81 n. Chr. von Domitian in sein Kölner Amt eingesetzt worden war. Aber hat er deshalb auch etwas mit dem Bau der Eifelwasserleitung zu tun gehabt?

Als wir 1986 die neuen Forschungsergebnisse zur Eifelwasserleitung vorlegten, war natürlich auch noch einmal über die Datierung des Bauwerks nachgedacht worden. Da von Frontins Kölner Zeit bis dato noch gar nichts bekannt gewesen war, befand sich auch sein Name in diesem Zusammenhang überhaupt nicht in der Diskussion. Wir sind – allerdings aufgrund gänzlich anderer Überlegungen – zu dem Ergebnis gekommen, dass auch die Eifelwasserleitung in dieser Zeit gebaut worden sein muss: In Ermangelung von Urkunden oder Inschriften haben wir uns bei dieser Festlegung von den Untersuchungsergebnissen des Kalksinters in der Wasserleitung leiten lassen. Über die Zählung der Schichten der Kalksinterablagerung kamen wir auf eine ununterbrochene Betriebszeit der Eifelwasserleitung von ca. 190 Jahren.[88] Da wir diese durchgängige Zeitspanne der Wasserversorgung in der römischen Geschichte des Rheinlands einordnen mussten, bot es sich an, das Betriebsende der Eifelwasserversorgung Kölns als Folge von Zerstörungen bei den Germaneneinfällen um 274 n. Chr. anzunehmen. Denn nur vor dieser Zeit war eine annähernd friedliche Periode von 190 Jahren in der rheinischen Geschichte plausibel. Das wiederum führte über die Betriebszeit zu einer Bauzeit des Römerkanals in die Jahre zwischen 80 und 90 n. Chr. – und das macht rückblickend Sinn, denn damit fällt die neue Wasserversorgung mit einer Blütezeit der *CCAA* zusammen.

Auf diesen Zeitraum, in dem 85 n. Chr. die Gründung der Provinz Niedergermanien erfolgte, was eine enorme Aufwertung für die *CCAA* bedeutet haben muss, können wir demnach vermutlich auch den Bau der Eifelwasserleitung nach Köln datieren. Zumal es durchaus einleuchtend ist, dass das Wasser aus dem Vorgebirge in der neuen Provinzhauptstadt aus qualitativen und quantitativen Gründen nicht mehr genügt hat und man sich um eine gehobenere Art der Wasserversorgung bemühen musste. Die Wasserleitung aus der Eifel vermochte die hauptstädtischen Bedürfnisse ganz sicher zu befriedigen, denn mit einer Transportleistung von 20 Millionen Liter pro Tag war für die *CCAA* nunmehr ein wahrer »Wasserluxus« bereitgestellt. Im Rahmen dieser neuen Versorgung standen jedem Einwohner der *CCAA* pro Tag ca. 1.200 Liter

Allein die Übereinstimmung der Bauzeit der Eifelwasserleitung mit der Amtszeit Frontins in der CCAA *lässt diesen als Auftraggeber infrage kommen. Während bezüglich seiner Kölner Tätigkeit aber auch in dieser Hinsicht immer noch Fragen offen sind, ist sein Wirken in Rom unstrittig. Von 97 n. Chr. bis zu seinem Tod im Jahre 103 war er* Curator aquarum *und Verfasser eines der wichtigsten Werke in der Geschichte der Wasserversorgung* De aquaeductu urbis Romae. *In der Frontinus-Gesellschaft e. V. lebt sein Name bis heute fort.*

Wasser bester Qualität zur Verfügung – in unseren Tagen würde man von einer gewissen »Wasserverschwendung« sprechen, zumal der heutige Kölner nur rund 100 Liter pro Tag verbraucht.

Das alles passierte in den 80er Jahren des 1. Jahrhunderts n. Chr. Da es, wie üblich bei antiken Technikbauprojekten, nur selten die Möglichkeit gibt, aus Urkunden etwas über die Planung und Bauausführung zu erfahren, kann bezüglich der Bautechnik erneut nur das Bauwerk selbst zu uns sprechen. Und da es nun einmal vollendet vor uns liegt, müssen die technischen Möglichkeiten zum Bau selbstverständlich vorhanden gewesen sein. Man darf aber eines nicht übersehen: Ohne den politischen Willen der Staatsmacht und die Bereitstellung von staatlichen oder privaten Finanzmitteln war selbst in der Antike kein solches Großprojekt wie eine Fernwasserleitung zu verwirklichen. Das heißt, auch in unserem Fall ist es unmöglich anzunehmen, dass der Bau ohne den Befehl des Statthalters und ohne eine staatliche oder private Finanzierung in Angriff genommen werden konnte. Und genau betrachtet gilt die alte Weisheit, dass für derartige Großprojekte neben dem Know-how auch noch Geld und Macht vorhanden sein müssen, bis heute.

Da wir in römischer Zeit erstaunlich kurze Bauzeiten ansetzen können, nehmen wir für die Eifelwasserleitung eine Bauzeit von etwa fünf Jahren an.[89] Und da kommt wieder Frontin ins Spiel, der ja in der ersten Hälfte dieses Jahrzehnts Statthalter in Köln war. Wenn nämlich die Leitung zwischen 80 und 90 gebaut worden ist, muss Frontin seine Hände im Spiel gehabt haben. Ob er die Leitung selbst eingeweiht hat, ist keineswegs sicher. Bringen wir aber alle Zeiten und Umstände in Übereinstimmung, so können wir zusammenfassend annehmen: Sextus Iulius Frontinus hat in seiner Zeit als Statthalter in Niedergermanien die Eifelwasserleitung nach Köln in Auftrag gegeben. Diese hat danach einen *Spiritus rector* gehabt, der ein paar Jahre später *Curator aquarum* für die Wasserleitungen in der Hauptstadt des Imperiums wurde.

In der technikgeschichtlichen Forschung lebt Frontins Name bis heute weiter, denn die Internationale Gesellschaft für die Geschichte der Wasser-, Energie- und Rohrleitungstechnik hat sich nach ihm benannt: Frontinus-Gesellschaft e. V.

88 Grewe (1986); Schulz (1986) 263–268.
89 Haberey (1972) 50.

22. »Gab es das tatsächlich: Wasserdiebstahl im antiken Rom?«

Der Wasserverlust im Netz der Trinkwasserleitungen in Deutschland wurde im Jahre 2016 mit durchschnittlich 8,8 % ermittelt.[90] Verantwortlich dafür sind Undichtigkeiten an den Verbindungsstellen der Wasserleitungsrohre und Schäden an den Leitungen selbst. Wenn das für unser rezentes Leitungssystem so festzustellen ist, wie wird das dann wohl in der Römerzeit gewesen sein? Muss man nicht auch für die römische Antike davon ausgehen, dass durch ein defektes Leitungssystem allein schon die Transportleistung der Fernwasserleitungen minimiert worden ist? Sind die 20 Millionen Liter Eifelwasser täglich denn tatsächlich in Köln angekommen?

Wir wissen aus archäologischen Befunden, dass es auch in einer steinernen Wasserleitung des Kalibers der Eifelwasserleitung zumindest eine Bruchstelle gegeben hat. Sie wurde im Krebsbachtal bei Mechernich-Breitenbenden nachgewiesen, wo vermutlich Tonschichten im Untergrund abgesackt waren und Risse im Kanalmauerwerk verursacht haben. Hier ist aber kein Wasserverlust nachgewiesen worden, sondern vielmehr das Gegenteil, nämlich eine Leitungsreparatur, um genau diesen Wasserverlust zu vermeiden. Erkennbar war bei der Ausgrabung, dass die Bruchstelle mit Tonplatten in Mörtel überdeckt und die Leitung auf diese Weise abgedichtet wurde.[91]

Ansonsten dürfte sich der Wasserverlust in Grenzen gehalten haben, denn die bis zu 40 cm starke Kalksinterschicht in der Leitung hat auch für eine völlig geschlossene Rinne im wasserbenetzten Bereich gesorgt. Einen geringen Verlust könnte es allerdings durch Verdunstung im Bereich der Revisionsschächte gegeben haben. Wohlgemerkt: Das betraf nicht das innerstädtische Netz in der *CCAA*, sondern die 95,4 km lange Eifelleitung bis zum *Castellum divisorium*, das vermutlich in einem Turm der Stadtmauer nahe dem heutigen Neumarkt untergebracht war.

Nun gab es allerdings noch eine andere Möglichkeit des Wasserverlustes, nämlich Wasserklau! So etwas ist auch heute noch möglich: Bei der topografischen Aufnahme der römischen Wasserleitung nach Almuñécar (Spanien) zeigte sich im Verlauf des Aquäduktes durch ein Gartengelände, dass in jüngerer Zeit ein findiger Kleingärtner das Bauwerk seitlich angebohrt hatte. In das Bohrloch hatte er ein kleines Eisenrohr gesteckt, welches mittels eines Korkens zu öffnen und zu verschließen war. Auf diese Weise verfügte er dann über eine komfortable Möglichkeit zur Bewässerung seines Gartens in dieser subtropischen Gegend.[92] An einer anderen Stelle war unter einem Brückenbogen ein kleines Brunnenbecken gebaut worden, um die Wasserentnahme möglichst komfortabel zu gestalten. Diese Beispiele betreffen aber unsere Zeit, wenngleich das Wasser aus einer römischen Wasserleitung in einem noch funktionierenden Abschnitt entnommen wurde.

Ungesetzliche Wasserentnahme zum Eigenbedarf scheint auch im antiken Rom nicht unüblich gewesen zu sein. Aber es ging dabei nicht nur um Eigenbedarf, vielmehr waren hier auch gewerbsmäßige Wasserdiebe am Werk, die die Versorgung der Stadt erheblich beeinträchtigten. Und es muss sich schon um eine große Menge Wasser gehandelt haben, damit das überhaupt auffallen konnte.

Jedenfalls war dieser Wasserklau so außergewöhnlich, dass Kaiser Nerva (Kaiser von 96 bis 98 n. Chr.) einen vertrauenswürdigen Staatsdiener als *Curator aquarum* einsetzte. Wir kennen ihn schon aus seiner aktiven Zeit als Politiker und Militär, nämlich Sextus Iulius Frontinus. Frontin war damit in seiner letzten dienstlichen Position ab 97 n. Chr. bis zum Ende seines Lebens für sechs Jahre der Oberaufseher der Wasserversorgung Roms. Und er hat gründlich gearbeitet. Das belegt zumindest seine bedeutende schriftliche Hinterlassenschaft, wozu das Werk *De aquaeductu urbis Romae* gehört.[93] Penibel und ausführlich beschreibt er darin den Zustand der stadtrömischen Wasserleitungen, und es scheint sehr offensichtlich gewesen zu sein, dass in Rom weniger Wasser angekommen ist, als man an den Quellen in die Leitungen aufgenommen hatte: »Es wird zweifellos einigen aufgefallen sein, dass bei den vorgenommenen Messungen ein weitaus größerer Abfluss vorgefunden wurde, als in den kaiserlichen Akten enthalten ist.«[94] Die von Frontin genannten Wassermengen sind allerdings so unglaublich hoch, dass die von ihm angegebenen 10.000 Quinarien nicht mit der Menge des insgesamt nach Rom geführten Wassers (14.018 Quinarien insgesamt, davon 9.955 Quinarien innerhalb der Stadt) in Einklang zu bringen sind.[95] Aber allein die ausführliche Erwähnung dieses Missstandes zeugt von den durch Wasserklau entstandenen Problemen in der Wasserversorgung.

Auf die Schliche gekommen ist man diesen Wasserdieben nur durch eine gründliche Inspektion des Zustands der Wasserleitungen, denn nur die Inaugenscheinnahme des oberirdischen Verlaufs der Aquädukte konnte den Missstand offenbaren.

> Der Grund hierfür ist der Betrug der Wassermeister, die wir dabei ertappt haben, dass sie Wasser aus den öffentlichen Wasserleitungen zum Nutzen von Privatleuten ableiteten. … Aber auch mehrere Grundbesitzer, um deren Felder die Leitung herumführt, bohren die Gerinnewände an. Dies hat zur Folge, dass sie die Leistung der öffentlichen Wasserleitung zu Gunsten von Privatleuten oder der Gartenbewässerung beeinträchtigen.[96]

Aber dieser Wasserklau war in seiner Dreistigkeit wohl sogar noch zu überbieten, denn die Diebe haben nicht nur auf dem Lande gearbeitet, wo ihre Arbeit leichter zu verbergen war, sondern selbst das innerstädtische Rohrleitungsnetz angezapft und das gestohlene Wasser zu Geld gemacht:

> Auch jene Einnahmequelle der Wassermeister, die man »Einstiche« nennt, muss unterbunden werden. In der ganzen Stadt sind die Rohre auf langen und unterirdischen Strecken unter dem Pflaster verlegt.

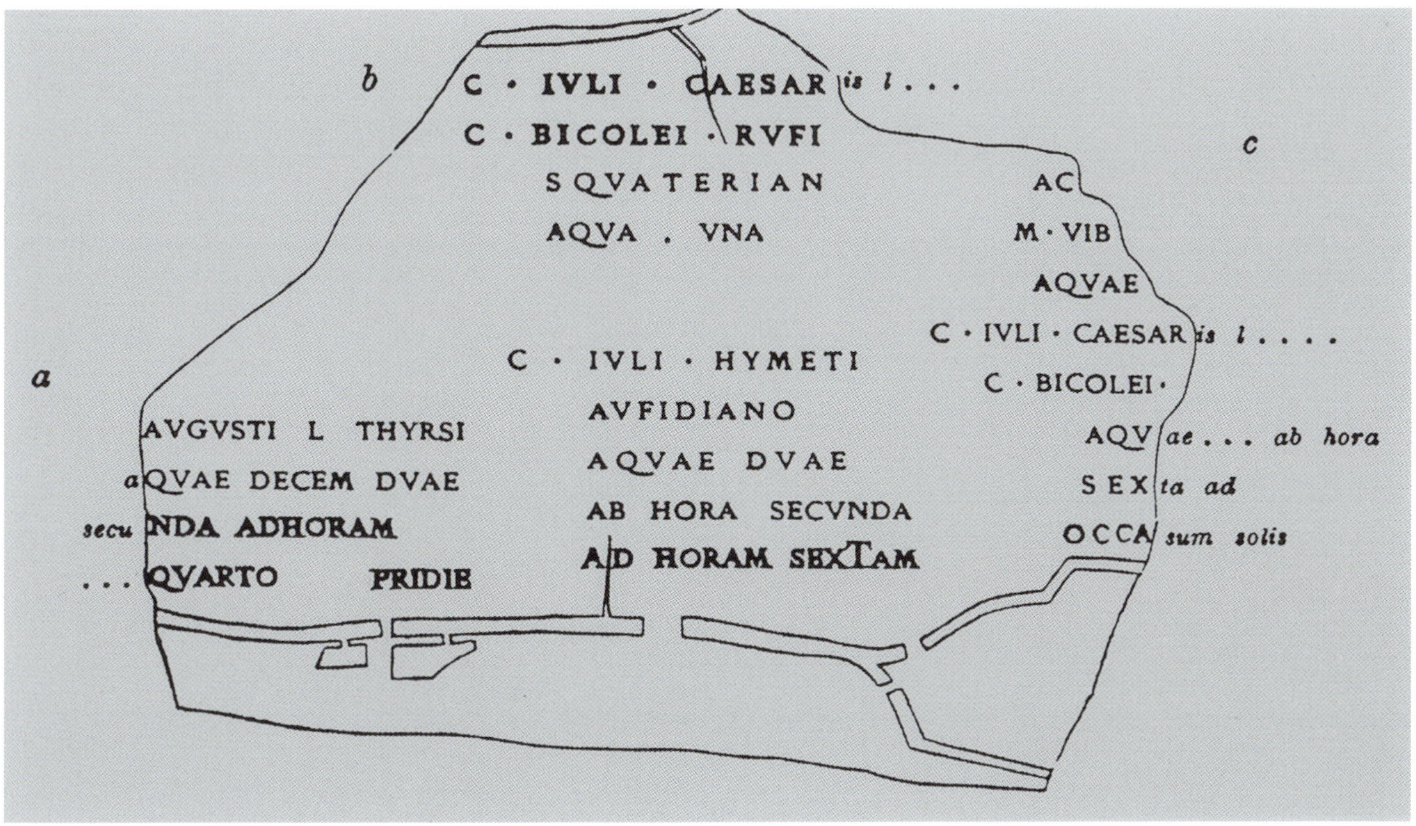

Auf diesem Marmorplan vom Aventin in Rom ist eine Fernleitung mit der Wasserverteilung der angeschlossenen Entnahmestellen zeitlich und vermutlich seriös geregelt. Frontin hatte im Rahmen seiner Tätigkeit als Curator aquarum *ganz andere Erfahrungen gemacht. Er beschreibt die diesbezüglichen Diebstähle ziemlich genau in seinem Werk* De aquaeductu urbis Romae.

> Diese habe ich allenthalben angebohrt vorgefunden durch jemanden, der »Meister der Einstiche« genannt wurde, um über besondere Rohre Wasser für alle möglichen Zwecke anzubieten, mit der Folge, dass nur noch wenig Wasser zum öffentlichen Gebrauch gelangte. Wie viel Wasser auf diese Weise abgeleitet zurückgehalten worden ist, schließe ich daraus, wie viel Blei nach der Entfernung solcher Abzweigungen zurückgewonnen wurde.[97]

Nun könnte man noch fragen «Warum denn Wasser stehlen, wenn es in der Stadt doch kostenlos erhältlich war?« Wasser stand der Bevölkerung in der Tat an den unzähligen Laufbrunnen in den Städten gratis zur Verfügung. Privatanschlüsse in den Häusern der Reichen waren allerdings kostenpflichtig und wurden nach einem genau festgelegten Plan bedient. Wer sich einen solchen Privatanschluss illegal anlegte, war also ein Wasserdieb.

90 Öffentliche Wasserversorgung und öffentliche Abwasserentsorgung – Öffentliche Wasserversorgung – Fachserie 2.1.1 – 2016 (destatis.de) (Aufgerufen am 12.12.2020).
91 Haberey (1972) 86.
92 Grewe (1983b).
93 Frontin.
94 Frontin 74, 1 und 4.
95 Frontin 78, 1 und 3
96 Frontin 75, 2 und 3.
97 Frontin 115, 1 bis 4.

Der Aquädukt von Almuñécar (Spanien) ist heute ein vielbeachteter Magnet im touristischen Erscheinungsbild der Stadt.

Bei der Begehung der Wasserleitungstrasse in Almuñécar (Spanien) fiel in einem bis dato noch wasserführenden Abschnitt der römischen Wasserleitung ein kleines Eisenröhrchen auf. Es war seitlich in den Römerkanal hineingetrieben und diente der illegalen Entnahme von Wasser zur Bewässerung eines Gartens. Geregelt wurde der Abfluss durch einen Korken.

23. »Asche in Trinkwasserleitungen ›hineinschütten‹? Was sollte das denn?«

Hatte man ein Kanalgerinne mit *Opus signinum* ausgekleidet und mit einem Halbkreisbogen überdeckt, war sein Querschnitt eigentlich komplett ausgearbeitet. Eine auf diese Weise hergestellte Wasserleitung musste nun nur noch mit Erdreich überdeckt werden, um Frostschutz zu gewährleisten.

Es gibt allerdings einige Stellen, an denen sich ein weiterer Arbeitsschritt vor der Inbetriebnahme nachweisen lässt, der uns von Vitruv im achten seiner *Zehn Bücher über Architektur* beschrieben worden ist. Bei diesem Spezialverfahren handelt es sich um eine Möglichkeit, die Leitungen zusätzlich gegen Undichtigkeiten durch winzig kleine Haarrisse zu schützen; so empfiehlt Vitruv: »Ferner wird man, bevor zum ersten Mal Wasser am Ausgangspunkt der Leitung eingelassen wird, Asche hineinschütten, damit etwa nicht hinreichend abgedichtete Fugen durch die Asche abgedichtet werden.«[98]

Die Anwendung dieser Empfehlung Vitruvs ist zwar bei Haberey schon ganz nebenbei erwähnt,[99] war aber bis dato an keiner archäologischen Fundstelle nachzuweisen gewesen. Auch konnte man sich nicht richtig vorstellen, was »Asche hineinschütten« eigentlich bedeuten sollte. Bis bei einer Sondage im Verlauf der Eifelwasserleitung bei Mechernich-Eiserfey im Jahre 1978 auf der *Opus signinum*-Schicht eine hauchdünne schwarze Schicht aufgefallen war, die eigentlich nur mit einer Art Pinsel oder Quast aufgetra-

Im Aquäduktbrückchen der Eifelwasserleitung von Mechernich-Vollem fand sich erstmals eine Antwort auf die eingangs gestellte Frage nach der Verwendung von Asche im römischen Wasserleitungsbau. Es ist eines der wenigen Beispiele für ein ziemlich komplett erhaltenes Brückenbauwerk im Originalzustand. Interessant ist die in den Längsseiten sichtbar unterschiedliche Bauausführung: Das aufgehende Mauerwerk ist sehr sorgfältig aus Grauwacke-Handquadersteinen aufgemauert, während man im unteren Bereich des Bauwerks gröberes Material gegen die Baugrubenwand gesetzt hat. Aber das war längst nicht alles …!

Vitruv hatte geschrieben, dass man vor der Inbetriebnahme einer neugebauten Wasserleitung »Asche hineinschütten« solle – eine entsprechende Entdeckung war allerdings bis dato nie gemacht worden. Zur Klärung wurde ein Bruchstück von diesem verwunderlichen Befund geborgen und ins Labor Jägers in Bornheim gebracht. Das Ergebnis bestätigte die erste Vermutung: Getreu den Vitruv'schen Vorgaben war das Innere der Wasserleitung mit einem Ascheschlamm hauchdünn bestrichen worden, um feinste Risse im Putz abzudichten.

Bei der Freilegung der kleinen Aquäduktbrücke von Mechernich-Vollem war in einem sehr maroden Abschnitt des Befundes eine Besonderheit aufgefallen: Direkt auf der Opus signinum-Schicht, und zwar unter der hier noch sehr dünnen Kalksinterablagerung, konnte man bei genauem Hinsehen eine schwarze Schicht erkennen. Dieser Befund rief eine Textpassage Vitruvs in Erinnerung.

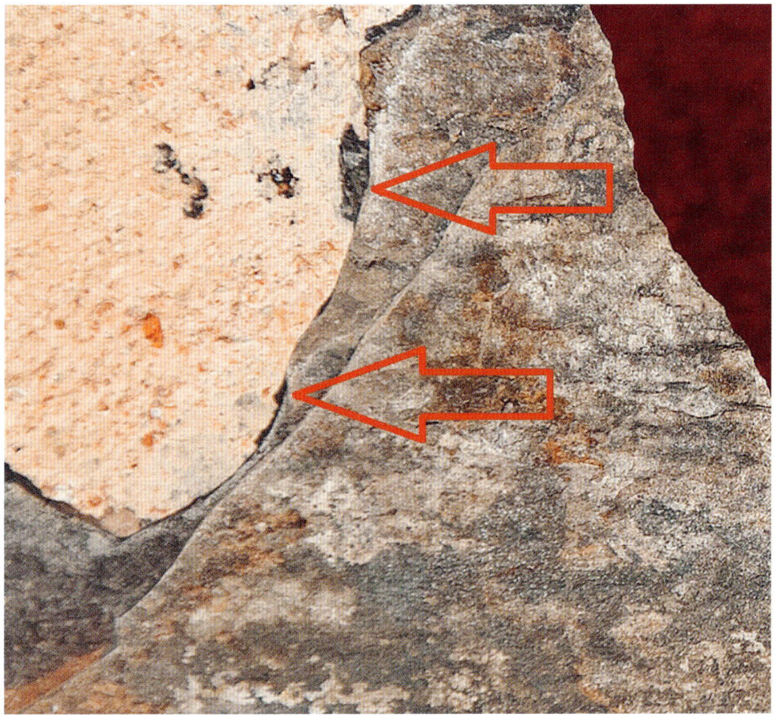

Wenn solch ein Befund einmal erkannt wurde, ist es mit weiteren Entdeckungen zu diesem Thema nicht mehr weit: Bei der Freilegung der Eifelwasserleitung in Hürth-Hermülheim wurde 2016 der nächste entsprechende Befund gemacht.

Das Vollemer Brückchen hat man nach der Freilegung mit einem Schutzbau eingehaust. Die Arbeiten wurden von Ehrenamtlichen aus den Ortsvereinen durchgeführt und fanden großes Interesse in der Bevölkerung.

Inzwischen wurde die Brücke als Station Nr. 9 in den Römerkanal-Wanderweg integriert.

gen worden sein konnte. Ein ähnlicher Befund wurde ein paar Jahre später in der Rinne auf der Aquäduktbrücke in Mechernich-Vollem gemacht. Im Zusammenhang mit der Textstelle bei Vitruv war es angebracht, diese Schichten genauer zu untersuchen, um zu klären, ob die Bauleute hier nach Vitruvs Vorgaben gearbeitet hatten. Aus diesem Grunde wurde die zuletzt entnommene Probe aus Mechernich-Vollem analysiert.[100]

Die Analyse mit Hilfe der energiedispersiven Röntgenfluoreszenz zeigt neben Calcium als Hauptkomponente aus dem Kalksinter deutliche Anteile an Mangan, Eisen und Zink. Vergleicht man dies mit literaturbekannten anorganischen Komponenten in Holzasche, so ergeben sich deutliche Parallelen. Somit bestätigt sich die Vermutung, dass die Wasserleitung vor der eigentlichen Inbetriebnahme mit Holzasche behandelt wurde.[101]

Es nimmt nicht weiter wunder, dass das Phänomen nach diesen neuen Erkenntnissen auch an weiteren Fundstellen aufgezeigt werden konnte – eine davon ebenfalls in der Eifelwasserleitung in Hürth-Hermülheim und ein weiterer Befund im Oberlauf der Wasserleitung von Nîmes (Frankreich).

98 Vitruv VIII,6.9.
99 Haberey (1972) 50.
100 Grewe (2014) 77–81; Grewe (2017) 105–115.
101 Labor Jägers, Bornheim.

24. »Das Gewölbe über einem Steinkanal setzten die Römer auf einen Lehrbogen. Aber wie bekam man den später aus dem Bauwerk wieder heraus?«

Eine der großen Erfindungen der Römer stellte der Halbkreisbogen dar. Mit diesem architektonischen Element war auch für eine Aquäduktbaustelle einiges gewonnen, denn nun konnte man das unterirdisch geführte Gerinne nach oben schließen und mit Erdreich überdecken, um die Leitung frostfrei zu halten. Eine solche Abdeckung wäre natürlich auch mit Steinplatten möglich gewesen; damit hätte die Leitung aber in der Breite in einem Stück überdeckt werden müssen, was große Steinplatten mit entsprechendem Gewicht erforderlich gemacht hätte. Der Halbkreisbogen hingegen ließ sich aus kleinteiligem Material oder sogar komplett aus *Opus caementicium* herstellen, was den Baubetrieb erheblich einfacher machte.[102]

Wenn das Gerinne samt hydraulischem Innenverputz fertig gebaut war, konnte die Überwölbung der Leitung in Angriff genommen werden. Und dazu war ein Lehrbogen als Einschalung notwendig, der nun irgendwie auf dem Gerinne installiert werden musste. Denn der Einbau eines Halbkreisbogens über einer Wasserleitung bedeutete auch, dass man diesen Bogen während des Aufbaus stützen musste, denn selbstständig tragen konnte er sich erst, wenn er komplett fertig gebaut war, weil der verwendete Mörtel zuvor erstarren (abbinden) musste.

Das im Rheinbacher Römerkanal-Informations-Zentrum ausgestellte Teilstück der Eifelwasserleitung stammt aus einer Bergungsaktion in Hürth-Hermülheim, wo der Römerkanal 2016 dem Bau der Umgehungsstraße B265n weichen musste. Das Gewölbe über der Kanalrinne war zerstört und musste ergänzt werden, was man in Rheinbach aber zum Anlass genommen hat, den Besuchern die Bautechnik, die hier verwendet worden war, vorzustellen, daher ist das Lehrgerüst (auch »Lehrbogen« genannt) im Gerinne verblieben.

Nach der Restaurierung der Wasserleitungsrinne …

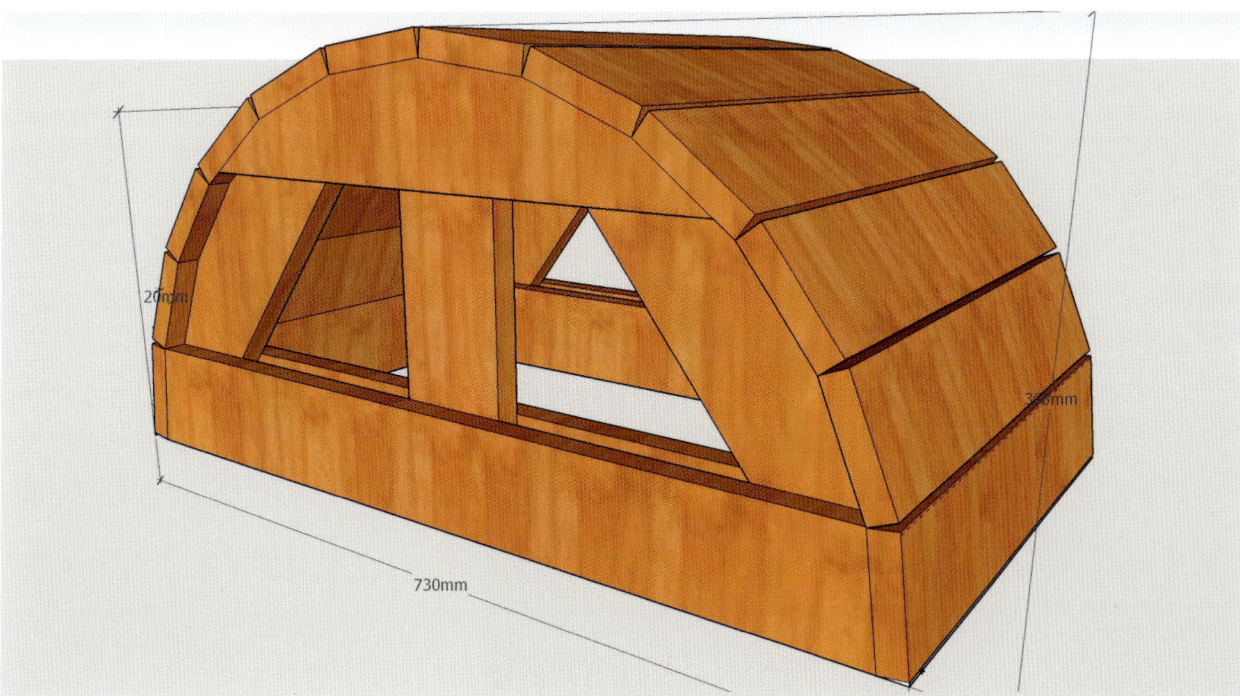

… wurde als nächstes ein Lehrgerüst entworfen, das den Abmessungen des Römerkanal-Teilstücks entsprechen musste.

Um den Bogen zu »lehren«, in welcher Form er sich selbst zu tragen habe, musste man ihm eine Hilfe geben: den sogenannten »Lehrbogen«, auch »Lehrgerüst« genannt. Dabei handelte es sich um ein Holzgerüst, das die Form des geplanten Bogens vorgab und dabei so stabil gebaut war, dass es den Bogen tragen konnte, bis dieser durch Erstarren des Mörtels seine Festigkeit und Belastbarkeit erreicht hatte. Formgebend für das Gewölbe waren die Schalbretter, die der Länge nach die Außenschale des Lehrbogens bildeten.

Da beim Gewölbebau in römischen Wasserleitungen viel Mörtel verwendet wurde, schmiegte sich diese Masse aufgrund ihrer Konsistenz eng an das Lehrgerüst an und drückte sich dabei auch in die Fugen zwischen den Schalungsbrettern hinein. Das ist der Grund dafür, dass man den negativen Abdruck des Lehrbogens im Gewölbe deutlich sehen kann, wenn man heute beispeilsweise in die Eifelwasserleitung hineinschaut.[103]

Schon bei der Konstruktion eines Lehrbogens war daran zu denken, wie man ihn nach Aufsetzen des Gewölbes wieder aus dem Bauwerk herausbekam, denn man hat diese Konstruktionshilfen nachweislich mehrfach verwendet.[104] Bei kleineren Bögen, wie denen in Wasserleitungsgerinnen, konnte man dazu recht einfache Verfahren anwenden.

Das Lehrgerüst musste so bemessen sein, dass es auf einer Seite des Kanals (im Bild rechts) auf der Wange aufgelagert werden konnte, während es auf der anderen Seite etwas Freiraum brauchte, um zur Entnahme nach unten herabgelassen werden zu können. Da es bei dieser Bautechnik nicht möglich war, das Lehrgerüst auf der (im Bild) linken Seite aufzulagern, wurde es mittels Stelzen gestützt. Nach Abbinden des Gewölbemauerwerks hat man dann zur Herausnahme des Lehrbogens die Stelzen wieder entfernt.

Da zwischen den einzelnen Schalbrettern des Lehrgerüstes zwangsläufig größere Fugen offenblieben, konnte sich hier beim Aufsetzen des Gewölbes etwas Mörtel eindrücken. Dieser zeigt sich nach Entfernen des Lehrgerüstes als negativer Abdruck – wie hier im Befund von Mechernich-Breitenbenden.

Die jeweils angewandte Methode ist an den Bauwerken meist gut abzulesen. Wenn beide Enden des Halbkreisbogens fast bündig in die Innenseiten des Wangenmauerwerks übergehen, kann man annehmen, dass hier beidseitig mit Streben zur Unterstellung des Lehrbogens gearbeitet worden ist. Diese stellte man schräg auf der Sohle des Kanals auf. Sie trugen dann den Lehrbogen an seinen beiden Längsseiten. Mittels der schräggestellten Streben ließ sich der Lehrbogen einrichten. Damit sie nicht nach innen wegrutschen konnten, stützte man sie, indem man sie in Sohlenhöhe durch eine Spreizlatte gegeneinander fixierte. Hatte der Bogen die Festigkeit erreicht, die er zum Selbsttragen benötigte, entfernte man die Streben und nahm den Lehrbogen wieder heraus.

Eine weitere Möglichkeit bestand darin, den Lehrbogen auf der Kante einer der beiden Seitenwangen daumenbreit aufzulagern. Die gegenüberliegende Seite des Lehrbogens lagerte man auf Holzstempel als Stütze und zwar so, dass ein winziger Abstand zur Wange verblieb. Die Stempel unterlegte man mit Holzkeilen so weit, bis der Lehrbogen eingerichtet war. Er konnte nach Abbinden des Mörtels herausgeholt und wiederverwendet werden, indem man den tragenden Stempel herausnahm und das Holzgerüst nach unten wegkippte.

Im Römerkanal-Informationszentrum in Rheinbach ist ein Originalstück der römischen Eifelwasserleitung ausgestellt. Da bei der Ausgrabung nur die U-förmige Rinne geborgen werden konnte, musste das Gewölbe für die Ausstellung ergänzt werden. Auch dafür war die Installation eines Lehrbogens erforderlich, der aber in diesem Fall in der Leitung verblieben ist, um den Besuchern eine Technik des Gewölbebaus zu demonstrieren. Ein römischer Bogen ist übrigens als Kinderspielzeug erhältlich, aber auch für den spielerischen Aufbau benötigt man selbstverständlich einen Lehrbogen.[105]

102 Lamprecht (1984).
103 Grewe (1986) 82, Abb. 98; Grewe (2014) 269.
104 Ohlig (2001).
105 https://experimentis-shop.de/roemischer-bogen-detail-108.html (Aufgerufen am 26.10.2020).

Mit einem Kinderspielzeug ist der Vorgang des Bogensetzens sehr schön nachzustellen. Das Lehrgerüst wird dabei positioniert, indem man die Halbkreisschalung auf einem Untergestell mit einem Keil fixiert. Im Beispiel wird der römische Bogenbau mit Großsteinquadern ohne Mörtelverbindung demonstriert. Die konisch zugeschlagenen Bogensteine sitzen nun ein wenig locker auf dem Lehrbogen auf.

Ist der Bogen am höchsten Punkt (»Scheitel«) mit dem Schluss- oder Scheitelstein geschlossen worden, kann der Lehrbogen entfernt werden. Im Spielzeug geschieht das vereinfacht, indem man den Keil unter dem Lehrbogen herausnimmt. Das Gewölbe sackt nun ein wenig in sich zusammen und kann das darüber liegende Bauwerk tragen, da die von oben einwirkenden Kräften im Gewölbebogen von einem Stein zum anderen bis auf die Widerlager zu beiden Seiten übertragen werden.

Beim Neubau eines Wohnhauses in Zentralanatolien hat man offensichtlich »das Rad neu erfunden«! Um die Bögen über den Fensteröffnungen halbkreisförmig herstellen zu können, bediente man sich alter Autoreifen als Lehrbögen.

25. »Wie genau waren die römischen Streckenvermessungen beim Bau der Aquädukte?«

Wir haben bei den Nivellements und Gefälleabsteckungen eine schier unglaubliche Genauigkeit in der Berechnung und Ausführung feststellen können. Kann das auch für die Streckenvermessung gelten? Schließlich ist die Streckenlänge doch auch eine Komponente etwa bei der Berechnung des Gefälles, das ja aus Höhenunterschied und Strecke resultiert! Wir müssen uns aber bei all diesen Betrachtungen vor Augen führen, mit welchen Hilfsmitteln die römischen Ingenieure gearbeitet haben! Beim Nivellement ist der Chorobat zum Einsatz gekommen, bei der Winkelabsteckung die Groma. Und bei der Streckenvermessung?

Zur Berechnung von Wasserleitungsgefällen benötigt man keineswegs eine gerade Streckenlänge zwischen zwei Punkten, sondern die Länge der gewundenen Trasse, daher muss deren Ermittlung mit dem Nivellement einhergegangen sein. Da man sich beim Nivellement mit dem Chorobat in 20-Fuß-Schritten angeschmiegt an das Geländerelief auf einer Linie bewegte, die der späteren Aquädukttrasse sehr nahe kam, war es sinnvoll, diese Linie auch für die Streckenbestimmung zu nutzen. Was lag da näher, als die Streckenmessung in einem Arbeitsgang mit dem Nivellement durchzuführen? Schließlich hatte Vitruv eine genaue Länge für den von ihm empfohlenen Chorobat vorgegeben, nämlich 20 Fuß, was 5,92 m entspricht. Der ausführende Ingenieur musste also nur die Aufstellungen des Chorobaten zählen und abschließend mit dessen Länge multiplizieren und erhielt somit die dank dessen Einsatz ermittelte Streckenlänge. Vermutlich hat der römische Vermesser nach jeder Aufstellung ein Steinchen vom Boden aufgelesen und gesammelt, um sich bei dieser Arbeit nicht zu verzählen!

Es ist also anzunehmen, dass der Chorobat auch als Messwerkzeug für die Streckenvermessung benutzt wurde.

Da ist es natürlich besonders spannend, einmal nachzuprüfen, wie genau die römischen Ingenieure ihre Bauwerke absteckten. Wenn wir auch keine Baupläne aus der Antike übermittelt bekommen haben, anhand derer wir solche Nachprüfungen vornehmen könnten, so sind die Aquädukte trotzdem sehr gut geeignet, um aus ihren Bauwerksresten Angaben zu der Genauigkeit der Trassenabsteckung herauslesen zu können.

Wir kennen zwei Aquädukte, die diesbezüglich sehr detailliert untersucht worden sind. Glücklicherweise sind sie vom Bautyp her sehr unterschiedlich, sodass sich die Forschungsergebnisse gut miteinander abgleichen lassen.

Bei der Wasserleitung für das antike Siga im Westen Algeriens handelt es sich um einen in einem Zuge ausgebauten Kanal von 8,2 km Länge.[106] Man hatte den Ausbau an der Quelle begonnen und sukzessive bis zur Stadt durchgeführt. Das Gefälle war offensichtlich durchgängig gleichmäßig und einheitlich geplant. Allerdings hatte man auf der Trasse Kontrollpunkte vorgesehen, an denen man die Einhaltung des geplanten Gefälles überprüfte. Wurde dieser Festpunkt beim Ausbau der Trasse nicht genau getroffen, so konnte man das durch leichte Änderung des Gefälles im Anschlussabschnitt korrigieren.

Wir haben diese Trasse nach unserer topografischen Aufnahme kartiert und danach ein 500-fach überhöhtes Längsprofil gezeichnet, um die Knickpunkte in der Gefällelinie deutlich zu machen.

Da sich bei der Auswertung dieser rezenten Vermessungen zwischen den Knickpunkten nur kleine Abweichungen vom einheitlichen Gefälle ergeben haben, konnten wir ausgleichende Geraden zeichnen und die Schnittpunkte festlegen. Nun war es spannend, die von uns im metrischen System ermittelten Streckenlängen zwischen den Gefälleknickpunkten in das römische Maßsystem umzurechnen.

Dass wir im Verlauf der Wasserleitung nach Siga drei Gefälleabschnitte anhand der Knickpunkte im Längsprofil erkennen konnten, war im Ergebnis zwar überraschend, aber eindeutig: Man hatte vier solcher Kontrollpunkte im Abstand von jeweils einer römischen Meile vorgesehen. Die Abschnitte zwischen diesen Punkten ergaben sich zu 1.449,17 m, 1.473,34 m und 1.504,07 m. Der Mittelwert dieser drei Längen wich mit

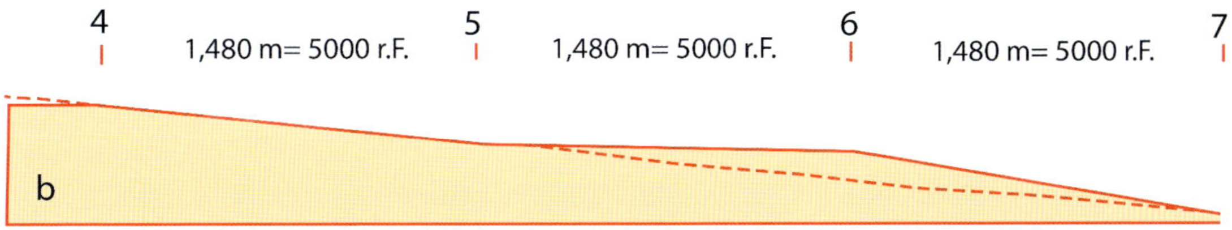

Das Längsprofil der Aquädukttrasse von Siga (Algerien) ist beispielhaft für den Nachweis von Genauigkeit in der Streckenmessung. Durch Knickpunkte in der Gefällelinie lassen sich die für ein gleichmäßiges Gefälle vorgesehenen Abschnitte eindeutig nachweisen. Die heute ermittelten Werte liegen auffällig nahe an einer Sollstrecke von 1.480 m (= 5.000 röm. Fuß = 1 röm. Meile). Wenn man bedenkt, dass die Schnitte dieser Gefällelinie extrem flach sind, erhält diese Erkenntnis eine ganz besondere Bedeutung.

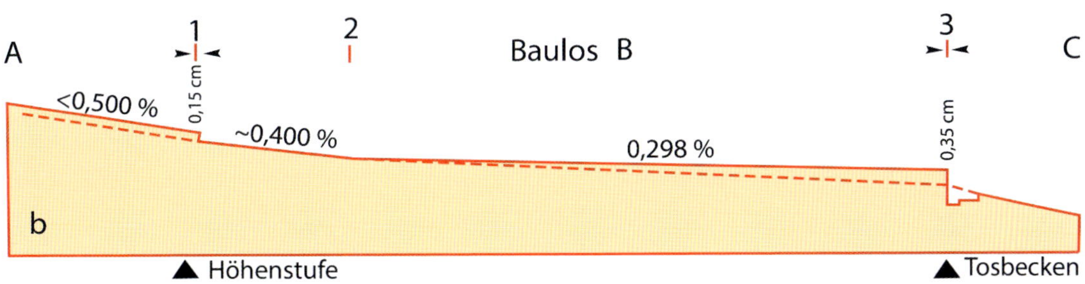

In der Eifelwasserleitung lässt sich bezüglich der Streckengenauigkeit ein bestimmtes Baulos wunderbar für eine solche Betrachtung heranziehen: Das Baulos (B) im Mechernicher Wald ist an seinem Anfang (1) durch eine 15 cm hohe Höhenstufe in der Sohle markiert und an seinem Ende (3) durch ein regelrechtes Tosbecken. Der Bau eines aufwendigeren Tosbeckens war erforderlich geworden, weil der Übergang zum Anschlussbaulos (C) mit einer 35 cm messenden Höhenstufe recht hoch ausgefallen war. Nach einem Viertel der Strecke passt sich die Trasse mit einem Gefällewechsel in (2) von planmäßig 0,4 % zu 0,3 % den Anforderungen des Geländes an. Diese drei Punkte ließen sich in diesem exakt lokalisieren, weshalb die Entfernungen zwischen ihnen eindeutig ermittelt werden konnten. Die Ist-Maße mit 5.000 röm. Fuß beziehungsweise 13.000 röm. Fuß liegen jeweils weniger als 5 röm. Fuß neben einem glatten Tausenderwert als Soll-Maß, sodass man von Zufall nicht sprechen kann. Das gesamte Baulos hatte demnach eine Länge von 18.000 röm. Fuß, was 5.328 m entspricht.

1.475,53 m nur 4,5 m von einer römischen Meile ab. Es ist deshalb anzunehmen, dass die Meile (5.000 Fuß = 1.480 m) als Sollmaß gedient hat und nur um 0,3 % verfehlt worden ist. Man muss dabei bedenken, dass die Schnitte dieser ausgleichenden Geraden derart flach waren, dass man dieses Ergebnis als höchst exakt bewerten kann.

Der Bautyp der Eifelwasserleitung nach Köln ist völlig anders.[107] Wegen der Gesamtlänge der Leitung von 95,4 km war diese in ca. 20 Baulose eingeteilt, in denen gleichzeitig in Fließrichtung gearbeitet worden ist. Da man bei der Fertigstellung eines Bauloses mit dessen Ende auf den Anfangspunkt des Anschlussbauloses traf, waren hier kleine Höhenabweichungen unvermeidbar. Diese kann man aber nicht einmal als Fehler bezeichnen, da sie verfahrensbedingt verursacht sind und sogar willkommen gewesen sein dürften: Man traf nämlich wegen der Auswirkung der Erdkrümmung bei der Absteckung immer zu hoch auf das Anschlussbaulos. Deshalb waren auch keine Nachbesserungen im Bauwerk erforderlich, denn man konnte zur Überleitung des Wassers von einem Baulos in das nächste eine kleine Stufe oder ein Tosbecken einbauen.

Für unsere Betrachtungen zur Genauigkeit der ausgebauten Strecken bedeutet dies, dass wir im Verlauf der Eifelwasserleitung ebenso Punkte zur Verfügung haben, mit deren Hilfe sich die Strecken kontrollieren lassen. Im Verlauf der Baulose gab es aber auch in dieser Leitung planmäßige Gefälleknicke, in denen man sich dem Gelände angepasst hat. Diese Punkte konnten wir gleichermaßen zur Streckenermittlung heranziehen.

Nachprüfbare Strecken lassen sich auch bei der Eifelleitung wieder sehr genau mit dem römischen Fußmaß in Übereinstimmung bringen. Da wir die entsprechenden Strecken nur in der Deutschen Grundkarte 1:5.000 mit einem Rollrädchen (Kurvimeter) im metrischen System grafisch ermitteln konnten, ist das Ergebnis umso erstaunlicher: Drei fest begrenzte Strecken wurden auf diese Weise zu 1.480 m, 3.850 m und 4.440 m ermittelt, was umgerechnet in das Fußmaß Werte von 5.000, 13.000 und 15.000 römische Fuß ergibt.[108] Wir konnten also auch in diesem Beispiel höchst genaue Streckenmessungen konstatieren.

106 Grewe (1986) 24–42.
107 Grewe (1986).
108 Grewe (1985) 34–42; Grewe (1986) 232–233.

Auf dem Grabstein des Mensor aedificiorum *Titus Statilius Aper im Kapitolinischen Museum in Rom ist neben anderem Vermessungsgerät eine Decempeda (Zehnfuß) verkleinert abgebildet. Im praktischen Einsatz zur Streckenmessung benötigte man zwei solcher Messstangen, die abwechselnd nacheinander ausgelegt wurden. Als Streckenmessgerät beim Aquäduktbau kam neben der Decempeda vor allem der Chorobat infrage, da er mit 20 Fuß doppelt so lang war und sich während des Messvorgangs horizontal stellen ließ.*

STRASSENBAU – ALLE WEGE FÜHREN NACH ROM!

»Alle Wege führen nach Rom« – dieses griffige Motto ist zwar erst eine Schöpfung der mittelalterlichen Literatur, es belegt aber recht anschaulich die geradezu ungeheure Leistung, die antike Ingenieure erbracht haben, um das *Imperium Romanum* verkehrsmäßig zu erschließen. Allein das römische Fernstraßennetz wird auf eine Gesamtlänge von 80.000 bis 100.000 km geschätzt; und wenn man die Nebenstraßen, Querverbindungen und die lokalen Wege hinzuzählt, so kommt ein Vielfaches an ausgebauten Straßentrassen zusammen.

Straßen waren über Jahrtausende das wichtigste Kommunikationsmittel der Menschen. Sie dienten dem Nachrichten- und Güteraustausch, den Feldherren als Heerwege und den Verwaltungsbeamten als »Datenautobahnen«.

Dabei ist nicht jede Verkehrsverbindung von vornherein als Ingenieurbau zu betrachten. Erst wenn eine Verkehrsverbindung zwischen zwei Orten planmäßig angelegt wird, dem Ausbau also eine Planung und Trassierung vorausgeht, kann man das Bauwerk als »Kunst«straße ansehen, die sich von einem »Natur«weg in technischer Hinsicht sehr deutlich unterscheidet. Letzterer mag den gleichen Zweck erfüllen, indem er den Verkehr zwischen zwei Orten ermöglicht, die technische Ausstattung ist jedoch zumeist eine völlig andere. Ein solcher Weg hat sich einfach durch ständige Nutzung herausgebildet. Sein Verlauf ist deshalb in der Regel an das Relief einer Landschaft angepasst, da natürliche Hindernisse wie Berge und Täler umgangen und nicht durch Kunstbauten passierbar gemacht worden sind.

In diesem Sinne waren Straßenbauer zu allen Zeiten Pragmatiker. Man plante und verbaute nur so viel an Technik, wie zur Zweckerfüllung eines Verkehrsweges unbedingt nötig war. Waren Bergrücken zu überqueren oder Bergnasen zu umrunden, so konnte es allerdings unabwendbar sein, die Straße in den anstehenden Fels einzukerben, um die Steigung oder Neigung passabel zu halten. Eine weitere Möglichkeit, das Straßengefälle zu verringern, bestand in der Einplanung einer Serpentine, denn auf diese Weise konnte der Ingenieur das Gefälle selbst bestimmen.

Bei Donnas im Aostatal (Italien) ist ein antiker Straßenkörper auf eine Strecke von mehreren hundert Metern als Felsterrasse aus der steilen Felswand herausgearbeitet worden. Bemerkenswert sind zwei Bauteile, die man bei den Steinarbeiten im anstehenden Fels stehengelassen hat: ein mächtiger Torbogen sowie ein Meilenstein, der nicht als Solitär neben der Fahrbahn aufgestellt wurde, sondern aus der glatt abgearbeiteten Felswand herausmodelliert worden ist. Als technische Besonderheit fällt eine Ritzlinie auf, die in 2,40 m Höhe über der (rezenten) Fahrbahn auf der gesamten Strecke angebracht ist. Offensichtlich ist bei der Anlage der Felsterrasse die Fahrbahn zuerst nur grob aus dem Felsen herausgearbeitet worden. Dann hat ein Vermessungsfachmann das geplante Gefälle abgesteckt und den Bauleuten als Vorgabe eine Linie in die Felswand geritzt.

Im Zuge der *Via Appia* sind bei Terracina (Italien) die Spuren einer ähnlichen Baumaßnahme zu sehen, nur sind die Dimensionen gewaltiger. Hier wurde 109 n. Chr. unter Kaiser Trajan eine schwierige Bergüberquerung durch den Bau einer Stra-

Beim Wegweiser von Aduatuca Tungrorum / *Tongern (Belgien) handelt es sich um eine oktogonale Steinsäule, die vermutlich um 200 n. Chr. angefertigt worden ist. Auf ihr sind unter anderem die Ortsnamen von zehn Rheinorten zwischen Bonn und Worms und die Entfernungen zwischen ihnen angegeben:* [Rigom]agus / *Remagen;* [Antu]nnacum / *Andernach;* [Conflu]entes / *Koblenz usw.*

ßenterrasse auf Küstenniveau umgangen. Hierfür waren umfangreiche Steinarbeiten an der Landzunge Pesco Montana erforderlich. Noch heute ragt die in der Antike zurückgeschnittene Felswand 36 m hoch, und ein Ehrenbogen am Ende der Strecke unterstreicht die Bedeutung dieser Ingenieurarbeit. Die dazugehörende Inschrift ist zwar nicht mehr erhalten, in der Felswand selbst sind allerdings schon von Weitem Messmarken erkennbar, die in römischen Zahlen den Fortschritt der Steinbrucharbeiten von oben nach unten angeben. Die höchste Zahl erreicht den Wert CXX, womit 120 römische Fuß (35,5 m) gemeint sind.

Wenngleich der Bau der Straße von Lyon über Trier nach Köln zweifelsfrei von Agrippa in Auftrag gegeben wurde, ist der Name »Agrippastraße« ein Produkt unserer Tage. Es gab aber auch Straßen, in deren Namen sich ihre Bauherren regelrecht verewigt haben. Berühmtestes Beispiel ist die *Via Appia*, eine der ersten großen Staatstraßen. Ihr Ausbau wurde unter dem Konsul Appius Claudius schon im Jahre 312 v. Chr. begonnen, und sie führte nach ihrer Fertigstellung über eine Strecke von insgesamt fast 500 km Länge zu den wichtigen Hafenstädten Tarent und Brindisi im Süden Italiens.

»Alle Wege führen nach Rom«! Das wird besonders bildhaft in der Tabula Peutingeriana, *der mittelalterlichen Kopie einer antiken Straßenkarte – allerdings ist dieses Sprichwort eine Sprachschöpfung aus dem Mittelalter und meint eigentlich nichts anderes, als dass viele Wege zum Ziel führen. Aber es stimmte schon: Rom war nun einmal das Zentrum des Imperiums. Anders herum führten von dort aus viele Wege in alle Himmelsrichtungen, denn von hier ging in Roms Glanzzeiten alle Staatsgewalt aus. Die* Tabula Peutingeriana *zeigt im Zentrum der Straßenspinne eine Herrscherfigur, die allerdings sehr stark von den Vorstellungen des mittelalterlichen Kopisten beeinflusst gewesen sein dürfte. Unterhalb Roms (im Westen) ist das Mittelmeer mit dem wichtigen Hafen Ostia dargestellt.*

Nicht unerwähnt sollen die Meilensteine bleiben, die – als echte Vorläufer unserer heutigen Kilometersteine – für den Betrieb auf den Römerstraßen äußerst wichtig waren. Sie zeigten dem Reisenden in der Antike den richtigen Weg an und zudem, wie viel desselben denn noch vor ihm lag. Oftmals sind sie die einzigen Zeugnisse für den Bau der Straßen, dann nämlich, wenn sie uns den Namen des Auftraggebers für denselben oder für eine Reparaturmaßnahme nennen.

Wichtige »Möbel« auf den Römerstraßen stellten die Meilensteine dar. Normalerweise waren das Steinsäulen, auf denen Entfernungen zu den Zielorten angegeben waren und sich die Urheber des Straßenbaus oder der -renovierung verewigten. In Donnas im Aostatal (Italien) ist dieser Meilenstein allerdings beim Abschroten einer Felswand aus dieser herausgearbeitet worden. Die darauf erkennbare markante Ritzlinie war eine Vorgabe für die Straßenbauer für die Anlage der Fahrbahn.

Auf der Trajanssäule in Rom findet sich auch eine Szene, in der Legionäre beim Straßenbau dargestellt sind.

Wie wir im Falle der Agrippastraße sehen können, war es keinesfalls der Regelfall, dass eine Fernstraße mit Großsteinpflaster ausgestattet war. Während das für innerstädtische Straßen durchaus gelten kann, waren die Fernstraßen zwar einfacher, aber dennoch solide und belastbar ausgebaut. Pittoreske Pflasterungen, wie wir sie auf der *Via Appia* südlich von Rom oder auch auf einer Römerstraße in Tell al-Kharama in Syrien sehen können, waren jedenfalls nicht die Regel.

Der Stadiasmus von Patara *(*Stadiasmus Patarensis*) in der römischen Provinz Lykien (Türkei) ist ein herausragendes Beispiel für einen weiteren Wegweiser in der Antike. Da auf ihm die Entfernungen nicht in römischen Meilen angegeben sind, sondern in griechischen Stadien, kommt es zu der Bezeichnung »Stadiasmus« (1 Stadion = ca. 180 m bis 200 m). Der Stein stand im Zentrum der Hafenstadt* Patara *und diente als Wegweiser und war gleichzeitig Ausdruck des Kaiserkults. Die Inschrift belegt die Namen von Kaiser Claudius und Statthalter Quintus Veranius. Vermutlich war das 5,5 m hohe Steindenkmal (Grundriss 2,35 m x 1,60 m) von einer Kaiserstatue gekrönt gewesen. Quintus Veranius wird nur namentlich erwähnt, doch dies datiert den Stein in dessen Amtszeit von 43 bis 48 n. Chr. Einzelne Steinblöcke sind seit 1993 nach und nach gefunden worden. Erst nach einem Großbrand, der auch die Stadtmauer* Pataras *von üppigem Bewuchs befreit hat, wurden – dort massenhaft als Spolien verbaut – weitere Steine des Denkmals gefunden. Zusammengesetzt ergab sich ein Katalog von Städten und Siedlungen in der Provinz Lykien mit den Stadienangaben von* Patara *aus, was zur Neuentdeckung oder Identifizierung vieler bis dato unbekannter Orte geführt hat.*

Fast wie ein Reiseplaner unserer Tage muten die aus der ersten Hälfte des 4. Jahrhunderts n. Chr. stammenden silbernen Becher von Vicarello an. In Form handlicher Meilensäulen sind auf ihnen 106 Ortsnamen mit Entfernungsangaben zu dem jeweils nächsten Etappenziel zwischen Gades in Spanien und Rom angegeben. Vier Exemplare wurden im Apollonheiligtum in Aquae Apollinares / Vicarello (Italien) gefunden. Vermutlich handelt es sich um Weihegaben, die von spanischen Pilgern hier abgelegt worden waren.

Die Via Appia führte bei Terracina (Italien) nahe des Küstenverlaufs über eine Landzunge (Pesco Montana), die den Bau steiler Teilstrecken erforderte. Unter Kaiser Trajan wurde die Straße an das Ende des Felssporns nahe der Küste verlegt, wofür aber aufwendige Gesteinsabschrotungen vorgenommen werden mussten.

In der 36 m hohen Felswand sind heute noch in römischen Zahlen die Maßvorgaben für die Steinbrucharbeiter zu sehen.

Die Straße über das Taurus-Gebirge ist ein äußerst geschichtsträchtiger Verkehrsweg. Das Gebirge wurde früher an einer engen Stelle überquert, die man seit jeher die »Kilikische Pforte« nannte, weil sie von Zentralanatolien aus gesehen das Eingangstor nach Kilikien darstellte. Im Laufe der Jahrhunderte begaben sich hier Händler und Heere in beiden Richtungen über das Gebirge. Die Motive der Reisenden waren dabei extrem unterschiedlich: Alexander der Große zog mit seinen Truppen zur Schlacht bei Issos über den Pass und der Apostel Paulus überquerte ihn bei seiner zweiten Missionsreise in der anderen Richtung. Die Ritter des ersten Kreuzzuges zogen dann wieder Richtung Jerusalem dort über die Berge. Damals war der Pass allerdings nur wenige Meter breit und diese mussten sich ein Bach und die Straße auch noch teilen. Heute ist es die »Ankara-Tarsus-Otoyolu« (E 90), die als Autobahn durch das Taurus-Gebirge führt.

An der engsten Stelle der Kilikischen Pforte ließ Kaiser Caracalla einen Straßenausbau vornehmen, der in einer Inschrift auf einem aus dem Felsen herausgehauenen Altar belegt ist. Letzterer kennzeichnet zugleich die »Grenze nach Kilikien«.

26. Nachgefragt: » … und wie war das bei den Römerstraßen mit der Streckenvermessung? Angeblich hat man in den gallischen Provinzen nicht mehr in Meilen, sondern in gallischen Leugen gemessen!«

Wir können davon ausgehen, dass der Chorobat für die Streckenmessung im Straßenbau nicht zum Einsatz kam, da man die ermittelten Strecken nicht – wie im Aquäduktbau – für die Berechnung eines planmäßigen Gefälles im ‰-Bereich benötigte. Wahrscheinlicher ist, dass ein einfaches Streckenmessgerät, wie die auf dem Grabstein des T. Statilius Aper abgebildete Decempeda, zum Einsatz kam. Damit hatte der römische Straßenbauingenieur ein Gerät zur Verfügung, das wie Chorobat oder Groma genial einfach und dennoch äußerst exakt anzuwenden war. Wie der Name schon sagt, war eine Decempeda 10 röm. Fuß (2,96 m) lang.

Der Grabaltar des T. Statilius Aper im Kapitolinischen Museum in Rom ist in diesem Zusammenhang in zweierlei Hinsicht interessant. Hier finden wir nicht nur ein Fußmaß als Urmaß mit seinen Unterteilungen in *palmae* (Handbreiten) und *digiti* (Fingerbreiten) dargestellt, sondern daneben auch noch ein Längenmesswerkzeug (*pertica*) in Form einer auf etwa ein Drittel verkleinerten Decempeda. In dieser Form, den bis vor einigen Jahrzehnten gebräuchlichen Messlatten nicht unähnlich, müssen wir uns die römischen Geräte zur Bestimmung von Strecken vorstellen. Auch diese aus Holz gefertigten Messwerkzeuge haben sich im Original natürlich nicht erhalten, es sind jedoch verschiedene Paare von Endbeschlägen in Pompeji gefunden worden.[109]

Ausgehend von den Kenntnissen über den Einsatz ähnlicher Messlatten, wie sie bis in die 60er Jahre des 20. Jahrhunderts bei uns noch im Einsatz waren, kann man sich dann auch das römische Messverfahren mit der Decempeda vorstellen. Die Messlatten unserer Tage waren 4 m lang und wurden paarweise eingesetzt: Man legte das eine Ende einer der Latten an den Anfangspunkt der zu messenden Strecke und richtete die Latte in Messrichtung aus. Dabei war darauf zu achten, dass sie in horizontaler Lage platziert wurde. Mit der zweiten Latte suchte man dann den Anschluss – sie wurde ganz vorsichtig an die erste angestoßen. Daran anschließend kamen die folgenden Latten wechselweise zum Einsatz, bis man den Endpunkt der zu messenden Strecke erreicht hatte.[110] Bei stark geneigtem Gelände mussten Staffelmessungen durchgeführt werden, das heißt, der Endpunkt

Insgesamt drei Inschriften weist dieser in den 1960er Jahren bei Zülpich-Hoven (NRW) gefundene Leugenstein aus, der heute als Kopie inmitten eines Kreisverkehrs in Zülpich steht. Die Inschriften sind in das 3. und 4. Jahrhundert n. Chr. zu datieren. Die Entfernung von Tolbiacum / Zülpich nach der CCAA (Köln) wird mit 16 Leugen angegeben. Das Original ist im Museum der Badekultur in Zülpich ausgestellt.

der einen Messlatte wurde mittels eines Schnurlotes zum Anfangspunkt der zweiten Latte übertragen.

Es ist also durchaus vorstellbar, dass – obwohl auf dem Grabstein des T. Statilius Aper nur eine auf 1/3 verkleinerte Decempeda dargestellt wurde – zwei solcher Messlatten zum Einsatz kamen. Jedenfalls wurden von den römischen Ingenieuren, wenngleich sie nur einfachstes Gerät zur Verfügung hatten, auch bei der Streckenmessung im Straßenbau fast unglaubliche Genauigkeit erreicht. Das belegen jedenfalls Nachprüfungen an einem Streckenabschnitt der römischen *Via Belgica* zwischen Köln und Jülich, bei dem sich die Strecke zwischen einem bei Elsdorf-Esch *in situ* gefundenen Leugenstein und der *CCAA* mit heutigen Mitteln errechnen ließ.[111]

Versuchen wir für die mit 13 Leugen angegebene Strecke ein Leugenmaß zu erschließen, so steht uns für die Entfernung bis zum westlichen Stadttor der *CCAA* die folgende Gesamtstrecke zur Verfügung: 28.882 m. Da auf dem Escher Leugenstein 13 Leugen als Wegstrecke ausgewiesen sind, lässt sich daraus die einzelne Leuge zu 2.221,72 m errechnen. Das Ergebnis ist insofern überraschend, als die Leuge allgemein mit einer Länge von 2220 m angenommen wird.[112] Wir können also feststellen, dass die Gesamtstrecke nur um 1,72 m pro Leuge vom Sollmaß abweicht.

Für diese Berechnungen wurde die Leuge mit 7.500 röm. Fuß zu 0,296 m verwendet. Nun ist zu bedenken, dass eine Abweichung im Fußmaß von nur 1/10 Millimeter (die vierte Stelle hinter dem Komma!) auf die Leuge hochgerechnet mit 75 cm zu Buche schlägt. Legen wir ein Fußmaß zugrunde, das C. A. Rottländer aus vielen älteren Maßen ermittelt hat, dann ergibt sich im rechnerischen Mittel der Faktor Fußmaß zu 0,29613 m und damit auf die Leuge hochgerechnet 2.220,975 m.[113] Daraus resul-

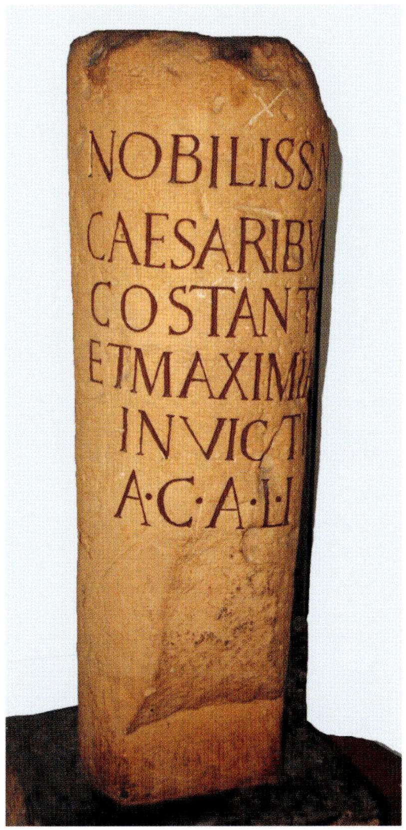

Eine überarbeitete Kopie des Kölner Leugensteins »L I« steht im Foyer des Justizgebäudes nahe dem Fundort.

Der 1903 an der Luxemburger Straße in Köln nur eine Leuge vor der Stadt gefundene Leugenstein ist heute im dortigen Römisch-Germanischen Museum ausgestellt.

Dieses Leugensteinfragment ist von besonderer Bedeutung, weil es in Elsdorf-Esch praktisch an seinem ehemaligen Standort an der sogenannten Via Belgica *gefunden wurde. Da sich die Entfernungsangabe zur* CCAA *in seiner Inschrift als 13 Leugen feststellen lässt, war es gut geeignet, Betrachtungen zur Genauigkeit römischer Streckenangaben anzustellen.*

tiert dann auch ein neuer Wert für die Abweichung, nämlich nur noch 0,97 m pro Leuge.

Auch bezüglich der wahren Länge einer Leuge bleiben Fragen offen, denn in unserem Beispiel kommen wir zu dem Ergebnis, dass sie eher bei 2.222 m als bei 2.220 m gelegen hat. Diese 2 m Unterschied basieren auf Angaben für das Fußmaß, die im < 1/10 mm-Bereich (0,296**13** m!) liegen, wobei zu bedenken ist, dass sich jeder noch so kleine Fehler eines Fußmaßstabs auf die Leuge hochgerechnet um 7.500 vervielfacht; beim Einsatz einer Decempeda um 750.

Legt man diese Vorgaben zugrunde, so erscheint es fast unmöglich, genaue Angaben zu einer wahren Leugenlänge zu machen: Denn rechnet man – geodätisch gesprochen – »vom Kleinen ins Große«, so wirken sich auch minimale Maßstabsfehler entsprechend vervielfachend aus und können zu im Meterbereich liegenden Abweichungen im Leugenmaß führen. Geht man dagegen von im Gelände etwa durch Straßensteine nachgewiesene Leugenlängen aus, um daraus – »vom Großen ins Kleine« – das zugrundeliegende Fußmaß zu errechnen, so erhält man Angaben in Größenordnungen, die in Fußmaßstäben überhaupt nicht abbildbar waren. Hinzu kommt, dass heute gar nicht mehr nachvollziehbar ist, mit welchem Fehler der wie auch immer geartete Fußmaßstab behaftet war, der für die Absteckung der Leugenstein-Standorte verwendet worden war; das gilt natürlich auch für Strecken, die mit größeren Maßstäben, wie etwa dem Zehnfuß (*decempeda*), abgesteckt worden sind.[114]

109 Grewe (1985) 16–18.

110 Das Verfahren der Lattenvermessung wurde erst um 1950 von der Vermessung mit Stahlbändern abgelöst. Es bleibe aber nicht unerwähnt, dass es dabei große Diskussionen über die Genauigkeit der beiden Verfahren gab. Geübte Praktiker hielten das der Lattenmessung nämlich für wesentlich genauer als die neu eingeführte Streckenmessung mit Messbändern.

111 Zum Leugenstein bei Esch: Gaitzsch (1997); Gaitzsch / Haarich / Hermanns (1999).

112 1 Leuge = 7.500 röm. Fuß = 1,5 röm. Meile.

113 0,29613 m nach Rottländer http://vormetrische-laengeneinheiten.de/html/genauigkeit. (Aufgerufen am 03.05.2011)

114 Es bleibe nicht unerwähnt, dass Vitruv einen Reisewagen beschrieben hat, der mit einem mechanischen Getriebe zur Streckenmessung ausgestattet ist. Vitruv schreibt, dass dieser Messwagen geeignet war, über die Anzahl der Radumdrehungen die Streckenlänge zu ermitteln. Damit sollte man »... auf der Straße auf einem Reisewagen sitzend ... wissen können, wieviel Meilen Weges wir zurückgelegt haben.« (Vitruv X, 9, 1–4). Präzisionsmessungen waren mit diesem Wagen allerdings nicht durchzuführen.

Der beim Milzenhäuschen (Nettersheim-Marmagen, NRW) befindliche Leugenstein, von dem nur noch die untere Hälfte erhalten ist, lässt sich an seinem würfelförmigen Sockel als solcher erkennen. An der Oberseite kann man ein Dübelloch für den oberen – vermutlich beschrifteten – Teil des Steins sehen. Vermutlich handelt es sich dabei um den einzigen noch in situ *stehenden Leugenstein an der Agrippastraße in Deutschland.*

Eine kleine Sammlung von Meilen-/Leugensteinen steht an dem inzwischen stillgelegten Streckenabschnitt der B55 auf der Westseite der Sophienhöhe bei Bergheim (NRW). Neben einem Ensemble von preußischen Meilensteinen ist auch eine Kopie des Zülpicher Leugensteins aus der römischen Zeit aufgestellt worden (im Hintergrund).

27. Noch mal nachgefragt: »Kann man denn unter diesen Umständen überhaupt von ›gallischen‹ Leugen sprechen?«

Genau diese Frage stellt sich uns: Kann man nach den vorliegenden Ergebnissen überhaupt von »gallischen« Leugen sprechen oder hat es sich eher um ein von den Römern eingeführtes Maß gehandelt? Es ist doch völlig unwahrscheinlich anzunehmen, dass sich ein altes gallisches Längenmaß exakt und mit den aufgezeigten glatten Werten in das römische Maßsystem umrechnen ließ. Wenn eine Leuge sich also zu exakt 7.500 röm. Fuß ergibt, dann ist doch eher anzunehmen, dass dieser Umrechnungsfaktor von den Römern selbst bestimmt worden ist, es sich danach also wahrscheinlicher um eine »römische« Leuge gehandelt haben muss, die auf einer römischen Meile basierte.

In den gallischen Provinzen des Reiches wurde ab Septimius Severus für die Streckenangaben auf den »Meilen«steinen nicht die römische Meile, sondern die alte gallische Leuge verwendet.

> Da die Leuge ein gallisches Maß ist, sieht man gewöhnlich einen Rückgriff auf einheimische Traditionen darin. Aber der Archaismus ist künstlich und dürfte kaum auf eine einheitliche vorrömische Straßenvermessung zurückgehen, außerdem blieben die Narbonensis und große Teile der anderen gallisch-germanischen Provinzen beim Meilenmaß.[115]

Nachgewiesen ist die Leugenzählung durch das *Itinerarium Antonini*, die *Tabula Peutingeriana* und die Beschriftung auf Straßensteinen, die demnach eher als »Leugensteine« denn als »Meilensteine« zu bezeichnen sind.

Man muss also feststellen, dass die Römer zwar die gallische Maßbezeichnung »Leuge« entlehnt haben, dass sich das Maß selbst aber auf die vorher verwendete »Meile« bezog – und zwar ganz einfach und mit einem glatten Umrechnungsfaktor 1: 1,5 (1 Leuge = 1,5 Meilen = 7.500 Fuß).

Legt man diese Erkenntnis zugrunde, passt der Standort eines jeden dritten Meilensteins auch in die Zählung der Leugensteine; die Standorte eines jeden dritten, sechsten, neunten usw. Meilensteins hätten auf derselben Strecke also den Standorten eines zweiten, vierten, sechsten usw. Leugensteins entsprochen.

Die ganze Umbenennung war also eher eine »kosmetische« Korrektur als eine »Streckenreform«. Für den Reisenden von Rom nach Köln wurde der Weg dadurch kein bisschen kürzer – und die Anstrengungen der Reise auch nicht kleiner! Vielleicht hat es sich aber so angefühlt …?!

115 Walser (1981) 395.

Das Bildprogramm der Igeler Säule zeigt unter anderem Szenen aus dem Alltags- und Berufsleben eines Tuchhändlers, darunter einige besonders interessante Bilder zum Warentransport. Sehr detailreich sind in den Bildern die Fuhrwerke und die Anspannungen der Zugtiere dargestellt.

Die 23 m hohe Igeler Säule im Dorfe Igel bei Trier hat ein Tuchhändler errichten lassen.

Erst bei genauer Betrachtung dieses Bildfeldes auf der Westseite der Igeler Säule wird ein Detail sichtbar, das dieses Grabdenkmal gleichzeitig zum Leugenstein macht. Hinter dem dargestellten Gespann wird das Kopfende eines Leugensteins sichtbar und darin ist die Entfernungsangabe »L IIII« (= Leugae quattuor = 4 Leugen) nach Trier zu erkennen. Umgerechnet in Kilometer ergibt sich die tatsächliche Entfernung, die 8,8 km ausmacht.

Während das Original der Igeler Säule seit dem 3. Jahrhundert n. Chr. am selben Platze steht, gibt es im Rheinischen Landesmuseum Trier eine farbig gestaltete Kopie zu sehen.

28. »Wie erkennt man denn eine Römerstraße?« oder »Was sind die Merkmale einer Römerstraße?«

Schnurgerade und gepflastert – also Römerstraße? In der Tat können diese Attribute Merkmale für eine solche sein. Müssen sie aber nicht! Schon bei der Betrachtung der bekannten Römerstraßen nördlich der Alpen zeigt sich, dass diese Kriterien nur selten erfüllt werden, denn auch eine Römerstraße musste an die Landschaft angepasst sein, und da war es bei der Überquerung der Mittelgebirge nur selten möglich, die Straßentrassen geradlinig zu führen. Dies gelang allenfalls bei der Überquerung der Höhenrücken der Berge und ist da auch archäologisch nachweisbar. Wenn die Trassen aber durch Täler führten, waren eher Schrägstrecken oder gar Serpentinen gefragt.

Großsteinpflaster, wie das der 312 v. Chr. gebauten *Via Appia* südlich von Rom, sind auf den Fernverbindungen nördlich der Alpen nicht zu finden. Innerhalb der Städte hingegen – die *Colonia Claudia Ara Agrippinensium (CCAA)* / Köln ist hierfür durchaus ein Beispiel – hat man auch gepflastert: Die ehemalige Hafenstraße mit ihrem Basaltsteinpflaster kann man heute an ihrem neuen Platz beim Römisch-Germanischen Museum bewundern.

Geradlinigkeit und Pflasterung sind also keine eindeutigen Kriterien für die Zuordnung einer Straße zu den römischen Vermächtnissen. Aber wie erkennt man dann eine Römerstraße?

Bei der Suche nach einer Römerstraße besteht der erste Schritt darin, sich nach römischen Siedlungsplätzen umzutun, denn diese müssen verkehrsmäßig irgendwie miteinander verbunden gewesen sein. Dann kann man versuchen, Relikte dieser Straßen in der Landschaft zu erkennen. Eine große Hilfe stellen dabei die antiken Itinerarien oder beispielsweise die Tabula Peutingeriana *dar, jene als mittelalterliche Kopie erhaltene Straßenkarte des gesamten Imperiums aus dem 4. Jahrhundert n. Chr. Im Segment 2 sind die Strecken Köln-Koblenz oder Köln-Trier mit den Stationsorten dazwischen und den jeweiligen Entfernungen gut zu erkennen. Diese drei Orte werden in diesem Ausschnitt der* Tabula Peutingeriana *als Hauptorte aufgeführt:* AGRIPINA, CONFLUENTES *und* AUGUSTA TRES VIRORUM.

Am einfachsten ist das Erkennen einer Römerstraße in der ebenen Landschaft, denn dort konnte sie tatsächlich schnurgerade geführt werden. Der Streckenabschnitt Köln-Zülpich der Agrippastraße ist bei Liblar über eine weite Strecke als Feldweg gut erhalten und heute noch in Nutzung. Dieser Streckenabschnitt gehört zur Agrippastraße Köln-Trier. Man hüte sich aber davor, in jeder geradlinigen Straße einen römischen Ursprung erkennen zu wollen!

Geradlinigkeit und Steinpflasterung gelten gemeinhin als typische Erkennungsmerkmale für antike Straßen. Während eine gerade Streckenführung allerdings in bewegtem Gelände schon nicht mehr einzuhalten war, ist auch das Steinpflaster ein Straßenmerkmal, das eigentlich nur im innerstädtischen Bereich anzutreffen ist. So ist in Vienne (Frankreich) mitten in der Stadt ein Stück Römerstraße in einem Park freigelegt worden.

In Köln hat man eine Teilstrecke der mit Basaltsteinen gepflasterten Hafenstraße transloziert und ihr, samt einem Brunnen, neben dem Römisch-Germanischen Museum einen neuen Standort verschafft.

Eine wichtige Hilfe bei der Identifizierung einer solchen können antike Karten und Straßenverzeichnisse sein, auch wenn sie nur Straßenstationen und die Streckenverbindung aufzeigen. Die *Tabula Peutingeriana* aus dem 4. Jahrhundert n. Chr. ist als solches Hilfsmittel von unschätzbarem Wert.[116] Diese als mittelalterliche Kopie erhaltene römische Straßenkarte ist eine unerschöpfliche Quelle für die verschiedensten Zweige der Wissenschaft.

Ein ähnliches Hilfsmittel bei der Straßenforschung ist das unter Caracalla angelegte Straßenverzeichnis »*Itinerarium provinciarum Antonini Augusti*« (3. Jahrhundert n. Chr.).[117] Das antoninische Itinerar ist kein Kartenwerk, sondern eine Liste, in der Reiserouten aufgeführt sind, indem sie Streckenverbindungen, Stationen und Entfernungen zwischen antiken Hauptorten angibt. Die Strecke von Trier (*Treveris*) nach Köln (*Agrippina*) ist aufgelistet mit den Stationen Bitburg (*Beda vicus*), unbekannter Ort (*Ausava vicus*), Jünkerath (*Egorigio vicus*), Marmagen (*Marcomago vicus*), Billig (*Belgica vicus*), Zülpich (*Tolbiaco vicus*)

Fast wie ein Reiseplaner unserer Tage muten die aus der ersten Hälfte des 4. Jahrhunderts n. Chr. stammenden silbernen Becher von

Unter Wald hat sich der römische Straßendamm der Agrippastraße streckenweise erhalten können, da er hier nie verpflügt worden ist, so in der Eifel bei Weißenseifen (Westeifel).

Nicht jeder durch einen Wald verlaufende Wall ist eine Römerstraße. Um zu entscheiden, ob es sich um eine solche handelt oder vielleicht um einen mittelalterlichen Grenzwall, kann eine archäologische Ausgrabung erforderlich sein. An den Heidenköpfen bei Dahlem war diese Klärung notwendig, da ein langgestreckter Wall einerseits in den Karten als uralte Grenzlinie eingetragen war, andererseits aber auch zum Verlauf der Agrippastraße passte. Das Grabungsprofil brachte einen eindeutigen Straßenbefund: Die aus Kalksteinen gesetzte Straßenstickung war im Laufe der Jahrhunderte verwittert, und darüber hatten die römischen Ingenieure den Straßendamm durch Ausbesserungsarbeiten schichtweise anwachsen lassen. Da die Straßenkrone auf diese Weise immer schmaler wurde, hat man sie irgendwann auf einer Seite verbreitert. Das hatte aber offensichtlich keinen dauerhaften Bestand, weil das angefügte Erdreich nicht den für eine Straße notwendigen Halt bot (links im Bild).

Ein römischer Straßendamm kann auch auf andere Weise »untergehen«. Das ist in einem Streckenabschnitt bei Rosshaupten (Allgäu) geschehen, wo das Wasser des Forggensees die Via Claudia Augusta bei normalem Wasserstand völlig überdeckt. Beim zeitweiligen Ablass des Seewassers tritt der alte Straßendamm dann wieder zutage, er ist während des Forggensee-Aufstauens im Frühjahr für kurze Zeit gerade noch sichtbar. Im Hintergrund rechts die Tannheimer Berge.

Vicarello an (siehe Abb. auf S. 143). In Form handlicher Meilensäulen sind auf ihnen 106 Ortsnamen mit Entfernungsangaben zu dem jeweils nächsten Etappenziel zwischen Gades in Spanien und Rom angegeben. Vier Exemplare wurden im Apollonheiligtum in *Aquae Apollinares* / Vicarello gefunden.[118] Vermutlich waren es Weihegaben, die von spanischen Pilgern auf ihrer Pilgerreise nach Rom hier abgelegt worden waren.

Auf andere Weise zeigen Meilensteine die Entfernung vom Standort zum Ziel der Reise (oder zum Anfangspunkt derselben, je nachdem, in welcher Richtung man sich auf der Straße bewegt). Dem antiken Reisenden tat ein solcher Meilenstein gute Dienste bei der Orientierung und Einteilung der Tagesetappen. Für den Forscher in unseren Tagen kann er eine Hilfe bei der Zuordnung der Straße sein, wenn der Stein sich *in situ* befindet.

Große Bedeutung für die überregionale Straßenforschung mag einer Meilensäule oder einem sogenannter »Stadiasmus« zukommen. Die Reihe von Meilen-, Leugen- oder Stadienweisern wird angeführt von einer vergoldeten Säule, dem *Milliarium aureum* in Rom, auf der Meilenentfernungen zu den Hauptstädten des Imperiums angegeben waren.

Der Wegweiser von *Aduatuca* / Tongern (siehe Abb. auf S. 139), eine oktogonale Steinsäule, die vermutlich um 200 n. Chr. angefertigt worden ist, gibt unter anderem die Ortsnamen von zehn Rheinorten zwischen Bonn und Worms und die jeweiligen Entfernungen zwischen ihnen an – allerdings nicht in Meilen, sondern in dem in den gallischen und germanischen Provinzen ab dem 2. Jahrhundert n. Chr. üblichen Leugenmaß.[119]

Der Stadiasmus von Patara (*Stadiasmus Patarensis*) in der römischen Provinz Lykien (Türkei) (siehe Abb. auf S. 142) ist ein weiteres herausragendes Beispiel für einen Wegweiser in der Antike.[120] Da auf ihm die Entfernungen nicht in römischen Meilen angegeben sind, sondern in griechischen Stadien, kommt es zu der Bezeichnung »*Stadiasmus*«.[121]

Die *Tabula Peutingeriana*, Itinerare, Wegweiser und Meilensteine geben einen großen Überblick über das antike Straßennetz. Bei der weitergehenden Recherche werden dann zudem Luftbilder und archäologische Forschungen zum Einsatz kommen.

Seit einigen Jahren gibt es ein neues Hilfsmittel der archäologischen Prospektion: das Digitale Geländemodell (DGM). Aus flugzeuggestützten Laserscanning-Messungen wird ein digitales Geländemodell erstellt, wobei die Dichte der aufgenommenen Geländepunkte mit der Zeit immer mehr zugenommen hat. Alle Punkte sind nach Lage und Höhe exakt bestimmt und liegen in einer Punktwolke als regelmäßiges Gitter oder unregelmäßig verteilt vor. Aus dieser Punktwolke werden Schummerungsbilder gerechnet, wonach das Gelände in einem Grauwertbild dargestellt wird. Eine virtuelle Lichtquelle beleuchtet das Geländemodell von Nordwesten. Mit diesen Schummerungsbildern lässt sich die Erdoberfläche sehr detailreich abbilden, wobei sogar kleinste Unebenheiten sichtbar werden. Deshalb kann eine Römerstraßentrasse, die wegen fehlender Bewuchsmerkmale – wie Minderwuchs im Getreide – im Luftbild nicht sichtbar geworden ist, in einem Schummerungsbild klar zu erkennen sein.

Luftbild und digitales Geländemodell liefern also wichtige Indizien für den Verlauf einer Straßentrasse; der direkte Nachweis für die Existenz einer solchen und ihre Identifizierung als Römerstraße ist allerdings auf anderen Wegen zu führen.

In den North York Moors (England) sind die Reste der römischen Süd-Nord-Verbindungsstraße sehr anschaulich erhalten.

Meilensteinfunde können zwar wichtige Belege für das Vorhandensein einer Römerstraße sein, sie bergen aber immer noch ein Restrisiko, denn sie können verschleppt worden sein und dadurch keinen Hinweis mehr auf die Lage der zugehörigen Straße geben. Inschriften sind dann von großer Aussagekraft, wenn sie fest mit dem Bauwerk verbunden sind. Die Inschriften des römischen Felsdurchstichs am Col de Pierre Pertuis bei Tavannes (Schweiz)[122] oder am Furlo-Tunnel im Verlauf der *Via Flaminia* von Rom nach Rimini (Italien)[123] geben Auskunft über die Auftraggeber dieser Bauwerke und belegen somit eindeutig den römischen Ursprung der passierenden Straße. Auch auf Meilensteinen werden oft die Namen von Straßengründern oder -erneuerern genannt; neben deren politischer Wirkung sind aber insbesondere die Entfernungsangaben von großer verkehrstechnischer Bedeutung. Für die Zuordnung einer Römerstraße erweisen sie sich allerdings nur dann als relevant, wenn ihr Fund *in situ* gemacht wurde.

Wenn ein Meilenstein hingegen nicht als Monolith aufgestellt, sondern aus einer Felswand herausgearbeitet wurde, wie an der Römerstraße bei Donnas im Aostatal (Italien), ist seine Inschrift erst recht eindeutig und verwertbar – und die zugehörige Straße einwandfrei bezüglich ihres römischen Ursprungs zu identifizieren.[124]

116 Miller (1916); Weber (1976); Grewe (1982); Rathmann (2003); Rathmann (2016).
117 Rathmann (2003).
118 CIL XI 3281–3284; heute im Museo Preistorico Etnografico L. Pigorini in Rom. Kolb (2007) 168–180.
119 CIL XII, 9158.
120 Adak / Şahin (2004); Şahin / Adak (2007).
121 1 Stadion = ca. 150 m bis 185 m (Aus der *Naturalis historiae* von Plinius d. Ä. lässt sich der Wert 157,5 m ableiten, aus der Erdmessung des Eratosthenes 167 m).
122 Grewe (1998a) 14–15; Grewe (2005) 15.
123 Grewe (1998a) 129; Grewe (2005) 18–19.
124 Grewe (2005) 11–12.

Auf der Passhöhe des Julier deuten zwei antike Säulen auf den Verlauf der Römerstraße.

Die Windungen von Straßenserpentinen waren für Fuhrwerke mit Zugtieren anders anzulegen als für PS-starke Motorfahrzeuge. Die rezente Straße über den Julierpass in der Schweiz wird heute noch begleitet von der im Grünland untergegangenen Vorgängerstraße. Diese zieht sich in engen Windungen zur Passhöhe hoch, ist aber noch deutlich in der Landschaft ausgeprägt.

29. »Kann man eine im Erdreich verborgene Römerstraße sichtbar machen?«

Wenn eine rezente Straße mit der Trasse einer Römerstraße identisch ist, ergibt sich eine Visualisierung wie von selbst. In Köln kann man als anschauliche Beispiele dafür die großen Ausfallstraßen wie die Aachener Straße und die Luxemburger Straße nennen. Dort allerdings, wo die Römerstraße – beispielsweise unter Wald – völlig außer Nutzung ist, bleibt zur Identifizierung meist nur noch die archäologische Untersuchung an einer relevanten Stelle. Der archäologische Befund wird den genauen Zustand der römischen Straße vermitteln. Länge, Breite, Höhe und das verwendete Material sind wichtige Merkmale, die zum Vergleich mit anderen Fundstellen herangezogen werden können. Die Art des Ausbaus einer Straße kann darüber hinaus einen wichtigen Hinweis auf deren einstige Bedeutung geben.

Mit der abgeschlossenen archäologischen Untersuchung wird der Befund aber meistens überbaut oder wieder überdeckt, sodass man von der Römerstraße in der Landschaft nicht mehr viel erkennen kann. Manchmal gelingt es aber auch, die Fundstelle unter Denkmalschutz zu stellen und sogar sichtbar zu lassen, wie es im Olbrückwald bei Blankenheim im Verlauf des Tiergartentunnel-Wanderweges gemacht worden ist.[125]

Hier konnte nach der Ausgrabung mit Hilfe der Nordrhein-Westfalen-Stiftung Naturschutz, Heimat- und Kulturpflege ein an das Waldstück anschließender Acker erworben werden, um darin die Straße und ihren Verlauf wieder auferstehen zu lassen. Zwei Reihen von angepflanzten Bäumen zeigen den Trassenverlauf in seiner gesamten Breite von 26 m. Diese gliederte sich bei dieser »A1« der Römerzeit ehemals in einen festen Fahrbahnbereich von 6 m Breite, der rechts und links von jeweils 10 m breiten Sommerwegen begleitet wurde. Die in heutiger Zeit angelegte Allee von Bäumen entspricht natürlich nicht dem antiken Charakter einer Römerstraße, soll aber helfen, Dimension und Verlauf deutlich zu machen.

125 Grewe (2005).

Am Beispiel von Minturnae *wird deutlich, dass diese Straße lange in Nutzung war.*

Eine Römerstraße kann als solche erkannt werden, wenn das Straßenpflaster noch erhalten ist, so wie hier nach der archäologischen Ausgrabung einer römischen Stadt in Minturnae (Italien).

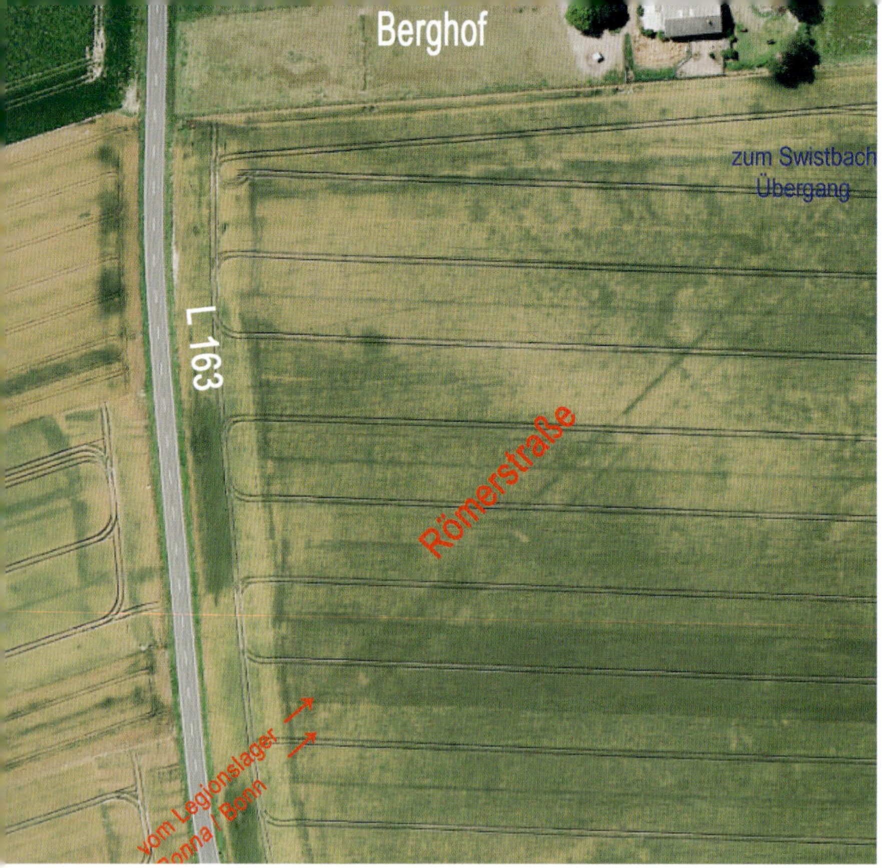

Der Luftbildbefund von einem Acker bei Swisttal-Miel (NRW) zeigt den Straßenverlauf einer vom Legionslager Bonn ausgehenden Straße in Richtung Eifel nach Belgica / Billig, um von dort an die Agrippastraße Richtung Trier anzuschließen. Im Acker zeichnen sich die Spuren der Straßengräben als dunkle Verfärbungen ab. Für jedermann sichtbar wird die Straße ein paar hundert Meter weiter beim Swistbach-Übergang.

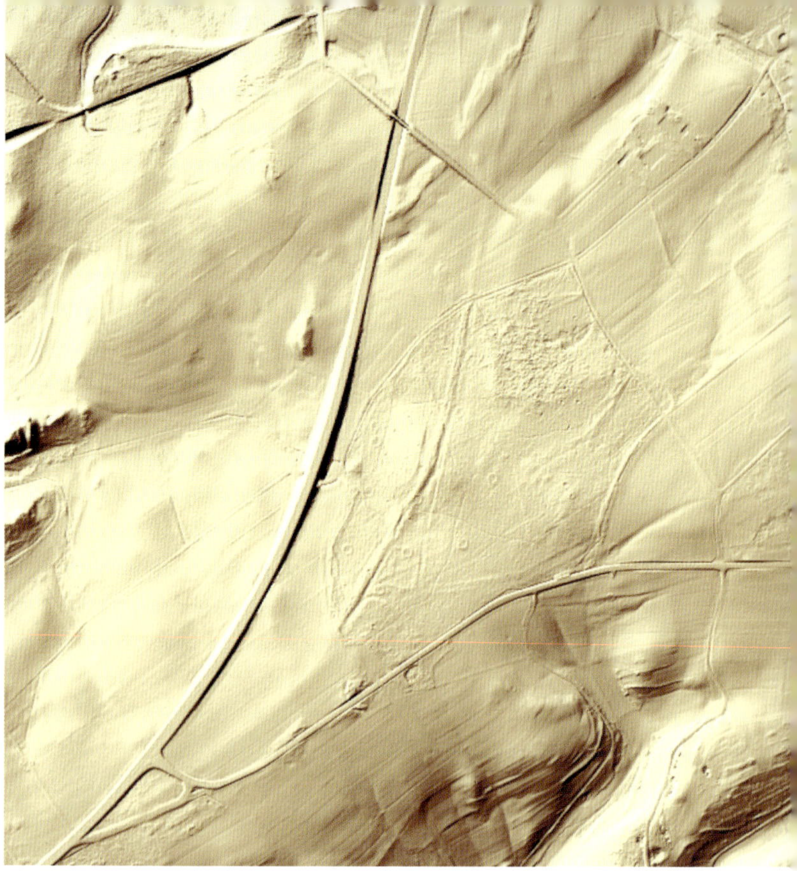

Der Befund einer archäologischen Ausgrabung der Agrippastraße im Olbrückwald bei Blankenheim (NRW) zeigt den befestigten Straßendamm mit den begleitenden Sommerwegen. Am Seitenrand des rechten Sommerweges ist im Grabungsprofil der Straßengraben erkennbar. Nach Abschluss der archäologischen Untersuchung wurde der Befund wieder verschlossen.

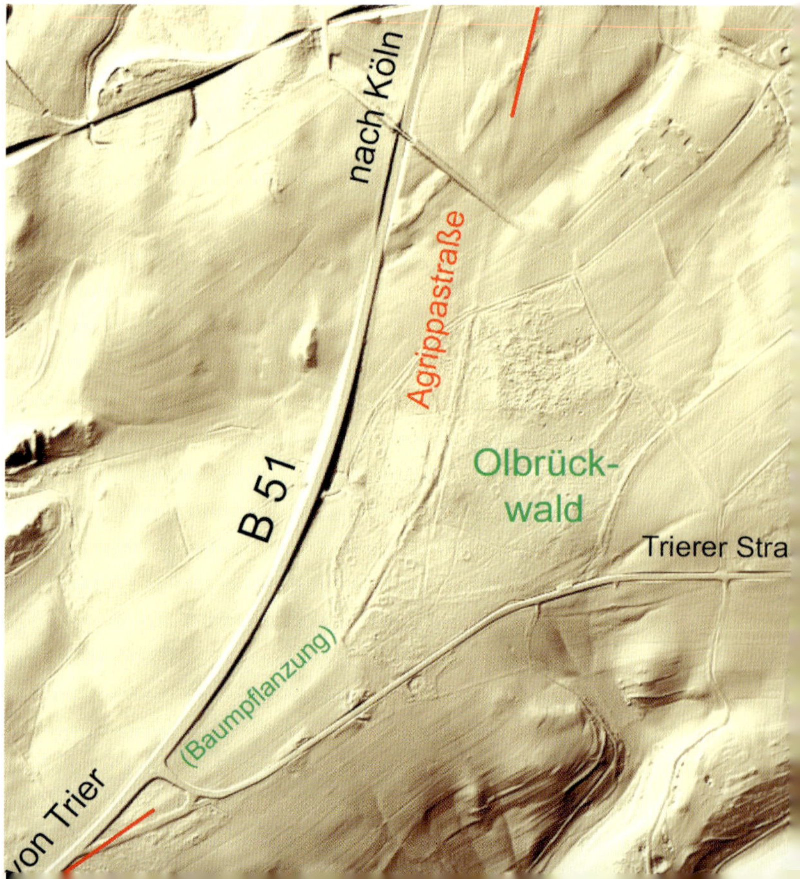

Im Laserscan des Geländes um den Blankenheimer Olbrückwald ist der Straßenkörper der Agrippastraße gut ausgeprägt erkennbar. Man sieht im digitalen Luftbild (Airborne Laser Scanning) sogar Teilstrecken, die von der Erde aus nicht auszumachen sind (Baumpflanzung).

Der Swistbach-Übergang bei Swisttal-Miel (NRW): Es ist anzunehmen, dass an dieser Stelle schon vor 6.000 Jahren eine Möglichkeit zur Bachüberquerung vorhanden war, denn in unmittelbarer Nähe befand sich ein Siedlungsplatz der Michelsberger Kultur (4300–3500 v. Chr.). Die hier vermutlich genutzte Furt diente auch in der Römerzeit zur Bachüberquerung, was durch den Luftbildbefund und den archäologischen Nachweis einer Villa rustica belegt ist. Im 13. Jahrhundert tritt hier auch das Mittelalter mit einem Gehöft in Erscheinung. Ein Brückenbau ist erstmals 1552 nachgewiesen. Die Brücke an dieser Stelle war dann bis in die Neuzeit in Gebrauch. Der preußische Meilenstein belegt einen weiteren Zeitabschnitt in der Nutzung dieser Trasse. 1934 wurde die Brücke aufgegeben und mit der Verlegung der Straße nur wenige Meter bachaufwärts durch einen Neubau ersetzt.

Den Untergang der Römerstraße konnte man am anderen Ende des Olbrückwaldes bei Blankenheim bis vor Kurzem in der freien Feldflur noch sehen: Der Straßendamm der Agrippastraße war durch Verpflügen völlig eingeebnet worden. Dennoch war der alte Straßenverlauf gut auszumachen, denn beim Pflügen wurden jedes Mal aufs neue Steine der römischen Straßenstickung an die Oberfläche befördert und waren dort besonders nach Regenfällen gut zu erkennen. Heute wird dieser Acker nicht mehr unter den Pflug genommen: Die NRW-Stiftung Naturschutz, Heimat- und Kulturpflege hat das Terrain erworben und in Zusammenarbeit mit dem LVR-Amt für Bodendenkmalpflege im Rheinland den Straßenverlauf durch eine Bepflanzung sichtbar gemacht.

Die Drohnenaufnahme der Straßensituation beim Blankenheimer Olbrückwald gibt einen Überblick über deren geschichtliche Entwicklung. Links die derzeit meistgenutzte B 51 von Trier nach Köln, rechts die Vorgängerstraße, die vermutlich mittelalterliche Wurzeln hat. In der Bildmitte wurde der Verlauf der römischen Agrippastraße visualisiert. Zu diesem Zweck hat man zwei Reihen Bäume im Abstand von 26 m angepflanzt und die enorme Breite der Römerstraße auf diese Weise verdeutlicht. Durch Zufall war zur Zeit der Aufnahme beiderseits der Agrippastraße das Gras gemäht worden, was den Eindruck von der gewaltigen Dimension dieses Verkehrsweges noch einmal verstärkt hat.

30. »Was denn nun: ›Agrippastraße‹ oder ›Via Agrippa‹?«

Obwohl in Wikipedia unter dem Stichwort *»Via Agrippa«* erklärt wird, dass es doch besser »Agrippastraße« heißen müsse, wird die Seite unter dem erstgenannten Titel geführt.[126] Diese lateinische Straßenbezeichnung ist in der Tat sehr merkwürdig, denn die Straße hat gar keinen antiken Namen – oder wir kennen ihn einfach nicht! Wenn man in der Antike einer Straße einen Namen gegeben hat, dann wurde sie nach ihrem Erbauer oder ihrem Ziel benannt. Wie zum Beispiel im Falle der *Via Appia*, die von Rom nach Brindisi führte und deren Bau 312 v. Chr. unter dem Konsul Appius Claudius Caecus begonnen wurde. Die rezente Staatsstraße 7 (SS 7) hat einen fast identischen Verlauf wie die antike Vorgängerin und wird deshalb noch heute auf weiten Strecken auch *»Via Appia«* genannt. Appius war also der Auftraggeber für diese Straße und deren Bau für das 4. Jahrhundert v. Chr. eine derart großartige Leistung, dass man sie schon in der Antike nach ihm benannt hat, eben *»Via Appia«*.

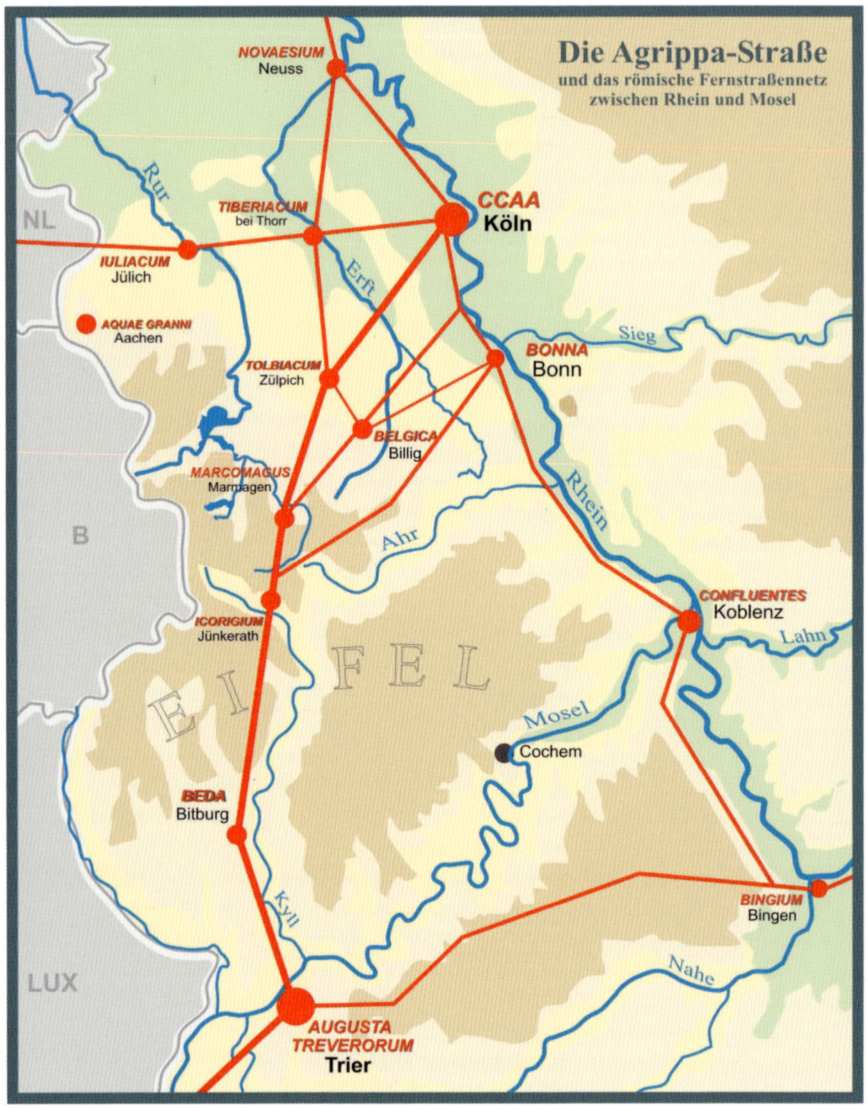

Soll man aber, wenn man heute eine antike Straße benennt, einen antikisierenden Namen verwenden oder besser von vornherein kenntlich machen, dass man den Namen selbst bestimmt hat? Deshalb die Frage: *»Via Agrippa«* oder »Agrippastraße«?[127]

Den Bau der Agrippastraße gab Marcus Vipsanius Agrippa in Auftrag und zwar in der Zeit seiner zweiten gallischen Statthalterschaft in den Jahren 20 bis 18 v. Chr. in Lugdunum / Lyon. *Der antike Geograf Strabo nennt unter den vier von Agrippa angeordneten Straßenbauten eine Fernstraße von Lyon »an den Rhein«, die wir heute nach ihrem Auftraggeber »Agrippastraße« nennen. Der Bau der ersten Moselbrücke in Trier ist dendrochronologisch 18/17 v. Chr. belegt und bestätigt diese Angabe. Da die Straße in jener Zeit in erster Linie aus militärischen Gründen gebaut worden war, ist es durchaus spannend, dass Strabo als Zielort von Lyon ausgehend nicht Köln nannte, sondern die vage Angabe machte: »an den Rhein«. Und betrachtet man den Straßenverlauf ab* Tolbiacum / *Zülpich genauer, so könnte auch* Novaesium / *Neuss der erste Zielort gewesen sein, was aus militärischer Sicht durchaus plausibel gewesen wäre, denn hier wurde zeitgleich in strategisch günstiger Lage die Militärbasis* Castrum Novaesium *aufgebaut.* Novaesium / *Neuss war neben* Vetera / *Xanten und* Mogontiacum / *Mainz die wichtigste Aufmarschbasis der Römer, um die Okkupation der* Germania magna *anzugehen.*

Bei den Römerstraßen im Rheinland wird die Verwirrung perfekt angesichts der Benennung der von Köln aus nach Bavay und weiter nach Boulogne-sur-Mer führenden Verkehrsverbindung, die von manchen »*Via Belgica*« genannt wird. Ein frei erfundener Name also, und da diese Straße gar keinen antiken Namen hat, ist die Bezeichnung »*Via Belgica*« natürlich verwirrend. Hier wird auch nicht etwa ihr Erbauer genannt, sondern die Provinz, welche von ihr durchquert wurde. Das war aber in der Antike völlig unüblich, da die Straße nicht etwa **nach** *Belgica* führte, sondern **durch** *Belgica*. Einen Zielort im Namen zu verwenden, wäre möglich gewesen, macht aber auch nur Sinn, wenn es dabei von Rom ausgeht! Im Falle der »*Via Belgica*« hätte man sich entscheiden müssen, ob man die *Colonia Claudia Ara Agrippinensium* / Köln in der einen Richtung oder *Gesoriacum* / Boulogne-sur-Mer in der anderen Richtung als Ziel in den Namen einbezogen hätte.

Um diese Konfusion in Bezug auf die Straße von Köln nach Trier auszuschließen, hatten wir uns eigentlich darauf festgelegt, diese Straße zwar nach Agrippa, dem Auftraggeber ihrer Erbauung, zu benennen, ihr aber keinen antikisierenden Namen zu geben. Der Abschnitt von Köln nach Trier – oder wenn man so will: von Trier nach Köln – ist nämlich Teil einer antiken Fernverbindung von *Lugdunum* / Lyon aus in die Rheinebene, einer Verbindung im aus vier Fernstraßen bestehenden Straßenbauprogramm, das Agrippa während seiner zweiten gallischen Statthalterschaft in den Jahren 20 bis 18 v. Chr. zugeschrieben wird. Dass sich die im Verlauf dieser Straße notwendige Moselbrücke in Trier in die Zeit 18/17 v. Chr. datieren lässt, bestätigt die diesbezüglichen Angaben des antiken Geografen Strabo.[128]

Also, was denn nun: »Agrippastraße« oder »*Via Agrippa*«? Na, ist doch klar: »Agrippastraße«!

126 https://de.wikipedia.org/wiki/Via Agrippa (Aufgerufen am 17.10.2020).
127 Grewe (2008b).
128 Strabo 4; zit. n. Kärcher (1829) 391.

Die Agrippastraße verlässt am Irnicher Berg vor Zülpich (NRW) die Eifelhöhen, um mit ziemlich geradlinigem Verlauf in die Kölner Bucht überzugehen. In Tolbiacum / Zülpich verzweigt sich die Straße, um mit einem Zweig Novaesium / Neuss *und in nordöstlicher Richtung die* CCAA / Köln *zu erreichen. Im talwärts führenden Hang vollzieht die Straße einen leichten Bogen, der in der Landschaft heute noch gut zu erkennen ist. Die Trassenführung folgt auf diese Weise dem Kamm des Abhangs, wodurch bei Regenfällen das Wasser nach beiden Seiten abfließen konnte. Im Bildvordergrund liegt die Straße heute als baumbestandener Hohlweg neben dem rezenten Feldweg. In der Bildmitte gehen beide Wege ineinander auf und führen auf einer Trasse in die Kölner Bucht.*

Der Hohlweg am Irnicher Berg ist als Rest der Agrippastraße ein archäologisches Denkmal und wird als solches gepflegt und von Bewuchs freigehalten.

31. Nachgefragt: »Gab es denn auch mal einen ganz außergewöhnlichen Reisenden auf der Agrippastraße?«

Aufgrund ihres Ausbaus und ihrer Ausstattung war die Agrippastraße ganz sicher geeignet, jede Art von Verkehr zuzulassen, da sie über weite Strecken über einen 6 m breiten befestigten Straßenkörper und zwei begleitende Sommerwege von jeweils 10 m Breite verfügte. Sie gehörte zum Netz einer Straßenspinne, deren Ausbau auf Marcus Vipsanius Agrippa als Statthalter Galliens zurückgeht. Strabo erwähnt ein aus vier Straßen bestehendes Straßenbauprogramm Agrippas, in dessen Rahmen von *Lugdunum* / Lyon ausgehend jeweils eine Straße nach Aquitanien, eine »an den Rhein; eine dritte gegen den Ocean, durch das Land der Belloaker und Ambianer; die vierte nach Narbonitis und der Massilischen Küste« führen sollte.[129] Der Straßenausbau der Agrippastraße erfolgte nach Datierung der ersten Trierer Moselbrücke um 18/17 v. Chr. und passte damit gut zur Amtszeit Agrippas, der 20/19 v. Chr. zum zweiten Mal Statthalter in Lyon war. Zusammen mit der Verlängerung der Agrippastraße über Lyon hinaus nach *Arelate* / Arles gab es einen Anschluss an die *Via Julia Augusta* und damit eine Fortsetzung an der Mittelmeerküste entlang bis nach Rom.

Man darf aber Folgendes nicht außer Acht lassen: Auch wenn die römische Herrschaft am Rhein Mitte des 5. Jahrhunderts n. Chr. ihr Ende fand – das römische Straßennetz blieb als Grundausstattung der Verkehrswege für spätere Zeiten erhalten. Selbst in karolingischer Zeit waren diese Straßen noch in Betrieb, denn als Neugründung kann nur die Aachen-Frankfurter-Heerstraße, die für lange Zeit auch als Krönungsstraße der deutschen Könige Bedeutung finden sollte, genannt werden. Im Übrigen blieb das römische Straßennetz in Nutzung und wurde sogar instand gehalten. Das galt in dieser Zeit auch für die Alpenübergänge, denn das Frankenreich schloss ja auch Norditalien mit ein.

Wenngleich – zumindest abschnittsweise – hohe und höchste Persönlichkeiten auf der Agrippastraße gereist sein dürften, so ist doch namentlich keiner von ihnen bekannt – zumindest keine Person. Wir wollen uns an dieser Stelle auch gar nicht erst bemühen, irgendwelche Geschichten um Reiseabenteuer auf der Agrippastraße zu konstruieren. Es gibt nämlich einen Reisenden, der eine Sonderstellung einnimmt, da er alle anderen an Kuriosität und Besonderheit weit übertraf: Abul Abaz.[130]

Die Geschichte seiner Reise begann im Jahre 797 n. Chr., als Karl der Große seine Gesandten Lantfried und Sigismund in diplomatischem Auftrag nach Bagdad schickte. Der Jude Isaak, dem als Fernhändler Sprachen und Gebräuche der zu durchreisenden Länder bekannt waren, begleitete sie als Führer und Dolmetscher. Nach mehr als sechseinhalbtausend Kilometern Reise erreichte man das Ziel und traf beim Kalifen Harun al-Rashid in Bagdad ein. Dort war man den Rest des Jahres zu Gast und tauschte Botschaften und natürlich Geschenke aus. Zu den Präsenten, die König Karl sich erbeten haben soll, gehörte ein Elefant. Man mag den hohen Stellenwert dieser Mission ermessen, wenn man erfährt, dass Harun al-Rashid dieser Bitte nachkam und der Gesandtschaft den (weißen?) Elefanten Abul Abaz – benannt nach dem Großvater des Kalifen, dem Begründer der Abbasiden-Dynastie – überließ.[131]

Als alle diplomatischen Geschäfte erledigt waren, machte die Delegation sich wieder auf den Rückweg. Es wurde allerdings im Wesentlichen die Reise von Isaak und dem Elefanten, denn Lantfried und Sigismund verstarben im Heiligen Land alsbald nach dem Aufbruch.

In unserem Zusammenhang ist nun die Reiseroute von Isaak und Abul Abaz von Interesse, denn auf welchen Straßen konnten sie reisen? Schauen wir uns das Straßennetz dieser Zeit an, so erkennen wir eigentlich nur die römischen Straßen, die uns schon aus der *Tabula Peutingeriana* (jener antiken Straßenkarte) und dem *Itinerarium Antonini* (einem antiken Straßenverzeichnis) bekannt sind. Und für die Rekonstruktion der Reiseroute müssen wir uns daran orientieren.

Damals gab es drei Hauptrouten, auf denen Isaak theoretisch hätte reisen können: die Ostroute über Konstantinopel, die Westroute über Gibraltar oder die Fahrt über das Mittelmeer. Da die beiden ersteren jedoch wegen der politischen Verhältnisse ungeeignet waren, blieb für Isaak und seinen dickhäutigen Begleiter nur die Seereise. Doch war kein

Schiffer bereit, einen – möglicherweise unruhigen – Elefanten zu transportieren, und so musste Isaak König Karl die Nachricht zukommen lassen, dass man in Nordafrika (vermutlich in Karthago oder Tunis) bereit stünde, über das Mittelmeer zu setzen, aber kein Schiff zur Verfügung habe. König Karl, der sich zu der Zeit in Italien aufhielt, ließ ein Spezialschiff bauen, und so konnte Isaak mit dem Elefanten nach Italien über-

Die Reise des Elefanten Abul Abaz von Bagdad nach Aachen war auf dem Landwege nicht denkbar, da die Ostroute über Konstantinopel und damit durch das Byzantinische Reich geführt hätte. Auch die Westroute über Gibraltar war versperrt, da sie durch das Emirat von Córdoba geführt hätte, und das war der Machtbereich der Omajjaden. Beide Routen hätten aus politischen Gründen gefährlich werden können. Es blieb also nur die Strecke über das Mittelmeer von Tunis (Karthago) nach Portovenere in Italien. Der weitere Weg führte vermutlich über den Großen St. Bernhard und zum Abschluss auf der Agrippastraße in das Rheinland. Für das letzte Stück des Weges von Zülpich nach Aachen konnte dann die Aachen-Frankfurter-Heerstraße genutzt werden.

setzen, wo sie im Oktober 801 in Portovenere an Land gingen. Nun galt es, auf dem Landweg eine günstige Route für die Weiterreise zu finden.

Ein halbes Jahrtausend lang haben römische Militärs, Politiker, Kaufleute und Private den Weg zwischen Italien und dem Rheinland zurückgelegt und vor dieser Entscheidung bei der Streckenwahl gestanden: entweder die Pässe in den Ostalpen zu nehmen, die allerdings Steilstrecken enthielten, die man gerne vermieden hätte, oder aber einen der beiden St. Bernhard-Pässe, wobei die Passage des verkehrsgünstigeren Kleinen St. Bernhard einen Umweg bedeutete. Wollte man die Überquerung der Alpenpässe ganz vermeiden, musste man sich für den sehr großen Umweg über Arles entscheiden.

Aus schriftlicher Überlieferung wissen wir, dass Isaak und Abul Abaz in Vercelli überwinterten; von da an verliert sich aber ihre Spur, bis wir am 13. Juli 802 in Aachen wieder auf die beiden treffen.

Wir müssen die weitere Route also mit Hilfe der Möglichkeiten rekonstruieren: Von Vercelli konnte die Reise weiter nach Norden gehen, aber spätestens in Aosta musste man sich entscheiden, ob man den Großen oder den Kleinen St. Bernhard überschreiten wollte. Da der Große St. Bernhard an der Hauptstrecke nach Norden lag und gut ausgebaut war, könnte die Wahl auf ihn gefallen sein, denn über den Kleinen St. Bernhard hätte sich die Reise wieder verlängert. Vom Großen St. Bernhard aus wird man dann die Route über Besançon und Langres gewählt haben, wo die kleine Truppe auf die Agrippastraße treffen konnte, auf der sie über Metz und Trier ihrem Ziel immer näherkam.

Was muss das jeweils für ein Spektakel gewesen sein, wenn diese skurrile Reisegesellschaft sich einer Stadt wie Trier näherte, um dort auf der alten Römerbrücke über die Mosel zu setzen! Erwachsene und vor allem Kinder werden staunend zugeschaut haben, wie ein »Ungetüm« vom Format eines Abul Abaz über die Römerstraße geführt wurde! (Die älteren unter den Lesern werden sich erinnern: War es nicht ein Ereignis, wenn vor ein paar Jahrzehnten ein Zirkuszug an einem Bahnhof anhielt und seine Tiere auslud, um sie dann in einem wahren Festzug zum Zirkusplatz zu führen? Und dabei nahmen die Elefanten immer eine großartige Sonderrolle ein, da sie ja nicht in geschlossenen Käfigen transportiert, sondern von Tierpflegern durch die Straßen geführt wurden.)

Für Isaak und Abul Abaz ging es von Trier aus auf der Agrippastraße weiter über die Eifelhöhen und dann vermutlich bis Zülpich, wo man Anschluss an die Aachen-Frankfurter-Heerstraße fand. Auf dieser karolingischen Straßenneugründung konnten sie Aachen erreichen, wo sie

Dem Bild vom Einsatz des Abul Abaz auf den Kriegszügen Karls des Großen kommt diese Darstellung eines Kriegselefanten aus dem 13. Jahrhundert vielleicht nahe.

129 Strabo 4; zit. n. (Kärcher 1829) 391.
130 Grewe / Pohle (2003a), Grewe / Pohle (2003b).
131 Einhard, Das Leben Karls des Großen – Vita Karoli Magni, 16.

am 13. Juli 802 eintrafen. Um Abul Abaz' weiteres Leben ranken sich viele Geschichten. Diese enden 810 – in dem Jahr soll er bei einer Überfahrt über den Rhein ertrunken sein.

Eines lässt sich aber durch nichts widerlegen: Ein Stück seiner weiten Reise von Bagdad nach Aachen hat Abul Abaz ganz sicher auf der Agrippastraße zurückgelegt – wenn das mal kein »ganz außergewöhnlicher Reisender« war!

Von dem berühmten Reisenden Abul Abaz, der von Harun al-Rashid als Staatsgeschenk an Karl den Großen auf die Reise nach Aachen geschickt wurde, gibt es natürlich keine Bilder. Ob der Elefant ein weißer war, ist auch ziemlich unklar, denn es ist in den ersten Quellen nirgends erwähnt. Aber einfach nur ein graues Exemplar für Karl den Großen? Das erschien der Nachwelt dann doch ein bisschen wenig zu sein. Um eine kleine Vorstellung von der Besonderheit eines weißen Elefanten in dieser Zeit zu bekommen, muss man sich ins Museo del Prado in Madrid begeben: Dort ist ein Fresko aus der ersten Hälfte des 12. Jahrhunderts zu sehen, das ehemals in San Baudelio de Berlanga angebracht gewesen war.

32. »Gab es eine Bauloseinteilung auch beim römischen Straßenbau?«

So wie bei Aquädukten von vornherein angenommen werden konnte, dass man eine fast 100 km lange Wasserleitung nicht in einem Stück gebaut hat, so kann man eigentlich auch für den Straßenbau vermuten, dass hier abschnittsweise, also in Baulosen, gearbeitet wurde. Im Falle der Aquädukte ist man allerdings erst sehr spät zu den entsprechenden Befunden gelangt, weil die Entdeckung von Baulosgrenzen ja mehr oder weniger dem Zufall überlassen ist.[132] Das ist im Falle der Straßen nicht anders, da ein entsprechender Befund auch hier nicht offen zutage liegt.[133] Jedenfalls wurde bisher in keinem Straßenbelag eine Veränderung in der Bauausführung erkannt, die auf eine Baulosgrenze hindeuten könnte.

Es war deshalb ein glücklicher Zufall, dass bei einer Ausgrabung an der Agrippastraße bei Meilbrück (Rheinland-Pfalz) im Jahre 2008 ein Befund freigelegt wurde, der doch sehr überraschte. Dicht bei einer rezenten Straßenbaumaßnahme an der B 51 konnte die Agrippastraße archäologisch untersucht werden. Im Befund zeigten sich zwei Perioden der Straße, die beide interessante Einblicke in die Technik römischen Fernstraßenbaus geben konnten. Für die Arbeiten an der oberen Straße, logischerweise der jüngeren, nutzte man die Stickung der älteren als Unterbau, hatte aber vor dem Aufbringen des neuen Straßenkörpers noch Randsteine als seitliche Befestigung angelegt. Münzfunde lassen vermuten, dass diese Erneuerung der Agrippastraße in der zweiten Hälfte des 2. Jahrhunderts n. Chr. erfolgt sein könnte.[134]

Zur Beantwortung der oben gestellten Frage sind aber die Befunde der ersten Ausbauphase von Interesse. Von dieser, also der schon unter Agrippa um 18/17 v. Chr. angelegten Fernstraße, ist die Stickung erhalten und konnte bei der Ausgrabung freigelegt werden. Nachdem man diese sehr gründlich von Erdreich befreit hatte, befand sie sich in einem so sauberen und intakten Zustand, als habe man sie soeben frisch verlegt. Die

Dicht vor den Toren des ehemaligen Klosters Helenenberg (Welschbillig, Landkreis Trier-Saarburg) verlief die B 55, die heute das Ensemble weitläufig umgeht. Hier fand seit fast 2.000 Jahren ein reges Verkehrsgeschehen statt, denn ursprünglich war dies der Verlauf der Agrippastraße gewesen. Bei Meilbrück, unweit nördlich von Helenenberg, wo die B 55 die Römerstraße nicht überdeckt, waren archäologische Ausgrabungen möglich.

Steine der Stickung sind nicht etwa durch Schüttung in der Baustelle verteilt worden, man konnte vielmehr sehen, dass die Bruchsteine sorgfältig schräg aneinandergestellt und verzwickelt worden waren, um einen festen Unterbau der Straße zu gewährleisten. Die Reihung der Stickungssteine war allerdings nicht in Verlaufsrichtung der Straße erfolgt, sondern quer zur Fahrbahn, und das war für unsere Betrachtung wichtig, denn es ermöglichte, eine Aussage zur Bauabfolge zu treffen.

An der Schrägstellung der Steine ist nämlich abzulesen, in welcher Richtung man die Stickung verlegt hat. Ähnlich wie beim Dachdecken, wo die unteren Reihen der Dachziegel von den nachfolgenden jeweils überlappt werden, ist bei einer solchen Straßenstickung in gleicher Weise zu erkennen, welche Steinreihen zuerst verlegt worden sind. Da die Steinreihen schräg aneinandergereiht gesetzt wurden, kann man davon ausgehen, dass die Unterlieger zuerst angebracht worden sind, denn es wäre sehr unpraktisch gewesen, jeweils eine Steinreihe anzuheben, um die nachfolgende darunter zu schieben.

132 Grewe (1986) 103–105; Grewe (2014) 58.
133 Grewe (2005).
134 Faust (2008).

In Meilbrück ergab sich im archäologischen Befund, dass man an einer die Straßentrasse querenden Linie mit den Arbeiten an der Stickung begonnen hatte. Allerdings in beiden Richtungen! Es ist also offenkundig, dass an dieser Stelle zwei Bautrupps mit ihren Arbeiten begonnen haben. Dieser Befund lässt nur die eine Schlussfolgerung zu: Wir haben es hier mit einer Baulosgrenze zu tun! Und nur durch eine solchermaßen organisierte Baumaßnahme ist es möglich, die Bauzeiten zu verkürzen. Es wäre nun interessant zu klären, in welchen Abständen Baulosgrenzen angelegt worden waren, um über diese Hinweise die Bauleistung nachvollziehen zu können. Warten wir also auf den nächsten Zufallsfund!

Die Agrippastraße bei Meilbrück in der Eifel wurde 2008 freigelegt und zeigte dabei in ihrem Aufbau zwei Perioden. Die Stickung (Packlage) der älteren Straße wurde wieder benutzt, als man die Straße in der zweiten Hälfte des 2. Jahrhunderts n. Chr. erneuerte. Dabei stellte man aber rechts und links Randsteine senkrecht auf, um ein seitliches Abdriften des neuen Straßenkörpers zu verhindern.

Ein Blick quer über die Packlage der Agrippastraße bei Meilbrück zeigt, dass die Steine der Stickung schräg aneinandergestellt und verzwickelt worden sind. Damit erreichte man, dass sie beim späteren Fahrbetrieb nicht mehr wackeln konnten, sie bildeten vielmehr einen fest verlegten Unterbau für die Straße. Bei genauem Hinsehen gibt sich hier allerdings ein sensationeller Befund preis. Zum ersten Mal überhaupt wird ein Einblick nicht nur in die römische Unterpflasterung einer Straße gegeben, sondern darüber hinaus auch in die Organisation des römischen Fernstraßenbaus: Quer über die Straßenbreite lässt sich eine Trennlinie in der Verlegung der Steine erkennen! Die Stickungssteine sind zu beiden Seiten davon schräg aneinandergestellt worden – allerdings zeigt ihre Schräglage rechts und links der Trennlinie jeweils in eine andere Richtung. Damit ist klar, dass wir hier eine regelrechte Baulosgrenze vor uns haben, denn von diesem Punkt aus hat ein Bautrupp Richtung Köln gearbeitet und der andere entgegengesetzt Richtung Trier!

33. »Und was ist ein Sommerweg?«

Die antiken Straßen waren über Land nicht gepflastert, aber dennoch in einer Weise befestigt, dass sie den Verkehrsanforderungen für lange Zeit genügen konnten. Wenngleich auf diesen Straßen nur selten ein Großsteinpflaster anzutreffen ist, war ein Ausbau, bestehend aus einer sorgfältig gesetzten Steinstickung (Packlage), einem Unterbau und einer Trag- oder Verschleißschicht, durchaus die Regel. Diese Straßen waren ca. 6 m breit und konnten dem Verkehr in beiden Richtungen dienen. Im archäologischen Befund zeigt sich aber, dass sie oftmals über lange Strecken beiderseits von 10 m breiten Wegen begleitet wurden – erst daneben befanden sich die Straßengräben. Damit stand dem Verkehr also ein ca. 26 m breiter Verkehrsweg zur Verfügung. Derartige Befunde zeigen sich beispielsweise im Verlauf der Ausfallstraßen von Köln in alle Himmelsrichtungen westlich des Rheins, aber auch auf den Höhen der Eifel im Verlauf der Agrippastraße.[135] In den Steigungsstrecken und den Serpentinen in steileren Berghängen war ein solcher Straßenausbau natürlich nicht möglich, da wurde der Verkehr, wenn nötig, sogar über zwei getrennt angelegte jeweils einspurige Strecken geführt.

Die autobahnähnlichen Trassen über die Hochflächen boten einem breiten Verkehrsaufkommen Platz. Die beiden unbefestigten Streifen neben der ausgebauten Straße konnten besonders in trockenen Jahreszeiten von nicht beschlagenen Zugtieren und von Reitern benutzt werden.

Ähnliche Straßen sind auch in unseren Tagen noch gebaut worden. Besonders beim Chausseebau des 18. Jahrhunderts hat man beim Ausbau »Steinbahnen« und »Sommerwege« unterschieden. Letztere, also die unbefestigten Straßenhälften, wurden so bezeichnet, da man sie hauptsächlich in der warmen Jahreszeit, im Winter dagegen kaum nutzen konnte. Besonders auf Nebenstrecken in ländlichen Gebieten sind solche Straßen auch heute noch anzutreffen, weil sich durch diese Bauart mit der Pflastereinsparung natürlich auch die Baukosten verringern ließen.

135 Grewe (2005); Grewe (2008b).

Das Luftbild der Ackerflächen südwestlich des Urfttales bei Nettersheim zeigt in einmaliger Weise einen Befund, der vom Boden aus überhaupt nicht auszumachen ist. Man sieht in der Bodenverfärbung als helle Spur den befestigten Straßenkörper in seinem schnurgeraden Verlauf zwischen Görresburg (unten außerhalb des Bildes) und dem tief eingeschnittenen Urfttal (oben). Begleitet wird die helle Farbspur im Luftbildbefund auf beiden Seiten von 10 m breiten dunklen Verfärbungen, wodurch sich die ehemaligen »Sommerwege« der Agrippastraße nachweisen ließen.

Eine kleine archäologische Sondage bestätigte den Luftbildbefund: Der befestigte Straßenkörper hebt sich konvex gewölbt von der Umgebung ab (im Bild hinten). Von den begleitenden Sommerwegen ist einer freigelegt worden und ließ eine Steinschüttung aus kleinformatigen Bruchsteinen erkennen (vorn).

Als Fremdkörper im ansonsten verwendeten Kalksteinmaterial wurde ein einziger Kieselstein gefunden. Dieser saß fest verbacken in der Steinschüttung und zeigte auf seiner Oberseite Spuren der Abnutzung durch den Verkehr auf der Agrippastraße.

Der gute Erhaltungszustand der sogenannten Via Belgica im Königsdorfer Wald begünstigte auch einen guten Ausgrabungsbefund. Deutlich hebt sich der befestigte Straßenkörper von den begleitenden Sommerwegen ab, die nach außen durch Straßengräben begrenzt sind.

Streckenabschnitte, die ohne begleitende Sommerwege gebaut waren, bestanden dann nur aus dem befestigten Straßendamm und boten entsprechend wenig Verkehrsbreite.

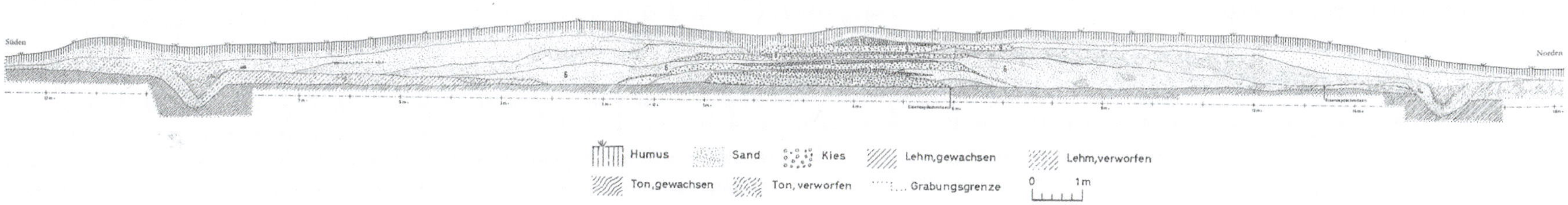

In ihrer ganzen Breite erhalten ist die Römerstraße von Köln Richtung Westen im Königsdorfer Wald, die sogenannte Via Belgica.

Während die Sommerwege der Römerstraßen meist nur im archäologischen Befund nachzuweisen sind, haben sie sich in den preußischen Straßen oftmals erhalten können. Am Beispiel des noch auf 5 km erhaltenen Teilstücks der »Preußenstraße« zwischen den Wittstocker Ortsteilen Sewekow und Dranse (Kreis Ostprignitz-Ruppin) wird deutlich, dass diese Straße heute noch genutzt wird – allerdings bevorzugen die Verkehrsteilnehmer nach Möglichkeit die ungepflasterte Fahrbahn, den Sommerweg.

Auch der ehemalige Frachtweg von Hamburg nach Lübeck (»Alte Landstraße«) ist zwischen Braak und Siek (Kreis Stormarn) mit seinem Sommerweg noch gut erhalten.

34. »Kannte man im römischen Straßenbau schon so etwas wie ›Spaghetti-Knoten‹?«

Führte eine Römerstraße aus der Ebene ins Gebirge, waren bei der Trassenplanung unvermeidbar größere Steigungen zu berücksichtigen. Das erforderte natürlich einen wesentlich höheren Arbeitsaufwand als eine Streckenführung in ebenem Gelände, da in der Regel im Berghang eine Terrasse anzulegen war. Da der Aufwand mit größerer Breite der auszubauenden Fahrbahn zunahm, versuchte man die Straßen möglichst schmal zu halten. Man machte sich manchmal zunutze, dass zwei getrennt geführte einspurige Trassen wesentlich weniger Aufwand erforderten als eine zweispurige, denn für Letztere musste schlichtweg die doppelte Masse an Felsgestein aus dem Berghang herausgebrochen werden.

Die Trassenplanung der Agrippastraße machte in den Streckenabschnitten bis zum Erreichen des Eifelfußes wenig Probleme, da kaum Steigungen vorhanden waren. Erst die Eifelstrecke mit ihren vielen tief eingeschnittenen Tälern erforderte planerisch anspruchsvollere Ideen. Eines der ersten Täler, das auf der Agrippastraße von Köln aus zu queren war, ist das Urfttal zwischen Nettersheim und Kall. Es ist auffällig, dass ein von Norden kommender Zubringer der Agrippastraße sich mit Erreichen des Urfttales teilt und auf zwei Trassen das Tal durchquert: Eine der beiden führte im weiten Bogen in das Urfttal hinunter und auf der anderen Seite wieder hinauf, während die andere ziemlich steil zum Flüsschen hinunterführt. Mit Erreichen des Eichtertales auf der Südseite der Urft kommen beide Äste bei den Sieben Sprüngen wieder zusammen, um auf einer von da an gemeinsam genutzten Trasse *Marcomagus* / Marmagen zuzustreben.

Nun muss man wissen, dass für Fuhrwerke die Bergfahrt nicht das eigentliche Problem darstellte, sondern eher die Talfahrt, da sich für Erstere die Ochsengespanne einfach vergrößern ließen, indem man weitere Zugtiere vorspannte. Bei einer zu steilen Talfahrt hingegen war es oft-

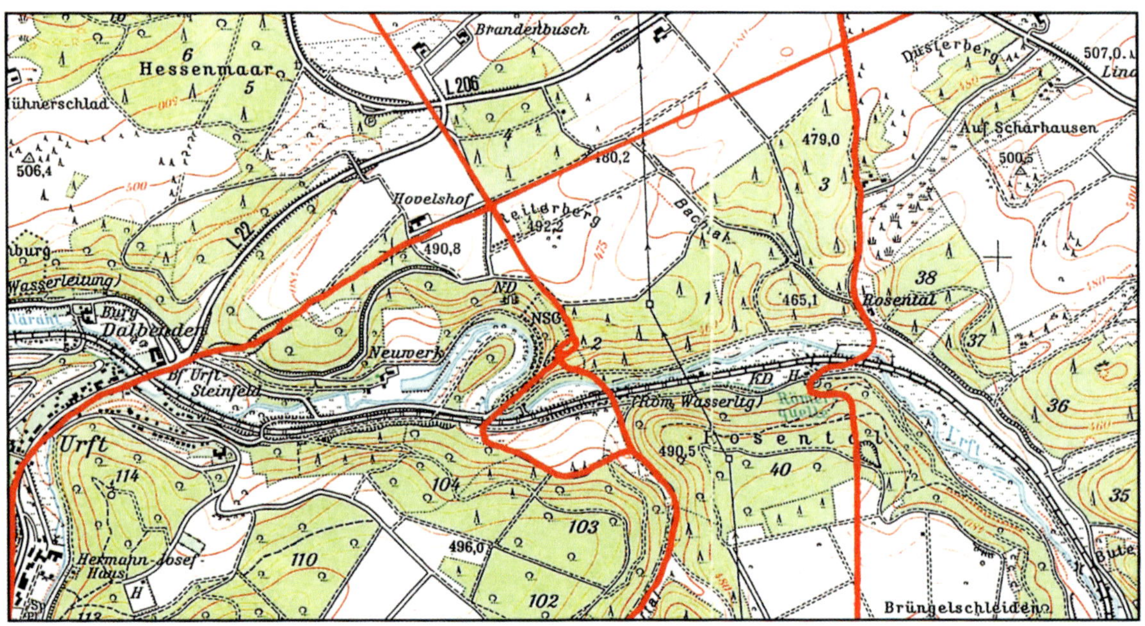

Auf dem Weg von Trier in die Rheinebene konnte das Urfttal in römischer Zeit zwischen Nettersheim und Kall-Urft an mehreren Stellen überquert werden. Die westliche Trasse war weit ausladend und hatte folglich schwache Steigungen und Neigungen aufzuweisen. Die östliche Trasse war südlich der Urft zwar als Serpentine angelegt, aber dennoch sehr steil und zudem schmal. Da sie demzufolge nur einspurig befahrbar war, könnte sie bei bis zu 20 % Steigung bevorzugt für die Bergfahrt Richtung Süden genutzt worden sein. Die mittlere Trasse ließ auch Gegenverkehr zu, dazu waren verschiedene Fahrbahnen durch das Urfttal geführt worden: Auf der nach Westen ausladenden Schlinge wird wohl der Verkehr Richtung Trier gelaufen sein, während der direktere Trassenverlauf mit seiner starken Steigung auf der Nordseite der Urft dem Verkehr Richtung Rheinebene gedient haben dürfte.

mals erforderlich, die Räder mittels Holzstangen oder an Ketten hängenden Haken (Spannnägeln) zu blockieren, um das Fuhrwerk wie einen Schlitten den Hang hinunterzuziehen. Aber dafür durfte die Neigung nicht zu stark sein, damit das Fuhrwerk nicht ins Rutschen geriet.

Im Falle der hier beschriebenen Urfttaldurchquerung zwischen Nettersheim und Kall hatte man sich für eine Lösung entschieden, die diesem Problem gerecht wurde: Die Trasse dieser Taldurchquerung verzweigt sich oberhalb des Talrandes und bildet nach ihrer Gabelung eine regelrechte Schlinge, um sich noch einmal zu kreuzen. Dadurch entstand bildhaft der Eindruck eines »Spaghetti-Knotens«, den wir, natürlich viel verworrener, von so manchem Autobahnkreuz unserer Tage kennen.[136]

Mit dieser Verkehrsplanung standen für die Urfttalquerung zwei Trassen zur Verfügung: zum einen die kürzere, aber steilere Strecke mit Abschnitten von annähernd 20 % Gefälle, die allerdings einen bis zu 5 m tiefen Geländeeinschnitt erforderte, und zum anderen die zweite, etwas längere, aber flacher geneigte Variante mit nur 13 % Gefälle – Erstere für die Bergfahrt im Nordhang der Urft, die zweite für die Talfahrt in der Gegenrichtung. Heute ist die steile Wegevariante aufgegeben, obwohl sie nach alten Karten im 19. Jahrhundert als einzige in Nutzung war.

Bei genauer Betrachtung lassen sich die beiden Trassen in einen »Naturweg« und eine »Kunststraße« unterscheiden, denn Erstere folgt einem von der Natur vorgegebenen schwachen Gefälle auf dem Rücken des langgezogenen Bergsporns, während für den Ausbau der zweiten Trasse die Anlage des zuvor schon erwähnten künstlichen Geländeeinschnitts von bis zu 5 m Tiefe erforderlich war. Es ist durchaus anzunehmen, dass der in einer großen Schleife durch das Tal führende Naturweg die ältere Variante darstellt, während die steilere Wegführung später hinzugekommen ist, um die Taldurchfahrt zeitgleich in beiden Richtungen vornehmen zu können. Die Kunststraße hatte zu ihrer Erbauung nicht nur den größeren baulichen Aufwand erfordert, sie bedurfte sicherlich auch eines größeren Einsatzes bei der Unterhaltung.

Halten wir fest: Straßen sind immer das Ergebnis einer sorgfältigen Trassenplanung, während sich Naturwege durch stetige Nutzung herausgebildet haben. Das rechtfertigt vielleicht die Unterscheidung des »Naturwegs« von einer »Kunststraße«. Es schließt aber natürlich nicht aus, dass ein älterer »Naturweg« im Laufe der Zeit in eine »Kunststraße« umgewandelt wurde, beispielsweise wenn sein Verlauf günstig war und er sich in ein überregionales Straßennetz einbinden ließ.

136 Grewe (1998b); Grewe (2005).

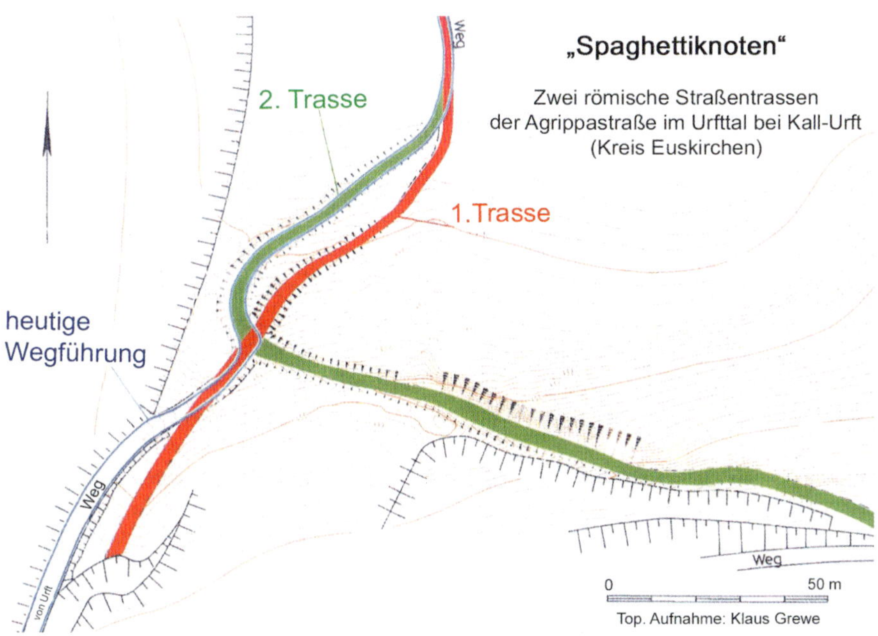

Nördlich der Urft kommen die beiden Trassenabschnitte wieder zusammen. Die grüne Trasse diente vermutlich der Bergfahrt, während die schwacher geneigte rote Trasse wohl für die Talfahrt genutzt wurde. Die kürzere grüne Trasse war recht steil und man hatte für sie im Hang einen künstlichen Hohlweg in den Fels eingekerbt. Um beim Zusammenführen der beiden Stränge enge Kurven zu vermeiden, musste ein kleiner »Spaghetti-Knoten« angelegt werden.

Die Serpentine der Agrippastraße südlich der Urft dient heute als beliebter Wanderweg unter anderem für den Eifelsteig von Aachen nach Trier und den Römerkanal-Wanderweg von Nettersheim nach Köln. Die Agrippastraße quert das Urfttal nur wenige Meter oberhalb der von Köln aus entferntesten Quellfassung der römischen Eifelwasserleitung, des Grünen Pütz.

Der Hohlweg aus dem Urfttal Richtung Norden ist heute noch sehr gut zu sehen, aber nicht mehr in Nutzung. Karten des 19. Jahrhunderts weisen hier aber noch einen Verkehrsweg aus.

Die Pflasterung gehörte zu einer Querrinne schräg über die Römerstraße, mittels derer bei Starkregen das Wasser seitlich abgeleitet wurde. Es zeigte sich nach der Freilegung, dass sie im Laufe der Geschichte vom Verkehr stark strapaziert worden war – sie konnte zeitlich jedoch nicht genau datiert werden. Der Zweck dieser Querrinne ist aber klar, denn ohne diese seitliche Ableitung von Regenwasser wäre die in den Fels eingeschnittene Serpentine bei Starkregen zum Sturzbach geworden.

Bei den Geländebegehungen zur Erforschung der Agrippastraße war im Trassenabschnitt der Serpentine zur Urft hinab ein gepflastertes Straßenstück aufgefallen, das sich aber mit den üblichen Methoden nicht freilegen ließ. Der widerspenstige Waldbodenbelag konnte nur mit einer unorthodoxen Methode beseitigt werden: Die Jugendfeuerwehr Nettersheim half im Rahmen einer Übung mit ein paar hundert Litern Wasser und Hochdruck aus.

35. »Wie haben die Römer eine schnurgerade geplante Straßentrasse in bewegter Landschaft mit kleinen Geländehindernissen abgesteckt?«

Wenn man alle technischen Möglichkeiten der römischen Zeit in Betracht zieht, kommt man zwangsläufig auf die einfachen Methoden, die bis zur Mitte des vorigen Jahrhunderts noch jedem Vermessungsfachmann geläufig waren. Eine probate Methode für die Überwindung einer kleinen Geländeerhebung als Sichtbehinderung könnte das »Abstecken einer Geraden in unübersichtlichem Gelände« (auch »Fluchten aus der Mitte« oder »Gegenseitiges Einweisen« genannt) gewesen sein – ein Verfahren, das jedem Vermessungstechnikerlehrling aus den ersten Tagen seiner Berufsausbildung bekannt sein dürfte.

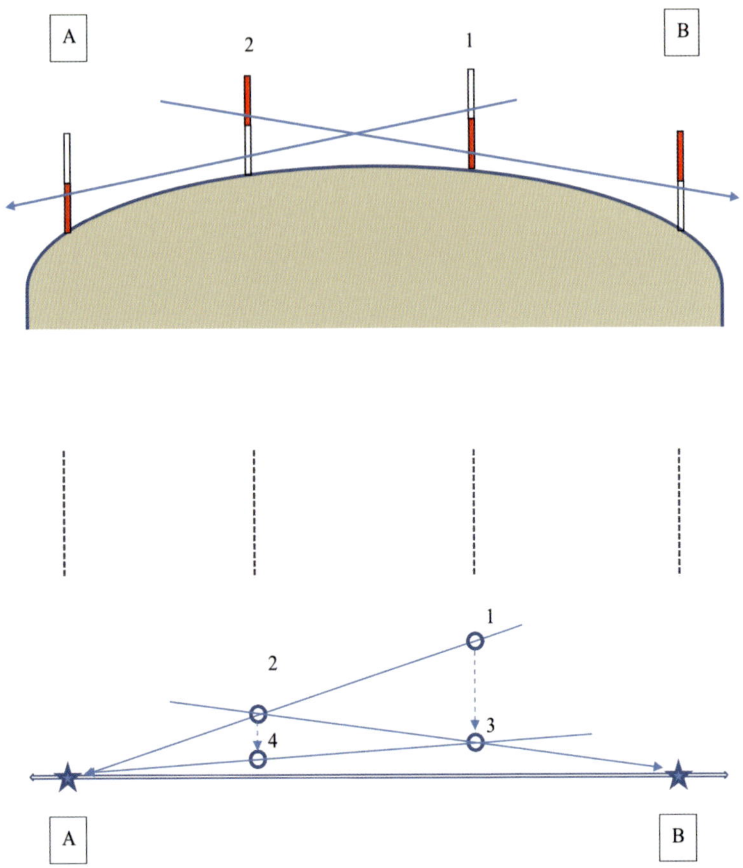

Das Prinzip ist einfach: Vom Hindernis aus wird durch Visuren in beide Richtungen »gegenseitig eingerichtet«: Durch allmähliches Annähern der beiden Linien kommt man einer durchgehenden geraden Linie immer näher.

Erst durch die Erfindungen der modernen Vermessungsinstrumente sind diese einfachen, aber effektiven Vermessungsmethoden obsolet und damit überflüssig geworden. Jetzt ersetzen Infrarot und Laser das Hilfspersonal, das bei den alten Methoden unverzichtbar war. Dennoch sollten diese Vermessungsverfahren auch beim Berufsnachwuchs nicht in Vergessenheit geraten, denn oftmals sind die neuen Verfahren nur als auf den alten aufbauend zu verstehen. Wer nämlich glaubt, dass mit den neuen Instrumenten selbst komplizierte Vermessungen mit einfachem oder gar schlecht ausgebildetem Personal zu realisieren seien, irrt gewaltig. Es birgt Gefahrenquellen in sich, wenn man diese Instrumente und Verfahren zwar einzusetzen weiß, aber gar nicht verstanden hat, was da eigentlich passiert. Und auf diese Weise kann eine gänzlich neue Fehlerquelle entstehen.

Ein bisschen ist das so, als ob jemand, der einen kleinen Taschenrechner hat, meinte, er könne fortan auf das Kopfrechnen verzichten. Spätestens beim Wechselgeld an der Brötchentheke wird er daran erinnert werden, wie wichtig das doch ist, auch im Kopf nachrechnen zu können, was man denn eigentlich noch herausbekommen müsste.

Das hier zu beschreibende Verfahren des »Gegenseitigen Einweisens« ist wirklich vermessungstechnisches Grundwissen. Es gehörte ebenso zum alltäglichen Einsatz wie das Abstecken eines rechten Winkels oder das Verlängern einer Hauswand zur Ermittlung einer Grundstücksgrenze. Das Abstecken einer geraden Linie war in der Vermessung immer unverzichtbar, und wenn so ein kleiner vertrackter Geländebuckel die Sicht vom Anfangspunkt einer Strecke zu deren Endpunkt behinderte, war der Mehraufwand, um die durchgängige Gerade herzustellen, nicht zu vermeiden. Wir wissen zwar nicht, ob dieses Verfahren schon in römischer Zeit eingesetzt wurde, es ist jedoch höchstwahrscheinlich, denn gerade diese einfachen, aber effektiven Verfahren finden sich in der antiken Fachliteratur kaum erwähnt – ganz einfach, weil sie jedem Fachmann geläufig waren.[137] Denken wir nur an das Nivellieren mit dem Chorobat. Vitruv hat uns zwar dieses Vermessungsgerät sehr detailliert beschrieben; doch wie man damit vermessen hat, haben wir erst vor wenigen Jahren nach mühseligen Versuchen herausgefunden.[138]

Für den Kundigen ist das Prinzip des »Gegenseitigen Einweisens« einfach: Man legt auf beiden Seiten des Geländehindernisses den Anfangspunkt (A) und den Endpunkt (B) der geplanten Strecke fest und markiert sie mithilfe von Fluchtstäben. Dann sucht man auf einem Rand der Geländererhebung per Augenmaß den weitestmöglichen Punkt (1), von dem aus man das Endziel (A) auf der anderen Seite sehen kann. Von (1) aus visiert man (A) an und fluchtet auf dieser optischen Linie am anderen Rand der Geländeerhebung einen Zwischenpunkt (2) ein. Von diesem neuen Punkt (2) aus muss allerdings das andere Endziel (B) einsehbar sein. Man visiert im nächsten Schritt von (2) aus Richtung (B) und fluchtet die Markierung (1) auf dieser optischen Linie auf einen neuen Standort (3) ein. Von (3) aus sucht man als Nächstes einen neuen Standort für Punkt (2), indem man Richtung (A) visiert. Auf dieser optischen Linie wird Punkt (2) nach (4) verschoben. So verfährt man wechselseitig weiter, bis man einer geraden Verbindungslinie zwischen (A) und (B) ziemlich nahekommt.

Für diese Absteckung werden also zwei Vermessungsgehilfen benötigt, die mit diesem Verfahren vertraut sind. Dann ist es allerdings eine einfache und schnelle Sache, in unübersichtlichem Gelände eine Gerade abzustecken. Und das dürfte auch den Römern geläufig gewesen sein.

137 Grewe (2020) 403.
138 Grewe (2009c) 109–128; Grewe (2014) 35–42.

Mit Erreichen der Eifelberge wurde das Abstecken der Straßentrassen an manchen Stellen durch Sichtbehinderungen erschwert. Wie hier im Königsfeldertal bei Kall (NRW) konnten selbst kleine Geländeerhebungen zum Hindernis werden. Ein Gebirgsausläufer lag hier quer zur geplanten Trasse und musste für den Straßenbau durchstochen werden, da ein danebenliegendes Feuchtgebiet eine Umrundung des Bergsporns nicht zuließ. Vor dem Durchstich musste allerdings die Trasse über das Hindernis hinweg abgesteckt werden, was wegen der Sichtbehinderung nur mittels eines vermessungstechnischen Kniffs zu realisieren war.

36. »Und wie haben die Römer eine schnurgerade geplante Straßentrasse in bewegter Landschaft mit größeren Hindernissen übertragen?«

Bei Straßenbauprojekten mit langen geraden Trassenabschnitten gab es durchaus auch größere Hindernisse. Suchen wir nach einem Beispiel im römischen Straßenbau in unseren Breiten, so kommen wir sehr schnell auf die Römerstraße von Köln nach Boulogne-sur-Mer, der man in unseren Tagen den antikisierenden Namen *»Via Belgica«* gegeben hat. Nehmen wir einmal den Streckenabschnitt zwischen Köln und Jülich heraus, so zeigen sich darin schon zwei besondere Probleme, die von den Römern zu meistern gewesen waren: Da war einmal das Vorgebirge, das sich westlich von Köln etwa 80 m hoch quer in die zu planende Trasse schob – um nach Erreichen der Vorgebirgshöhe um 60 m zur Jülicher Börde mit der Erftniederung wieder abzufallen. Dieses gewaltige Hindernis schloss jeden direkten Sichtkontakt über die gesamte Strecke aus.

Nach Überwindung des Vorgebirges blieb dann als zweites Problem noch die lange gerade Strecke durch die Bördelandschaft mit der Überwindung von Erft und Rur, um dann letztendlich nach Boulogne-sur-Mer an den Ärmelkanal zu führen.

Im digitalen Luftbild (Airborne Laser Scanning) ist der hervorragend ausgeprägte Verlauf der sogenannten Via Belgica *ganz klar auszumachen. Der hier gezeigte Ausschnitt liegt auf der Höhe des Vorgebirges östlich des Knickpunktes. Sehr gut erkennbar ist auch die Anlage einer Ausweichstrecke zur Umgehung eines Quellgebietes.*

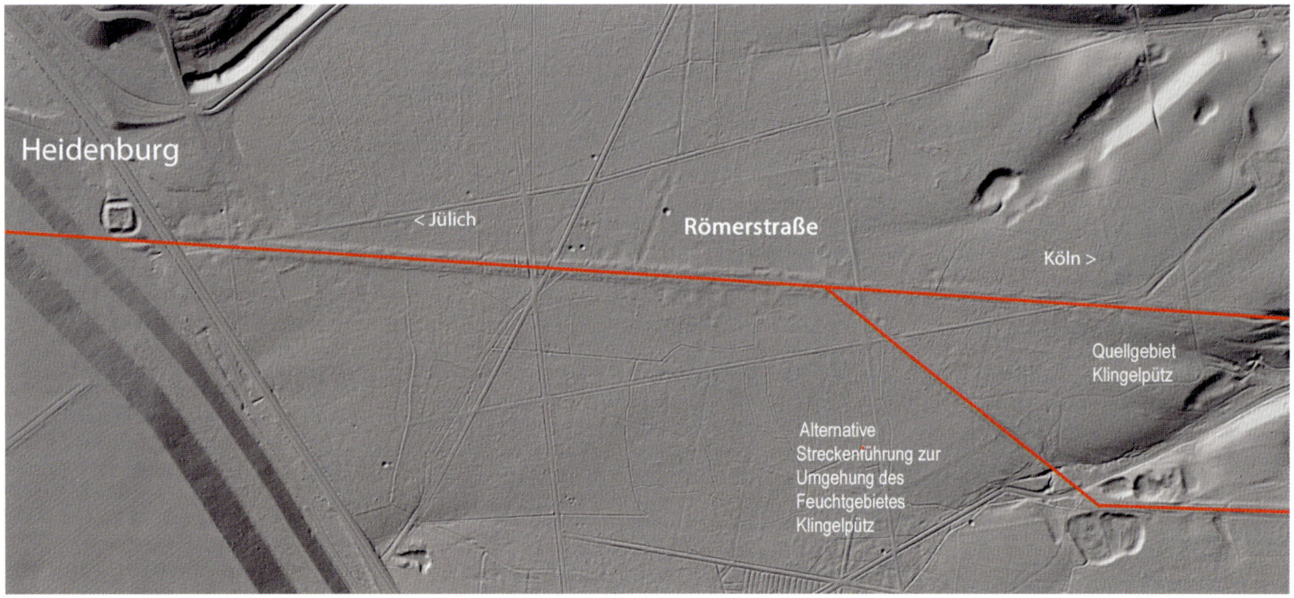

Das Problem in der Straßentrassierung bestand nicht darin, eine gerade Linie zu markieren, sondern darin, eine solche zwischen zwei Zwangspunkten abzustecken. Man konnte also nicht einfach von Köln aus nach Südwesten eine Linie abstecken und ausbauen, vielmehr musste diese ihren Zielort erreichen, den man allerdings wegen der großen Entfernung nicht direkt sehen konnte. In der Zülpicher Börde (NRW) konnte die Straße Köln-Zülpich auf einer langen Strecke schnurgerade ausgebaut werden. Dennoch war die kilometerlange Ziellinie nicht ohne Hilfen abzustecken. Es gibt zwar keine antiken Berichte über diese Maßnahmen, aber eigentlich kann man nicht viel anders vorgegangen sein als Jahrhunderte später beim Eisenbahnbau: Mit Leuchtsignalen bei Nacht hat man die Zielrichtung vorgegeben.

© Tanja Dujmovi
LVR-ABR

Das große Problem der Absteckung einer langen Geraden war nicht nur die fehlende Sichtverbindung zwischen Anfangs- und Endpunkt der Strecke, sondern ganz nebenbei auch noch das Kommunikationsproblem zwischen den Mitarbeitern des Messtrupps, die damit betraut waren, die Strecke einzurichten. Man kommt sehr schnell auf die Idee, diese Sichtverbindung mit Leuchtfeuern bei Dunkelheit zu erzeugen, weil doch erwiesen ist, dass man einen Lichtschein bei Nacht besser ausmachen kann als ein Signal bei Tageslicht.

Schauen wir uns um bei den Methoden der Neuzeit. Dabei müssen wir wiederum die neueren Hilfsmittel wie Laserstrahlen und Funkverbindungen außer Acht lassen und uns rückblickend ins frühe 19. Jahrhundert begeben. In dieser Zeit stand nämlich ein ähnliches Problem an – und zwar beim Eisenbahnbau. Damals wurde Europa mit einem Spinnennetz von Eisenbahnlinien überzogen, und die erste internationale Strecke war der sogenannte Eiserne Rhein von Köln nach Antwerpen, ein Projekt, dass besonders von Belgien vorangetrieben wurde, um den Rheinhandel über die Niederlande zu umgehen.

Nehmen wir aus der gesamten Bahnlinie die Strecke von Köln nach Düren heraus, so ergeben sich darin drei lange gerade Strecken, nämlich von Köln bis zum Königsdorfer Tunnel, von dort bis Merzenich und eine Reststrecke bis Düren. Erfreulicherweise verfügen wir über den Vermessungsbericht des ausführenden Ingenieurs, der die von ihm angewandte Vermessungsmethode sehr detailliert beschreibt (siehe Seite 187):

Streckenverlauf der sogenannten Via Belgica *zwischen Köln und Jülich. Der oftmals erwähnte schnurgerade Streckenverlauf knickt tatsächlich am oberen westlichen Rand des Vorgebirges einmal ab. Von dieser Abweichung wird kein Reisender auf dieser Strecke etwas bemerkt haben, aber in einer topografischen Karte ist er deutlich erkennbar. Dieser Knick im Trassenverlauf bei Quadrath ist in Josef Hagens Karte der Römerstraßen im Rheinland (1931) gut dokumentiert.*

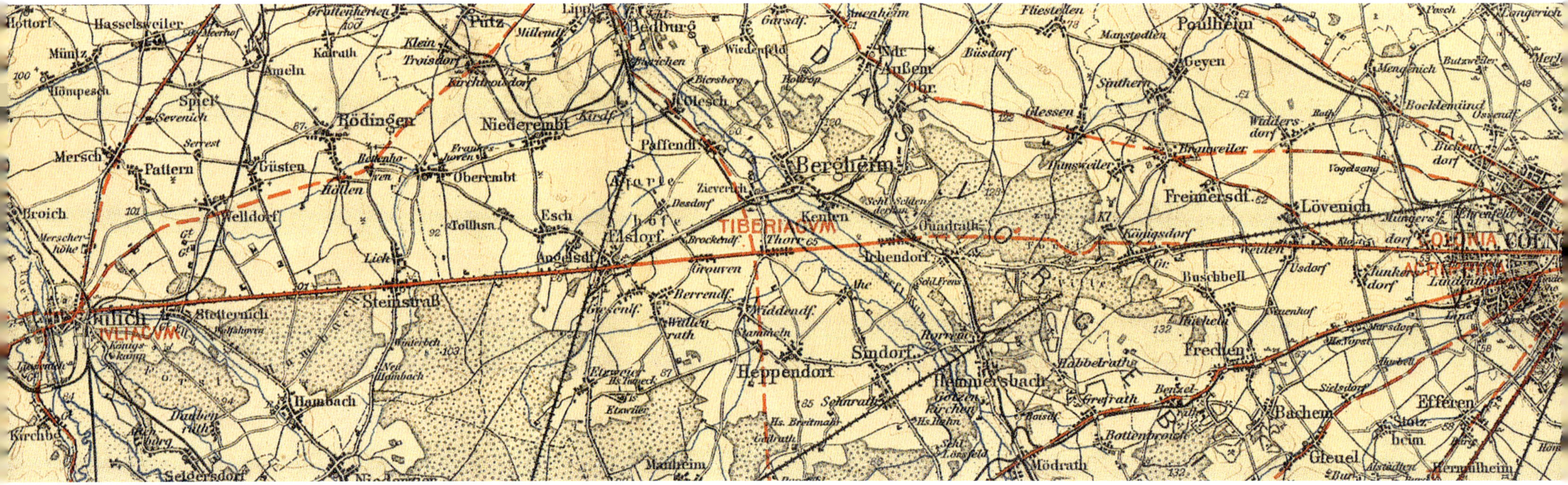

UEBER DAS AUSSTECKEN GERADER LINIEN DURCH LEUCHTSIGNALE

VOM INGENIEUR FR. ANDRIESSEN ZU VOLKMARSHAUSEN[139]

Beim Bau der Rheinischen Eisenbahn habe ich mit gutem Erfolge eine Methode zur Absteckung langer gerader Linien angewendet, die, so einfach sie ist, dennoch von allgemeinem Interesse sein dürfte.

Meine Baustrecke auf der Rheinischen Eisenbahn erstreckte sich von Cöln bis Düren, 5½ preußische Meilen[140] lang, und bestand eigentlich aus drei geraden Linien, die durch Uebergangscurven verbunden waren. Die erstere war 1 Meile lang, von Cöln bis nach dem Königsdorfer Tunnel, die zweite vom Königsdorfer Tunnel bis zur Merzenicher Haide war 2½ Meilen lang, und vor Düren war eine dritte gerade Linie von circa ½ Meile Länge. Wegen der vielen Dünste war es keine Möglichkeit, bei Tage mit Sicherheit die beiden ersten geraden Linien örtlich auszustecken, und nachdem ich bei Nacht ganz genau die erste 1 Meile lange gerade Linie erhalten hatte, ging ich zu der weit schwierigeren Bestimmung der zweiten geraden Linie von 2½ Meilen Länge über, deren Endpunkte fest lagen.

Der östliche Endpunkt war auf einem 30 Fuß hohen Hügel in der Nähe des Königsdorfer Tunnels. Die Aussicht nach der Merzenicher Haide war jedoch auf diese lange Entfernung durch drei hohe Eichenwaldungen coupirt, und war es nur möglich, in der Richtung auf zwei Stellen den durchstreichenden Feldboden mittelst Fernrohr zu sehen, die erste Stelle 400 Ruthen weit und die zweite Stelle 1½ Meilen weit vom Standpunkte.

Das Ende der geraden Linie auf der Merzenicher Haide war jedoch hinter der letzten Waldung total versteckt. Alle Auszüge aus Catastercharten dienten nur dazu, annähernd die Richtung zu ermitteln, und aufs Gerathewohl eine Linie durch die Waldung zu schlagen, war zu riskant und gefährlich, da zwei dichte Waldungen aus hohen starken Eichen bestanden, die pro Stück 100 Thaler Werth hatten. Auch herrscht im Erftthale und weiterhin stets eine so dunstige Atmosphäre, daß mit dem besten Fernrohre gar nichts auszurichten ist.

Ich sah mich also genöthigt, die Nacht zu Hülfe zu nehmen und wählte eine solche, wo ein Gewitter im Anzuge war, da bekanntlich dann die Dünste von der Oberfläche der Erde verschwunden sind, und operirte folgendermaßen. Tags vorher ließ ich am Endpunkte der geraden Linie auf der Merzenicher Haide eine große Theertonne aufrichten, die der dort placirte Aufseher Abends 9 Uhr anzuzünden hatte.

Einen zweiten Aufseher stellte ich mit einer hohen Stange, woran eine große Laterne hing, auf die 1½ Meile vom östlichen Endpunkte der geraden Linie entfernten Stelle, wo die Erdoberfläche zu sehen war, und zwar so viel wie möglich in die Richtung. Er erhielt die Weisung, daß alle Signale zwischen 9 und 9½ Uhr ihn beträfen. Ebenso ausgerüstet postirte ich einen dritten Aufseher auf die 400 Ruthen vom östlichen Endpunkte entfernte Stelle in ungefährer Richtung der geraden Linie, und galten für ihn die Signale von 9½ bis 10 Uhr.

Ich selbst stand mit einem vorzüglich guten Fernrohre auf Stativ, am östlichen Endpunkte der geraden Linie, der, wie erwähnt, auf einem Hügel war; und waren bereits bei Tage die drei Verschiebungen zu den drei Distancen auf dem Fernrohre markirt worden.

Hier muß ich bemerken, daß bei Nacht alles Winken mit Laternen etc. nichts hilft, da von Weitem gesehen die vergleichenden Gegenstände fehlen, um die Richtung des Winkens zu bemerken; und werden zwei Laternen gebraucht, wovon eine feststeht, so bemerkt man in der Entfernung wieder nicht, welche verrückt wird. Diese Erfahrung brachte mich auf folgende Idee, die mit dem besten Erfolge belohnt wurde.

Ich ließ neben mir 12 Raketen so aufpflanzen, daß sie angezündet, in schräger Richtung nach Norden fliegen mußten; ferner 12 Raketen, die umgekehrt ihre Richtung nach Süden hatten und hinter mir 4 Stück große Raketen mit rothen Leuchtkugeln, die senkrecht steigen mußten. Hiermit dirigirte ich nun nach den verschiedenen bestimmten Zeiträumen die beiden Einrichtungslaternen, nachdem ich den Kreuzfaden des Fernrohres nach der Mitte des rothen Scheins der brennenden Theertonne am Horizont gerichtet hatte, da dieselbe, wie ich früher bemerkt habe, selbst nicht zu sehen war.

Beim ersten Einrücken der 1½ Meilen entfernten Laterne mußte ich drei Raketen links steigen lassen, ehe dieselbe in die Linie kam, dann eine rechts, weil sie ein wenig durch die Linie gerückt war, und darauf noch eine links. Hierauf ließ ich das Signal mit den senkrecht steigenden großen Leuchtkugeln geben, und der richtige Punkt war bestimmt.

Die zweite Einrichtungslaterne stand der richtigen Direction der Linie näher und mit 3 entgegengesetzten Raketen und den rothen Leuchtkugeln war auch dieser Punkt eingerichtet.

Mit gutem Vertrauen ließ ich andern Morgens die Linie von 400 Ruthen Länge rückwärts verlängern und die Waldungen durchschlagen, traf genau auf den 1½ Meilen entfernten eingerichteten Punkt ein, und differirte nur 2½ Fuß am westlichen Endpunkte auf der Merzenicher Haide, wo die Theertonne brannte; ein so geringer Fehler, daß er leicht corrigirt war.

Die römischen Ingenieure standen mit der Trassenauswahl für die von Köln nach Westen ausgehende Straße vor dem Problem, einen Übergang über den Villerücken finden zu müssen, der mindestens zwei Bedingungen zu erfüllen hatte: Er sollte einerseits eine möglichst kurze Streckenführung gewährleisten, andererseits aber den Sattel der Ville an einer straßenbautechnisch günstigen Stelle queren. Erstaunlicherweise hatten sie nach diesen Prämissen einen Villeübergang gefunden, der fast an derselben Stelle lag wie die Trasse der Eisenbahnbauer für die Strecke Köln–Antwerpen 1.800 Jahre später. Bemerkenswert ist auch, dass zwei weitere Straßentrassen diese Stelle im Villerücken anpeilen, um zu passieren: Die B55 (Aachener Straße) und die Bundesautobahn A4. Dass diese vier Trassen in einem Korridor von weniger als 3 km liegen, hat seinen Grund wohl am ehesten darin, dass hier die Möglichkeit zur Querung der Ville zu allen Zeiten als günstig erkannt wurde.

Betrachtet man nun die ausgebaute römische Trasse zwischen Köln und Jülich, so fällt auf, dass diese sich aus zwei geraden Teilstrecken zusammensetzt. Beide Teile treffen sich in einem sehr flachen Schnitt beim heutigen Quadrath-Ichendorf im Westhang der Ville an deren oberem Rand.[141]

Die westliche Teilstrecke Jülich–Quadrath (ca. 24 km) stellte dabei die problemlosere dar, da eine Sichtverbindung allein schon wegen des Höhenunterschiedes ohne größere Geländehindernisse gegeben war. Die vom westlichen Stadttor der *CCAA (Colonia Claudia Ara Agrippinensium)* ausgehende Trasse bis Quadrath (ca. 18 km) war hingegen schwieriger ins Gelände zu übertragen, da der bis zu 80 m aufragende Höhenrücken der Ville in diesem Abschnitt sichtbehindernd war.

Es ist allerdings sehr unwahrscheinlich, dass diese Trassierung ohne eine gründliche Planung durchgeführt worden ist, denn man kann sich wirklich nicht vorstellen, dass die römischen Ingenieure von Köln aus »auf gut Glück« Richtung Jülich gebaut haben sollten. Es muss schon eine technische Lösung für die Villequerung gewählt worden sein, um der geraden Verbindungslinie möglichst nahe zu kommen. Da man aus der Untersuchung zur Genauigkeit der Absteckung des Escher Leugensteins weiß, dass sich der letztendlich akzeptierte Knick in der Straßenführung bei Quadrath nur mit einer Trassenverlängerung von 23 cm auf eine römische Leuge (2.220 m) ausgewirkt hat, kann man davon ausgehen, dass diese Abweichung in der Trassenführung für das Planungskonzept akzeptiert worden ist.[142]

Damit bestand aber immer noch das Problem, die beiden Teilstrecken zwischen dem Villerücken und – auf einer Seite – Jülich beziehungsweise – auf der anderen Seite – Köln jeweils schnurgerade abzustecken. Dem kam aber zugute, dass der Verknüpfungspunkt bei Quadrath mit 60 m (Richtung Jülich) und 80 m (Richtung Köln) wesentlich höher lag als die Endpunkte der jeweiligen Teilstrecken. Damit war die Erdkrümmung als Sichtbehinderung im Wesentlichen ausgeschlossen.

Das eigentliche Problem stellten die Sichtweiten dar. Da weder die Planungsunterlagen noch sonstige Aufzeichnungen der Römer überliefert worden sind, muss man nach der wahrscheinlichsten Lösung für dieses Problem suchen. Versetzt man sich also in die Lage des antiken Ingenieurs und vergleicht dessen Herausforderungen mit denen des Eisenbahningenieurs der 1830er Jahre, so ist eine Übereinstimmung unverkennbar. Der Ingenieur Andrießen ging das seinerzeit äußerst pragmatisch an. Dieser Pragmatismus ist einem antiken Ingenieur mindestens ebenso zuzutrauen, sodass man annehmen kann, dass er ähnlich vorgegangen ist:

- Erkundung und Festlegung einer günstigen Stelle für die Villequerung
- Auswahl der Standorte für das Vermessungsinstrument (in römischer Zeit die Groma) auf dem Villerücken
- Sichtbarmachung des jeweiligen Zielpunktes durch ein Feuer (z. B. brennendes Öl oder Fackeln) bei Nacht
- Anvisieren des Zentrums dieser Lichtquelle über zwei Lotschnüre der Groma
- Absteckung von Zwischenpunkten unter Zuhilfenahme weiterer Lichtquellen (z. B. Fackeln) ebenfalls mit der Groma
- Übermittlung von Anweisungen zum Einrichten der Zwischenpunkte durch Lichtsignale in der Nacht oder durch Vermessungsgehilfen am nächsten Tag
- Nach erfolgter Korrektur Überprüfung der neuen Standorte durch eine Kontrollmessung in der nächsten Nacht
- Evtl. weitere Korrekturen mit Kontrollmessungen.

Vielleicht erkennt man erst bei genauerer Betrachtung einer römischen Straßentrasse die staunenswerte Leistung bei Planung und Trassierung, die ihr zugrunde liegt. Dies war jedoch noch nicht alles, denn ganz sicher bedeutete in der Realität der Antike die Verwirklichung solcher Großbauprojekte eine außergewöhnliche Herausforderung für den planenden Ingenieur. Mit einfachsten Mitteln wurden in unglaublich kurzen Zeiträumen im Ingenieurbau Leistungen verwirklicht, die uns heute noch staunen lassen. Dass diese Bauwerke – und dazu gehören auch die Fernstraßen des römischen Reiches – in vielen Fällen noch immer erhalten sind, zeugt darüber hinaus von großem Fachwissen, qualitätsvoller Ausführung und nicht zuletzt einem beispielhaften Berufsethos der antiken Ingenieure.

139 »Ueber das Ausstecken gerader Linien durch Leuchtsignale« aus Notiz-Blatt des Architekten- und Ingenieur-Vereins für das Königreich Hannover, 1. Jg., 1851, 212–213.
140 1 preußische Meile = 7.532,48 m; 1 preußische Ruthe = 3,766 m; 1 preußischer Fuß = 0,31385 m
141 Grewe (2020).
142 Grewe (2013).

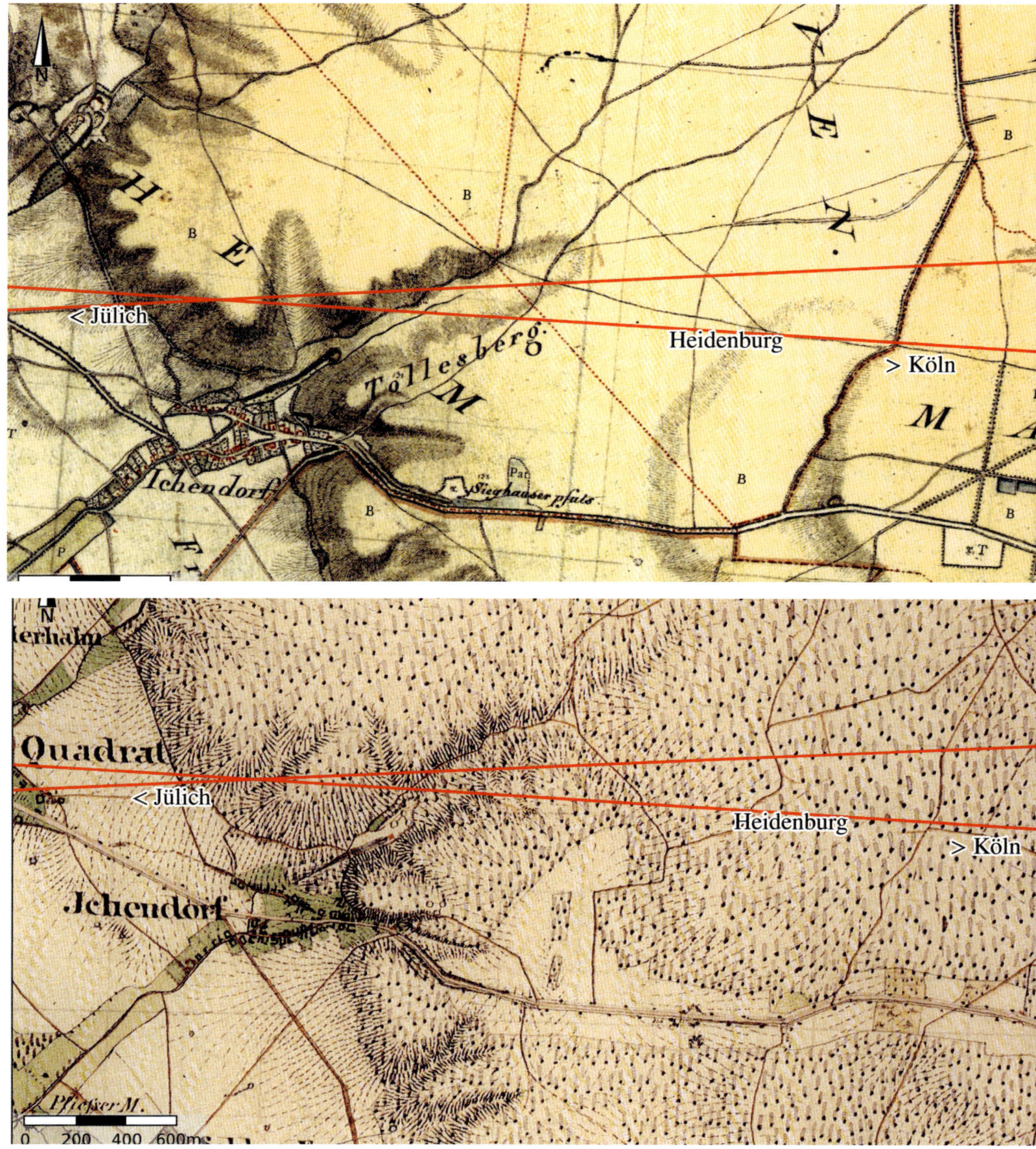

In diesen beiden historischen Kartenblättern ist versucht worden, den Knickpunkt der sogenannten Via Belgica *zwischen Köln und Jülich zu rekonstruieren. Sowohl in der Tranchotkarte (a) als auch in der Preußischen Uraufnahme (b) lässt sich der Schnittpunkt der beiden Straßenabschnitte auf einem Bergsporn am westlichen Hang der Ville lokalisieren. Hier endet die schnurgerade Teilstrecke von Köln und von hier aus könnte die Strecke nach Jülich abgesteckt worden sein.*

37. »Wie haben die Römer die Riesenentfernungen in ihrem Reich überwunden? Und welche Reisezeiten kann man dafür annehmen?«

Jedes geordnete Staatswesen benötigt einen Dienst zur Übermittlung von Nachrichten von Außenposten ins Zentrum der Macht und umgekehrt. Je größer ein Staatsgebilde ist, umso notwendiger kann ein solcher Nachrichtenaustausch sein. Derartige Aktivitäten waren im *Imperium Romanum* von der Organisation eines staatlichen Kurierdienstes individuell durchzuführen, wobei man wichtige Urkunden von eigenen Sklaven oder den Sklaven enger Freunde übermitteln ließ. Nachrichten wurden, wenn sie nicht aufgrund ihrer Bedeutung eine andere Form der Übermittlung erforderten, auch Reisenden und Händlern mitgegeben.

Mit der Ausweitung der römischen Einflusssphäre war die Sache nicht einfacher geworden. Die neu eingerichteten Provinzen lagen teilweise weit vom Kernland entfernt. Das betraf besonders die Legionen, die an den Grenzen des Reiches standen. Für die Verwaltung der Provinzen und den Kontakt zu den Heerführern bedurfte es aber unabhängig von den Entfernungen einer schnellen und sicheren Nachrichtenübermittlung.

Um dieses Imperium als riesiges Staatsgebilde zu verwalten und letztendlich zu erhalten, richtete Kaiser Augustus einen Kurierdienst ein, der es ermöglichte, auf schnellstmögliche Weise Nachrichten in die Provinzen zu transferieren.[143] Dieser – später dann *Cursus publicus* genannte – Dienst ist nicht mit unserer heutigen Post zu vergleichen, denn er war nicht der Allgemeinheit zugänglich, sondern einzig dem Kaiser oder von ihm beauftragten Personen, die dann von ihm gesiegelte Urkunden (*diplomata*) vorweisen mussten. Sueton berichtet:

> Damit ihm (Augustus) um so schneller und sofort berichtet werden und er informiert werden konnte, was sich in jeder Provinz ereigne, verteilte er zunächst junge Leute, später Wagen, in gehörigen Abständen auf den Heerstraßen. Das schien um so treffender, damit eben die, die die Mitteilungen von Ort und Stelle überbrachten, auch befragt werden könnten, wenn irgendwelche Rückfragen notwendig seien.[144]

Das zeigt uns, dass der Kurierdienst wohl anfangs wie ein Staffellauf organisiert war, wobei für bestimmte Streckenabschnitte jeweils junge Männer bereitstanden, um die Nachrichten weiterzureichen. Dabei handelte es sich um aus nahegelegenen Legionen abkommandierte Legionäre. Nach und nach wurde der *Cursus publicus* dann ausgebaut und ergänzt um in Tagesentfernungen eingerichtete feste Raststationen (*mansiones*) für die Übernachtung der Boten und in größeren Abständen zudem Stationen für den Wechsel der Pferde und Wagen (*mutationes*), damit die Nachrichten auch von ein und derselben Person übermittelt werden konnten. Man war nämlich sehr bald von dem Prinzip der Weitergabe der Nachrichten »von Bote zu Bote« abgekommen; ein für die gesamte Strecke beauftragter Bote konnte schließlich – ganz nach Sueton – auch mündliche Nachrichten überbringen oder am Ziel befragt werden.

Die Dienste für die Bereitstellung von Wagen, Zugtieren wie auch Übernachtungsmöglichkeiten wurden den dafür ausgewählten Städten und Dörfern übertragen, was dort nicht unbedingt auf Begeisterung stieß. Allerdings wurde für die Nutzung der Gespanne dann auch eine Entschädigung gezahlt.

Es war nicht ungewöhnlich, dass man auf kaiserliche Anordnung zehn Gespanne vom *Cursus publicus* vorhalten musste. Diese wurden im Einsatz nicht vom *Cursus publicus* bedient, sondern von den Beauftragten, also den Reisenden. Nur in der Anfangszeit hatte der *Cursus publicus* die Nachrichten selbst übermittelt.

Die Erteilung der *diplomata* zur Nutzung war dem Kaiser vorbehalten, der diese Aufgabe aber delegieren konnte. In den Provinzen war der Statthalter für die Einhaltung der Vorschriften zuständig, der wiederum einen *praefectus vehiculo* einsetzen konnte.

Das Nutzungsrecht für den *Cursus publicus* war allen, die sich durch eine kaiserlich gesiegelte Urkunde als staatlich Beauftragte ausweisen konnten, sowie den gesellschaftlichen Eliten wie Senatoren, Rittern und hohen Militärs vorbehalten. Geschäftsleute durften den *Cursus publicus* nicht nutzen.

Die begehrten Genehmigungen scheinen kontingentiert gewesen zu sein, um eine Nutzung vorplanen zu können. Eingeladene Gäste am kaiserlichen Hof bekamen *diplomata,* ab dem 4. Jahrhundert n. Chr. auch Kirchenvertreter. Im Jahre 325 kamen zum Konzil von Nicäa zwischen 250 und 270 Bischöfe zusammen, die vermutlich alle mit *diplomata* Kaiser Konstantins ausgestattet waren. Es gab aber auch Fälle, wo an Synoden teilnehmende Bischöfe die Genehmigungen nicht nutzten, um so ihre Unabhängigkeit zu beweisen.

Die *diplomata* wurden in der Regel nur an staatliches Personal ausgegeben, in seltenen und besonderen Fällen auch an Privatpersonen. Da jeder Wagen höchstens vier Reisende aufnehmen konnte, war eine Fahrt bei einem Einsatz von zehn Vehikeln also mit maximal 40 Personen durchzuführen.

Wie nicht anders zu erwarten, gab es auch Fälle von Missbrauch dieser praktischen Einrichtung. Dazu gehörte beispielsweise, dass man abgelaufene Genehmigungen vorwies oder von mehr Personen begleitet wurde, als in der Genehmigung ausgewiesen waren. Es scheint so häufig vorgekommen zu sein, dass Kaiser Claudius ein Edikt gegen diesen Missbrauch erließ.

Ein Reisender auf einem einachsigen Wagen zügelt sein Pferd. Ein Meilenstein am Wegesrand gibt ihm die Entfernung zur nächsten Stadt an (Rheinisches Landesmuseum Trier).

Immer wieder diskutiert – weil sie nicht uninteressant ist – wird die Frage, welche Strecken denn pro Tag auf dem *Cursus publicus* zurückgelegt werden konnten. In der Diskussion werden geradezu fantastische Werte angeführt. Wenngleich vielleicht auch die

Dreispänniges Fuhrwerk eines Tuchhändlers. Darstellung auf der Igeler Säule.

Grabrelief aus Virunum, heute an der Südmauer der Kirche (im Volksmund »Dom«) von Maria Saal in Kärnten (Österreich).

tatsächlich erreichten Zahlen niedriger anzusetzen sind, scheint es solche außergewöhnlichen Einzelleistungen aber gegeben zu haben. So berichten Valerius Maximus[145] und Plinius[146] übereinstimmend von einer solchen Glanzleistung des späteren Kaisers Tiberius im Jahre 9 v. Chr.: Tiberius eilte von Pavia aus zu seinem Bruder Drusus nach Germanien, da dieser sich auf einem Feldzug den Oberschenkel gebrochen hatte. Tiberius reiste wohl mit Pferd und Wagen bis an den Rhein und von hier aus weiter zu Pferde, wobei er auf den letzten 200 Meilen (ca. 300 km) rechts des Rheins, die er in 24 Stunden zurückgelegt haben soll, nicht auf den *Cursus publicus* zurückgreifen konnte. Die unverzichtbaren Pferdewechsel muss er wohl an Militärposten vorgenommen haben.

Anne Kolb hat zu diesem Thema Reisegeschwindigkeiten entsprechende Angaben aus vielen antiken Reiseberichten zusammengestellt.[147]

Ein römischer Reisewagen wurde anhand von Originalbefunden für das Römisch-Germanische Museum in Köln nachgebaut.

143 Kolb (2000); Kolb (2001); Kolb (2007).
144 Sueton, Kaiserbiographien II, Augustus, 49, 3.
145 Valerius Maximus, 5, 5, 3.
146 Plinius d. Ä., Naturalis historiae 7, 84.
147 Kolb (2000) 310–320.

Reisemittel	ca. Meilen/Tag (ca. m.p./t)	ca. Kilometer/Tag (ca. km/t)
Reisende mit offiziellen Schreiben (zu Fuß)	20 bis 25 m.p./t	30 bis 37 km/t
Reisende mit Pferd und Wagen **ohne** Wechsel der Transportmittel	24 m.p./t	36 km/t
Reisende mit Pferd und Wagen **mit** Wechsel der Transportmittel an den *mutationes*	50 bis 60 m.p./t Selten über 100 m.p./t belegt. Ausnahme: 160 m.p./t = von Heraclea nach Nicomedia belegt im Jahre 238 n.Chr.	75 bis 90 km/t 150 km/t 235 km/t
Reisende zu Pferd mit Wechsel an den *mutationes*	72 m.p./t Ausnahme: Tiberius auf der Reise zu seinem Bruder Drusus 9 v. Chr.: 200 m.p./t	106 km/t ~ 300 km/t
Reisende mit Ochsengespannen	8 m.p./t	12 km/t
Seereisende (je nach Windverhältnissen) in Knoten	bis 6 kn/t	11 km/t

Farbreste an den Reliefs der Igeler Säule belegen, dass diese in der Antike bunt bemalt gewesen war. Im Innenhof des Rheinischen Landesmuseums Trier ist eine Kopie der Igeler Säule durch ganzflächige Farbgebung in den ursprünglichen Zustand versetzt worden. Der Vergleich mit dem rezenten Befund in Igel stellt eine völlig andere Sichtweise her – für Puristen möglicherweise etwas befremdlich.

Mit 50 m Höhe hinterlässt die römische Tajo-Brücke von Alcántara (Spanien) einen bleibenden Eindruck. In diesem Bauwerk, dessen unterer Teil heute im Wasser eines Stausees steht, wird einmal mehr der Maiestas populi romani *Genüge getan, so wie wir es im Aquäduktbrückenbau zum Beispiel in Segovia und Rom selbst oder am Pont du Gard finden.*

Und dieser ungeheure Eindruck findet sich noch verstärkt durch einen Kaiser Trajan gewidmeten Ehrenbogen. In einer Inschrift werden die Munizipien genannt, die den Bau finanziert haben. In den nachfolgenden Jahrhunderten verewigten sich hier noch weitere Herrscher, die sich durch Reparaturmaßnahmen hervorgetan hatten, auf Inschriftentafeln.

BRÜCKENBAU – AUCH EINE DEMONSTRATION DES RÖMISCHEN MACHTANSPRUCHS

Da wo Furten zur Durchquerung von Flüssen nicht ausreichten, waren Brücken zu errichten. Dass diese in römischer Zeit in ihren Dimensionen oftmals weit über den tatsächlichen Bedarf hinausgingen, lag unter anderem daran, dass die Planung und Realisierung derartiger Bauwerke den römischen Ingenieuren eine großartige Gelegenheit zur Darstellung ihres Könnens boten. Wer in der Lage war, künstliche Flussüberquerungen dieser Qualität in kürzester Zeit zu errichten, dem sollte man auch auf anderen Gebieten unerwartete Leistungen zutrauen können. Diese Erwartungshaltung hinsichtlich der Wirkung römischer Imponierbauten auf die einheimische Bevölkerung ist für alle Provinzen des Imperiums nachzuweisen.

Dass der Einsatz von Bögen und Gewölben in der Baukunst von den Römern bis zur Vollendung entwickelt wurde, ist heute allenthalben durchaus geläufig. Bauten wie das Pantheon oder die Caracalla-Thermen in Rom mit ihren gewaltigen Kuppeln sind die sichtbaren Zeugnisse dieser gewagten und doch gelungenen Umsetzung von architektonischen Ideen in die Wirklichkeit. Das augenfälligste Element des römischen Brückenbaus sind die Bögen mit ihren manchmal atemberaubenden Spannweiten.

Das Prinzip der Bogenbrücke mit Halbkreisbogen (oder auch Rundbogen) beruht auf der Übertragung der auf den Bogen einwirkenden Kräfte auf die Widerlager und die Stützpfeiler. Die selbsttragende Wirkung des Bogens wird erst erreicht, wenn der auf einem Lehrgerüst gesetzte Halbkreis in seinem Scheitelpunkt mit dem Schlussstein geschlossen wird. Dessen Gewicht überträgt sich dann auf die benachbarten Bogensteine und von dort, vermehrt um das Gewicht des jeweiligen Bogensteins, auf den nächsten. Diese Kraftübertragung setzt sich fort bis zu den Auflagern, wo jeweils das Gewicht einer Bogenhälfte auf den Kämpferstein und damit auf Stützpfeiler oder Widerlager übertragen wird.

In diesem Zusammenhang darf aber nicht vergessen werden, dass neben solchen dauerhaften Steinbrücken auch Holzbrücken gebaut wurden und dass die römischen Baumeister in der Zimmermannsarbeit gleichermaßen überragende Leistungen vorweisen konnten. Erwähnt seien die Brücken Caesars über die Saône (Arar) und den Rhein, derer der Kaiser sich in seinen Schriften selbst rühmt. Seine darin enthaltene Beschreibung ist aus technischer Sicht bemerkenswert detailfreudig und somit ein außerordentlich wichtiges Dokument der Technikgeschichte.

Ein anderes zeitgenössisches Dokument zur Geschichte des Brückenbaus stellt die Trajanssäule in Rom dar. Auf dem 200 m langen Reliefband, das die Säule umgibt, sind die Feldzüge Trajans gegen die Daker abgebildet, wozu auch die Darstellung des Brückenschlages über die Donau gehört, der von Trajans Baumeister Apollodoros im Jahre 106 n. Chr. geplant und ausgeführt wurde. Die kombinierte Stein-Holz-Brücke, die Apollodoros für Trajan gebaut hatte, weist zwar eine kompaktere Bauweise auf als Caesars Rheinbrücke, diente aber vordergründig ebenso nur dem Übersetzen der römischen Truppen, dieses Mal über den Donaustrom.

Gleichwohl wurde die Technik des Brückenbaus aus Holzsprengwerk auf massiven Steinpfeilern auch für dauerhaft genutzte Brücken angewendet, wie unter anderem die Beispiele der Trierer Moselbrücke oder der unter Konstantin d. Gr. gebauten Rheinbrücke von Köln zeigen. Sichtbare Relikte davon finden sich noch in Trier.

Die Straßenbrücken Südspaniens sind allesamt aus Stein errichtet worden. Gleichsam für die Ewigkeit gebaut, haben sie zumindest teilweise den Zeitraum von annähernd zweitausend Jahren überdauert und tun in vielen Fällen heute noch ihre Dienste. Da die römischen Fernstraßen zum größten Teil allenfalls noch an der Trassenführung erkennbar sind, bieten gerade diese Brücken den eindrucksvollen Nachweis einer mustergültigen verkehrstechnischen Infrastruktur im *Imperium Romanum*.

Nur durch den Bau von Brücken war es möglich, diesem Verkehrsnetz die Effektivität zu verleihen, derer es bedurfte, um auf schnellem

Wege Nachrichten zu übermitteln oder Truppen zu bewegen. Anders gesagt: Der Reisegeschwindigkeit kamen möglichst gestreckte Fernstraßentrassen zugute, und bei der Verwirklichung dieser Anforderung waren Geländehindernisse – wie Täler oder Flüsse – oftmals nicht zu umgehen, sondern mussten überbrückt werden.

Römische Brücken finden wir im ganzen Imperium in jedem nur möglichen Erhaltungszustand. Manches Bauwerk präsentiert sich uns wie aus einem Guss gefertigt, und wir erkennen in ihm als einzige Handschrift die des römischen Baumeisters. Ein besonders pittoreskes Beispiel für den mittelalterlichen Brückenneubau auf den Fundamenten eines römischen Vorgängers ist in *Aspendos* (Türkei) anzutreffen, wo die Seldschuken den Eurymedon Anfang des 13. Jahrhunderts erneut passierbar gemacht haben.

Der malerische Anblick der Eurymedon-Brücke von Aspendos *(Türkei) ist kaum zu überbieten. Das rezente Bauwerk ist der Wiederaufbau einer vermutlich durch Hochwasser zerstörten römischen Brücke in seldschukischer Zeit.*

Im Rahmen einer Diplomarbeit der Uni/GH Essen wurde die Brücke von Aspendos topografisch aufgenommen und bildlich dargestellt. Dabei hat man farblich unterschieden zwischen römischer (gelb) und seldschukischer (rot) Bausubstanz. Die Abbildung zeigt sehr schön, welche Bauwerksreste beim Neubau übernommen worden sind. Dabei wird auch deutlich, wie der Versprung im Brückenverlauf zustande gekommen ist. Der Rest der römischen Brückenrampe (links oben) wurde nicht genutzt, da die seldschukische Brücke nur die halbe Höhe der römischen erreicht hat.

Anhand der erhaltenen Bauwerksreste der römischen Brücke ließ sich diese eindeutig rekonstruieren. Dies zeigte, dass die Brückenöffnungen geeignet waren, auch größere Schiffe passieren zu lassen. Nur so war der Mittelmeerhafen von Aspendos, der flussaufwärts bei der Stadt lag, überhaupt per Schiff zu erreichen.

Der gut erhaltene Rest der römischen Brückenrampe führt heute himmelwärts ins Leere. Schon dadurch wird deutlich, dass die römische Brücke wesentlich höher gebaut war als der mittelalterliche Nachfolgebau.

In der römischen Bausubstanz der Brücke von Aspendos waren Großsteinquader verbaut worden, die hier als Spolien – also in Zweitverwendung – genutzt wurden. Ursprünglich waren sie als Rohrsteine der großen Druckleitung zur Wasserversorgung von Aspendos verwendet worden.

Die Brücke vollzieht in ihrem Verlauf über dem Fluss einen Versprung, der von der Bautechnik, aber auch von der Verkehrsführung her eigentlich keinen rechten Sinn ergibt. Schaut man sich die Gründung der Brückenpfeiler jedoch genauer an, so wird schnell klar, wo die Ursachen dieses merkwürdigen Brückenverlaufs liegen: Massive Reste des römischen Vorgängerbaus waren im Fluss noch vorhanden und wurden von den Seldschuken für ihr Bauwerk als Substruktion genutzt. Da die seldschukische Brücke wesentlich schmaler geplant war als die römische, konnte man besonders gut erhaltene Reste des Vorgängerbauwerks zur Gründung der neuen Pfeiler auswählen, was zu diesem merkwürdigen Versprung im Verlauf geführt hat.

Brücken konnten auch ein Ausdruckmittel für den politischen Zeitgeist sein: Die Brücke über den Chabinas *bei Eski Kahta (Türkei) ist im Zuge des Ausbaus militärischer Nachschubwege im Krieg gegen die Parther durch die XVI. Legion gebaut worden. Sie ersetzte einen älteren Vorgängerbau. Von ehemals vier Säulen an den Brückenenden sind drei noch original erhalten. Sie waren mit Ehreninschriften für Septimius Severus, seine Gemahlin Julia Domna und deren Sohn Caracalla versehen. Die vierte Säule mit der Ehreninschrift für Geta, den Bruder Caracallas, ist als Folge einer* damnatio memoriae*, also der Auslöschung jeden Andenkens, entfernt worden.*

38. »Wie bauten die Römer die Pfeiler von Brücken in fließenden Gewässern?«

Derartige Flussbettüberquerungen müssen in ariden und halbariden Zonen nicht unbedingt zu Problemen geführt haben, denn hier gab es eigentlich immer jahreszeitlich bedingte Schwankungen im Wasserstand der Flüsse, die im Sommer zu ausgetrockneten Flussbetten führten und damit den Bau der Brücken erleichterten. Waren die topografischen Gegebenheiten günstig, konnte man den Fluss auch umleiten und danach im trockenen Flussbett arbeiten.

In unseren Breiten stellt sich dieses Problem aber völlig anders dar. Als die Mosel in den Jahren 1957 bis 1967 in ihrem deutschen Streckenverlauf kanalisiert wurde, bot sich eine gute Gelegenheit, die Übergänge bei Trier archäologisch zu untersuchen. Die erste Moselbrücke dort ist dendrochronologisch für die Jahre 18/17 v. Chr. nachgewiesen; sie war im Verlauf der Agrippastraße von Lyon an den Rhein als Pfahljochbrücke gebaut worden. Sie sollte noch in der Römerzeit zwei Nachfolgerbrücken erhalten: 71 n. Chr. und 154 n. Chr.

Bei den archäologischen Untersuchungen der späteren Übergänge zeigte sich, dass die in den Jahren 144 bis 154 n. Chr. von römischen Ingenieuren im wasserführenden Flussbett der Mosel gebaute Steinpfeilerbrücke einen 71 n. Chr. entstandenen Vorgängerbau mit Holzpfeilergründung ersetzt hatte. Von dieser Pfahlrostbrücke wurden bei der archäologischen Untersuchung massenhaft Holzreste gefunden, die einen guten Einblick in die Charakteristika dieser Gründung gaben.[148]

Durch diese Befunde sind anhand der beiden jüngeren Moselbrücken zwei verschiedene der in römischer Zeit gängigen Bauarten des Brückenbaus erkennbar geworden, nämlich die Technik zur Erbauung von Pfahlrostbrücken einerseits und von Steinpfeilerbrücken andererseits.

Im Falle der Pfahlrostbrücken werden in den Abmessungen der Standfläche der jeweiligen Pfeiler Holzpfähle dicht beieinander senkrecht in den Flussgrund gerammt und deren Oberkanten in gleicher Höhe abgeschnitten. Dann wird noch eine Lage von querliegenden Holzbohlen aufgebracht, ehe man mit der Verlegung

Die von Caesar hervorragend beschriebene Rheinbrücke – von ihm selbst in Auftrag gegeben – war eine außergewöhnliche Demonstration römischer Macht. Sie wurde in nur zehn Tagen gebaut, einmal für eine Truppenüberquerung hin und zurück genutzt und nach 18 Tagen wieder abgebrochen. Eine technische und organisatorische Glanzleistung gleichermaßen!

der Steinblöcke für die aufgehenden Pfeiler beginnt. Sind die Holzpfähle dicht genug beieinander gesetzt worden, kann man die erste Lage der Steinblöcke auch direkt auf dem Pfahlrost verlegen. Für den Bestand der Brücke ist es wichtig, dass die Oberkanten des hölzernen Unterbaus immer unterhalb des normalen Wasserstands des Flusses liegen, damit die Hölzer nicht faulen. Die ältere Trierer Brücke ist in dieser Technik erbaut worden.

Eine Steinpfeilerbrücke wird nicht auf einem Pfahlrost errichtet, vielmehr sitzen die Pfeiler direkt auf dem felsigen (festen) Untergrund des Flussbettes auf. Zum Bau ist ein Spundwandsystem in den Flussgrund einzutiefen, das die Pfeilerbaustelle gegen Grundwasser und ansteigendes Flusswasser schützt. Innerhalb dieser Spundwände kann der Flussgrund ausgekoffert werden, bis ein fester Untergrund für den Pfeilerbau erreicht ist. Während der Arbeiten wird in die Baustelle eindringendes Wasser fortlaufend ausgeschöpft oder -gepumpt. Für den Bau einer solchen Brücke ist also ein seichtes Flussbett am besten geeignet, zudem eine Jahreszeit mit extremem Niedrigwasser.

Anhand des Grabungsbefunds von Trier wurde ersichtlich, dass die Spundwandsysteme aus zwei Wandungen bestanden, die im Abstand von 0,5 m in den Flussgrund abgesenkt worden waren. Ihre Abmessungen betrugen außen 26 m x 11,6 m und innen 24 m x 9,4 m; der Zwischenraum war mit gestampftem Ton verfüllt, um eine bessere Dichtigkeit zu erreichen.[149] Nach Fertigstellung eines Pfeilers hat man den Zwischenraum zwischen Spundwänden und Steinpfeiler mit Bauschutt verfüllt und das Ganze dem ansteigenden Flusswasser überlassen. Da auch in diesem Fall bei Niedrigwasser unter der Normalwasserlinie gearbeitet worden war, lagen die Spundwände zumindest mit ihren unteren Holzlagen die meiste Zeit des Jahres unter Wasser und konnten sich erhalten.

Wie bereits erwähnt, rühmte sich Caesar in seinen Schriften der Beauftragung des Baus von Holzbrücken über die Saône (Arar) und den Rhein. Besonders die erste seiner beiden Rheinüberquerungen muss von ihm selbst als technische und taktische Meisterleistung angesehen worden sein, denn er beschreibt sie im *Gallischen Krieg* ausführlich.[150]

> Aus den oben erwähnten Gründen hatte Caesar beschlossen, über den Rhein zu gehen. Allein auf Schiffen überzusetzen schien ihm weder sicher genug, noch meinte er, dass dies seiner und des römischen Volkes Würde angemessen sei. Obgleich sich ihm daher wegen der

Die erste Moselüberquerung im Verlauf der Agrippastraße von Lyon an den Rhein (18/17 v. Chr.) war hinsichtlich der Technik ebenfalls eine Pfahljochbrücke. Die Pfähle der Tragkonstruktion wurden von schwimmenden Arbeitsplattformen aus mittels Ramm-Maschinen (Schlagrammen) schräg in das Flussbett getrieben und durch Querbalken verbunden. Darauf konnte dann auf einem ebenfalls hölzernen Stützwerk die Fahrbahn verlegt werden.

Breite, des starken Gefälles und der Tiefe des Stromes für den Brückenbau sehr große Schwierigkeiten entgegenstellten, so glaubte er doch, er müsse darauf bestehen und dürfe sonst das Heer gar nicht hinüberführen. Den Bau der Brücke ordnete er folgendermaßen an. Je zwei anderthalb Fuß dicke Pfähle, welche am unteren Ende scharf zugespitzt und nach der Tiefe des Flusses abgemessen waren, ließ er in einem Abstand von zwei Fuß miteinander verbinden. Nachdem er diese mit Maschinen in den Fluss hinabgelassen, festgestoßen und mit Rammen hineingetrieben hatte (und zwar nicht nach Art eines gewöhnlichen Pfostens in lotrechter Richtung, sondern vorwärts gebeugt und schräg, so dass sie sich nach der Strömung neigten), ließ er diesen gegenüber stromabwärts in einer Entfernung von vierzig Fuß je zwei andere Balken einschlagen, welche auf dieselbe Weise verbunden, jedoch gegen die Gewalt und den Andrang der Strömung gerichtet waren. Diese Paare von Tragbalken wurden durch oben eingelassene, zwei Fuß dicke Querbalken (so viel nämlich betrug der Abstand der zwei verbundenen Joche) auseinandergehalten, indem sich an den äußersten Enden je zwei Klammern befanden.

Dadurch, dass die Joche auseinandergehalten und nach entgegengesetzter Richtung festgehalten wurden, bekam der Bau eine sol-

Der rezente Zustand der dritten Römerbrücke von Trier: Sie wurde bis 154 n. Chr. ins Werk gesetzt und ersetzte den unweit danebengelegenen Vorgängerbau.

che Festigkeit und Beschaffenheit, dass die Balken desto fester sich ineinanderfügten, je stärker die Gewalt des Stromes sich heranwälzte. Die Querbalken wurden durch daraufgelegte Langhölzer verbunden, dann mit Stangen und Flechtwerk bedeckt. Überdies wurden stromabwärts Pfähle schräg eingeschlagen, welche wie ein Mauerbrecher angelegt und mit dem ganzen Bau verbunden den Andrang des Flusses hemmen sollten, endlich noch andere oberhalb der Brücke in mäßiger Entfernung, damit, wenn der Feind Baumstämme oder Schiffe zur Zerstörung des Werkes heruntertreiben ließe, die Gewalt dieser Massen durch den Schutz der Balken gebrochen würde und sie der Brücke nicht schaden könnten.

Zehn Tage später, als man begonnen hatte, das Bauholz herbeizuschaffen, war das ganze Werk vollendet, und das Heer wurde hinübergeführt. …

So zog er sich denn, nachdem er im Ganzen achtzehn Tage jenseits des Rheines verweilt hatte, nach Gallien zurück und ließ die Brücke abbrechen.

Unverkennbar wird in diesem Text die taktische Überlegung Caesars deutlich, dem germanischen Gegner durch die nur zehn Tage in Anspruch nehmende Ingenieur-(»Genie«-)Leistung die Überlegenheit seiner Truppen vorzuführen.

148 Cüppers (1969); Grewe (2010) 120–122.
149 Galliazzo (1995) II, 319.
150 Caesar, Der Gallische Krieg IV, 17.

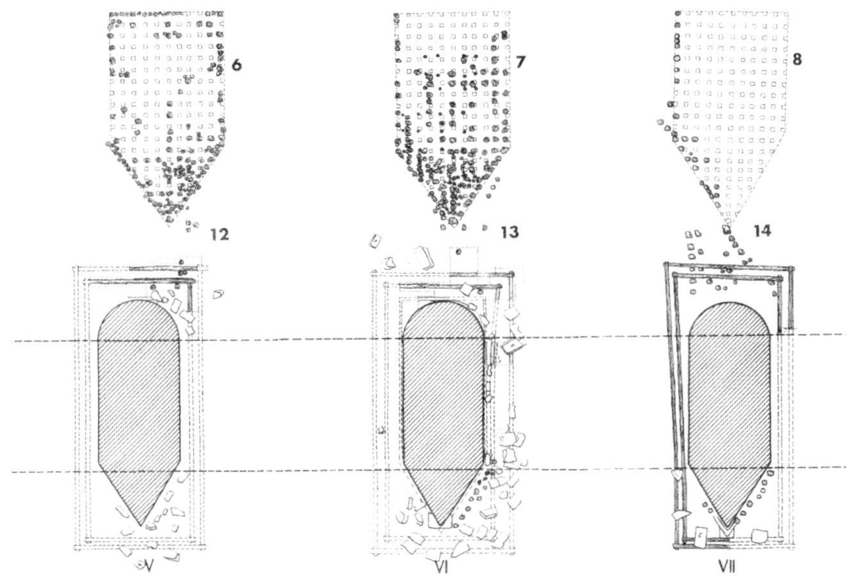

Heinz Cüppers gelang es in hervorragender Weise, die Bautechnik von steinernen Brückenpfeilern in der Mosel vor Trier archäologisch nachzuweisen. Die Steinpfeiler der älteren von zwei Brücken (71 n. Chr.) wurden auf einem in das Flussbett eingerammten Pfahlrost hochgezogen, während die Pfeiler der jüngeren Brücke (154 n. Chr.) im Flussbett selbst gegründet wurden. Dazu errichtete man doppelwandige Kästen aus Spundwänden und schöpfte oder pumpte den Innenraum leer.

A. Neyses und L. Dahm haben im großartigen Werk Die Trierer Römerbrücken *von H. Cüppers den Versuch unternommen, den Bau eines Pfeilers der Trierer Steinpfeilerbrücke (154 n. Chr.) nachzuvollziehen. Sehr anschaulich wird in ihrer Zeichnung aufgezeigt, wie man für eine Pfeilerbaustelle in einem Fluss einen trockenen Arbeitsbereich erzielen konnte.*

Holzpfahl mit eiserner Schuhspitze der zweiten Trierer Moselbrücke, dendrochronologisch in das Jahr 71 n. Chr. datiert: Allein für die 71er Brücke wurden etwa 1.750 Eichenpfähle benötigt.

Anlässlich einer Kinderfrage, wie denn die Römer in Flussbetten ihre Brückenpfeiler gebaut haben, wurde für eine »Kopfball«-Sendung des WDR ein kleiner Versuch gemacht und für die 15. »Kopfball«-Folge am 5.11.2006 aufgenommen. Dafür baute man am Rheinufer als erstes einen kleinen Kasten, in dem der »Brückenpfeiler« errichtet werden sollte.

Ein eisenbeschuhter Holzpfahl der unter Kaiser Konstantin gebauten Rheinbrücke in Köln.

Im nächsten Schritt wurde in diesen ersten ein zweiter Kasten eingebaut und der Zwischenraum mit »Ton« verfüllt.

Bevor die Sonne sich an diesem Aktionstag verabschiedete, wurden die untersten Steinlagen des »römischen« Pfeilers gesetzt. (Aus der Ferne schaute die Kölner Südbrücke ganz neidisch herüber).

Nun pumpte man das Innere mithilfe des Nachbaus einer römischen Doppelkolbenpumpe aus und bereitete das »Flussbett« für den Bau des Pfeilers vor.

39. »Warum wurde die Leverkusener Rheinbrücke nicht in römischer Technik erbaut? Dann würde sie doch in 2.000 Jahren noch stehen! Oder?«

Das ist doch mal eine wirklich spannende Frage! Gestellt wurde sie von einer älteren Dame nach einem Vortrag über Brückenbau in der Antike. Sie hatte dabei natürlich die während des Events gezeigten Beispiele vor Augen, beispielsweise die 50 m hohe Steinbrücke von Almuñécar in Spanien, über die noch heute wie vor 2.000 Jahren der Verkehr über den Río Tajo geführt wird! Zugegeben, diese Brücke musste mit den Jahren auch ein paar Mal erneuert werden, aber die Ursachen dafür lagen meist in kriegerischen Ereignissen und nicht in einem erhöhten Verkehrsaufkommen begründet.

Gleiches kann für die römische Moselbrücke in Trier angeführt werden. Oder nehmen wir die kleinere Eurymedon-Brücke bei Selge in der Türkei: Wenn man sieht, wie hoch mit Langholz beladene Transporter über die Brücke ächzen, dann wird dem Zuschauer zwar schwindelig –

Die Leverkusener Rheinbrücke – äußerlich von erhabener Schönheit. Allerdings hat der stark zugenommene Schwerlastverkehr der rund 1.061 m langen Brücke seit ihrer Eröffnung am 5. Juli 1965 stark zugesetzt, sodass nunmehr ein Abriss und ein Brückenneubau geplant sind.

Die Leverkusener Rheinbrücke beim Rheinhochwasser im Januar 2011.

aber die Brücke hält! Derartiger Beispiele ließen sich viele anführen. Hinzu kommt noch etwas: Die antiken Brücken sind in der Regel auch noch schön anzusehen: Ob der Pont du Gard bei Nîmes oder die Tiberbrücken Roms, das sind einfach Augenweiden![151]

Aber tun wir den heutigen Kollegen bitte nicht unrecht. Auch in unserer Zeit gibt es zahlreiche Beispiele für gelungenen Brückenbau und wunderschöne Brücken! Also, Hut ab vor den Ingenieuren unserer Tage!

Die eingangs gestellte Frage soll aber nicht unbeantwortet bleiben: Der Unterschied zwischen antiken und rezenten Brücken liegt zwar einerseits in den verwendeten Baumaterialien, andererseits und ganz besonders aber in ihren Ausmaßen, die mit antiken Werkstoffen nicht erreichen gewesen wären. Der Hauptgrund für die Beschädigungen ist jedoch der gegenüber der Planungszeit stark angestiegene Verkehr, den diese Brücken aushalten müssen. Bildlich gesprochen: Wenn man einem Esel immer einen Sack mehr auf den Rücken lädt, als er eigentlich tragen kann, wird er eines Tages in die Knie gehen …!

Darauf die ältere Dame: »Aber, man wird doch noch fragen dürfen …?« – Natürlich!

151 Grewe (1981); Grewe (2010); Grewe (2011a).

Das Rheinhochwasser vom 27. Februar 1784 ist als »Eishochwasser« in die Geschichte eingegangen und kann als eine der größten Naturkatastrophen dieser Region gelten. Verursacht durch gewaltige Vulkanausbrüche mit aschereichen Eruptionen auf Island kam es auch in Mitteleuropa zu folgenschweren Klimaeinbrüchen. Eisgang auf den Flüssen führte nach einer wochenlangen Frostperiode zu großen Schäden mit allein in Köln über 60 Toten. Durch den Eisstau an Brücken und Inseln war der Pegel 10 m höher als bei einem mittleren Hochwasser und mehr als 3 m höher als bei späteren Messungen von »Jahrhunderthochwassern«. Dieses außergewöhnliche Ereignis ist im Portal der romanischen Kirche St. Maria Lyskirchen in Köln eindrucksvoll dokumentiert.

Flach, aber breit! Auf einer der beiden römischen Straßenbrücken in Augusta Emerita / Mérida (Spanien) wird der Río Guadiana überquert. Die Brücke hat rund 2.000 Jahre überdauert. Aber als Rheinbrücke bei Leverkusen hätte auch diese massive Steinbrücke wohl keine Chancen gehabt: Rheinhochwasser wie das vom 27. Februar 1784 hätte sie niemals überstehen können.

Auch Bonn war vom desaströsen »Eishochwasser« nicht verschont geblieben, wie es an einer Stufe der Treppe zum Kreuzgang der Münsterkirche abzulesen ist. Immerhin liegt das Münster nur unweit entfernt vom höchsten Punkt der Stadt. Da die Bonner Kernstadt vom Rhein und einem ansonsten trocken liegenden, damals aber unerwartet gefluteten alten Rheinarm umschlossen war, wurde sie praktisch zur Insel. Wenig nordwestlich davon ragte eine zweite Insel hochwasserfrei aus dem Wasser, nämlich die Fläche des römischen Legionslagers. Dieses außergewöhnliche »Eishochwasser« hat enorme Schäden an den Bauwerken im Stadtbild angerichtet, sodass bei allem Vertrauen in die römische Baukunst bezweifelt werden muss, dass eine römische Steinbrücke dieser Urgewalt hätte trotzen können. Vor jedem Hindernis im Rhein hatten sich gewaltige Berge von »kutschengroßen« Eisblöcken aufgetürmt, denen keine Brücke standgehalten hat.

Die römische Limesstraße entlang des Rheins musste natürlich jeden seitlichen Zufluss überbrücken. Die Erft, die ihr Wasser bei Neuss-Grimlinghausen dem Rhein zuführt, war von den römischen Ingenieuren mit einer durchaus respektablen Steinbrücke überquert worden. Diese hatte allen Hochwassern dieses Nebenflusses standgehalten, bis sie im Truchsessischen Krieg 1586 zerstört und nicht wiederaufgebaut wurde. Eine Sepiazeichnung vom Anfang des 17. Jahrhunderts, die im Clemens Sels Museum in Neuss verwahrt wird, zeigt die nutzlosen Reste dieser einst ansehnlichen Brücke.

Schwerlastverkehr konnte den römischen Steinbogenbrücken kaum etwas anhaben, aber gegen Hochwasser oder Erdbeben waren die Brückenbauer machtlos. Deshalb muss man ehrlicherweise sagen, dass nicht jede Römerbrücke die Jahrtausende schadlos überstanden hat. Beispiele dafür gibt es aus allen Regionen des Imperiums, wobei Hochwasser genauso zerstörerisch sein konnte wie Erdbeben. Selbst die massive Kızılin-Brücke über den Göksu, einen Nebenfluss des Euphrat bei Adıyaman (Türkei), hat ein solches Naturereignis schwer getroffen.

Bei der Kızılin-Brücke wurde nicht nur der Brückenbogen zum Einsturz gebracht. Wie die seitliche Fotoaufnahme zeigt, liegen die Brückenteile auf beiden Seiten des Göksu nach einem solchen Schadensereignis nicht einmal mehr auf einer Linie.

Dieser spektakuläre durch den Posilip führende Tunnel geht vermutlich auf den Architekten Lucius Cocceius Auctus zurück. Er verband die zu Füßen des Berges am Golf von Neapel liegende Villa des Publius Vedius Pollio mit Pozzuoli. Mit der Tieferlegung der Tunnelsohle unter Ferdinand II. wurden 1840 auch die Stützrippen eingebaut.

TUNNELBAU – DAS »LICHT AM ENDE DES TUNNELS« WAR DER DURCHSTICH

Tunnelbau ist die vielleicht schwierigste unter den Ingenieursdisziplinen. Bis zur Einführung moderner Vortriebstechniken war das Grundproblem im Tunnelbau die Einhaltung der geplanten Trasse unter Tage.

Beim Gegenortverfahren begann man, den Tunnel an beiden Seiten des zu durchstoßenden Berges anzulegen und traf sich mehr oder weniger genau in der Mitte. Ein berühmtes Beispiel für dieses Bauverfahren ist der im späten 6. Jahrhundert v. Chr. gebaute Eupalinos-Tunnel auf der griechischen Insel Samos. Die besondere Schwierigkeit dieses Tunnelbauverfahrens lag darin, über lange Vortriebsstrecken die vorgegebene Richtung unter Tage einzuhalten. Abweichungen von der geplanten Trassenlinie waren durch Änderung der Vortriebsrichtung in der anschließenden Strecke zu korrigieren. Gerade diese Korrekturen sind es, die in den nach dem Gegenortverfahren gebauten Tunneln heute noch gut erkennbar sind.

Um derartige Vortriebsfehler zu minimieren, hat man schon seit frühester Zeit nach einem anderen Bauverfahren Tunnel gebaut: nach dem sogenannten »Qanat-Verfahren«, auch »Lichtlochverfahren« genannt. Bei dieser Technik teilt man die Strecke in mehrere Baulose auf. Man steckt die Tunneltrasse über den zu durchfahrenden Berg ab und teuft in gewissen Abständen Schächte ab. In jedem von ihnen beginnt man in einer vorausberechneten Teufe mit dem Vortrieb eines Stollens, mit dem man den jeweils nächstliegenden Schacht zu treffen versucht. Auf diese Weise erreicht man kurze Vortriebsstrecken und minimiert Vortriebsfehler. Die Verbindung aller Stollen ergibt schließlich den geplanten Tunnel.

Dieses Verfahren kommt aus dem alten Persien, wo man zur Versorgung der Oasen Wasser oftmals von weit her heranführen musste: Man zapfte unterirdische Vorkommen an und führte das Wasser in kilometerlangen ‚Qanaten' in das Versorgungsgebiet. Und diese Qanate waren nichts anderes als aus vielen, vielen Baulosen verbundene Tunnelabschnitte. Das Qanatverfahren verbreitete sich nach seinen Ursprüngen um 1000 v. Chr. bald über ganz Vorderasien und Nordafrika. Unter Bezeichnungen wie *Kahris*, *Käris* (Iran), *Foggara* (Sahara), *Khiras* (Afghanistan), *Sahrig* (Yemen), *Falaj* (Oman), *Ngoula*, *Kriga* oder *Chegga* (Nordafrika), *Khattara* (Südmarokko) oder auch *Mambo* (Japan) sind Qanate über die halbe Welt verbreitet.

In Europa finden wir nach diesem Verfahren gebaute Tunnel besonders in Italien, denn die Etrusker brachten es in dieser Disziplin zu wahrer Meisterschaft. Die etruskischen beziehungsweise etruskisch/römischen Tunnel zur Seeabsenkung in den Albaner Bergen sind teilweise heute noch in Betrieb. Und auch die Römer sollten dann unzählige Tunnel für ihre Straßen, Aquädukte und Seeabsenkungen auf diese Weise bauen. Sie brachten es in dieser Disziplin ebenfalls zu wahrer Meisterschaft.

Viele antike Tunnelbauwerke sind erhalten – manche erfüllen seit 2.000 Jahren auch heute noch immer ihren Dienst. Spektakulär war der Bau des Claudius-Tunnels am Fuciner See (Italien) mit seinen 5,6 km Länge, und geradezu überwältigend pittoresk wirkt der Titus-Tunnel bei Çevlik (Türkei), durch den man einen ganzen Fluss umgeleitet hat. Fast kurios mutet der als Goldfalle gebaute Tunnel am Río Sil bei Montefurado (Spanien) an. Da der Sil aus dem Abraum der Goldminen im Gebiet um Las Médulas geringe Mengen Gold mit sich führte, baute man durch einen vom Fluss umrundeten Bergsporn einen Tunnel und legte darin eine Vertiefung an, in der sich das schwerere Gold von den anderen fluviatilen Anteilen im Wasser trennte und ablagerte.

Auch Straßentunnel hat man gebaut, allerdings sind diese in der Antike recht selten zu finden. Dass wir sie relativ häufig in der Gegend von Neapel antreffen, mag mit den Aktivitäten eines bestimmten Baumeisters zusammenhängen, nämlich Lucius Cocceius Auctus, der unter Agrippa tätig war. Der Straßentunnel am Furlo-Pass im Verlauf der Via Flaminia ist ein Werk der vespasianischen Zeit, das belegt die Inschrift über dem Nordportal.

Mit einem als Qanat – also in Schachtbauweise – vorgetriebenen Tunnel wurde bei Inden (NRW) ein unterirdisches Wasserdargebot angezapft. Das Bauwerk diente ehemals der Wasserversorgung einer römischen Villa rustica. Im Laufe der Zeit »verlandete« der Tunnel völlig und ist heute ganz verschwunden, weil er dem Braunkohlenabbau zum Opfer gefallen ist.

Nach dem Vortrieb des Tunnels in Qanatbauweise wurde auf der Sohle eine Steinbettung in Ton verlegt, …

… auf der dann eine Tonrohrleitung installiert wurde.

In Inden rückten die Bagger immer näher und erreichten schlussendlich auch die Ausgrabungsstelle (im Bild links).

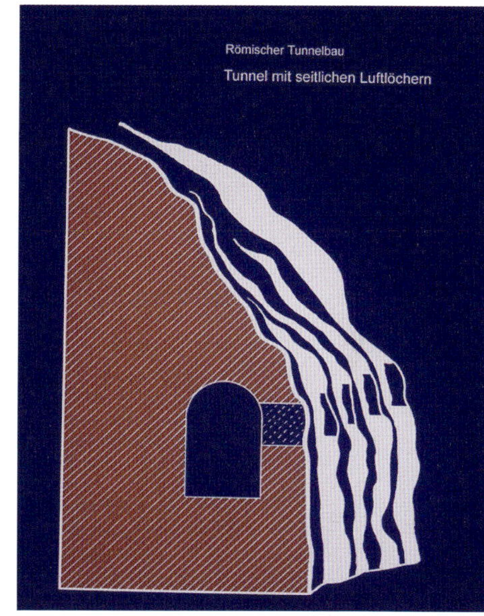

Ein Tunnel, der in einem ganz besonderen Qanatverfahren gebaut worden ist: Bei Korykos (Türkei) hat man einen Aquädukttunnel aufgefahren, dabei aber die Bauschächte nicht von oben in den Fels abgeteuft, sondern seitlich angelegt.

Der Korykos-Tunnel verläuft im Berg in etwa parallel zur natürlichen Felswand, wobei die seitlichen Fenster einerseits eine Orientierung beim Vortrieb ermöglichten, zugleich aber auch zur Entsorgung des Abraums dienen konnten.

Da Bauzeichnungen, Beschreibungen, Rechnungen und sonstige Urkunden aus der Bauzeit solcher Anlagen in der Antike und dem Mittelalter heute nicht bekannt sind, ist die Wissenschaft darauf angewiesen, in den Tunneln selbst zu forschen – all das, was man über die alten Techniken wissen will, muss man anhand der Bauwerke erkunden. Eine wichtige literarische Quelle gibt es allerdings: das praxisorientierte Handbuch des arabischen Mathematikers Mohamed Al Karagi. Er verfasste es Anfang des 11. Jahrhundert n. Chr. in Persien. Seine Texte bezüglich des Baus von Qanaten sind derart detailliert und präzise, dass sie uns auch einen tiefen Einblick in die technischen Probleme geben. Da Al Karagi oftmals mehrere Lösungen für ein und dasselbe Problem anbietet, kann man davon ausgehen, in seinen Büchern nicht nur den technischen Stand um die erste Jahrtausendwende n. Chr. zu finden, sondern zugleich den Erfahrungsschatz der vorangegangenen Generationen. Das wird auch deutlich durch Textstellen wie »Die alten Perser haben …«.

Die spektakulärste Hochwasserschutzmaßnahme der Antike war sicherlich der Bau des Tunnels zur Seeableitung am Fuciner See unter Kaiser Claudius (52 n. Chr. vollendet). Seine gewaltigen Ausmaße werden in einem Stich Piranesis deutlich, der das Innere und einen der Belüftungsschächte zeigt. Piranesi (1720–1778) hat den Claudius-Tunnel vermessen und dargestellt, bevor dieser durch einen vom Fürstenhaus Torlonia in Auftrag gegebenen Neubau stark angegriffen und zu großen Teilen zerstört worden ist.

Um auf dem Weg von Neapel nach Pozzuoli die beschwerliche Überquerung des Posilips zu vermeiden, haben hier bereits römische Ingenieure Straßentunnel gebaut. Einer davon ist die unter Lucius Cocceius Auctus gebaute Grotta di Pozzuoli (auch Cripta Neapolitana), die als einziger antiker Tunnel in der Tabula Peutingeriana *zwischen* Neapoli *und* Puteolis *(Schreibweise in der TP) eingezeichnet ist.*

Es soll einer der schönsten Ausblicke auf Erden sein, den man vom Posilip aus genießen kann: Der Rundblick reicht vom Golf von Neapel über die Insel Ischia bis zur Bucht von Pozzuoli. Aber der Posilip selbst war immer ein großes Verkehrshindernis.

Die Via Flaminia *passiert auf dem Weg von Rom an das Adriatische Meer den Furlo-Pass, dessen seit augusteischer Zeit existierende Überquerung einen kleinen Felsdurchstich erforderte.*

Der Ausbau dieser Strecke unter Vespasian ermöglichte eine schnellere Verbindung dank einer größeren Tunnelröhre. Sie ist durch eine Bauinschrift belegt.

Die Nabatäerstadt Petra (Jordanien) ist nur durch eine schmale Felsenschlucht, den Siq, erreichbar. Dieser stellte schon in der Antike eine Gefahr für die Stadt dar, denn bei plötzlich auftretenden Regenfällen im Einzugsgebiet des Wadis oberhalb davon konnte ein gefährlicher Sturzbach entstehen.

Zum Schutz Petras hat man den Zugang zum Siq deshalb mit einem Damm gesichert und gleichzeitig seitlich einen Flussumleitungstunnel gebaut. Dieser war knapp 5 m breit und 8 m hoch; er konnte deshalb gewaltige Wassermassen eines Sturzregenereignisses aufnehmen und ableiten.

Der Titus-Tunnel beim heutigen Çevlik (Türkei) regelte in der römischen Zeit den Zufluss eines Gebirgsbaches zum Hafen von Seleukia Pieria. *Da dieser Bach viel Geröll mit sich führte, musste man den wichtigen Hafen vor Verlandung schützen und baute unter Vespasian und Titus eine Staumauer sowie seitlich daneben einen Tunnel durch das Gebirge. Mit einem Querschnitt von 6 m x 6 m war dieser bei Normalwasser geeignet, den ganzen Fluss umzuleiten.*

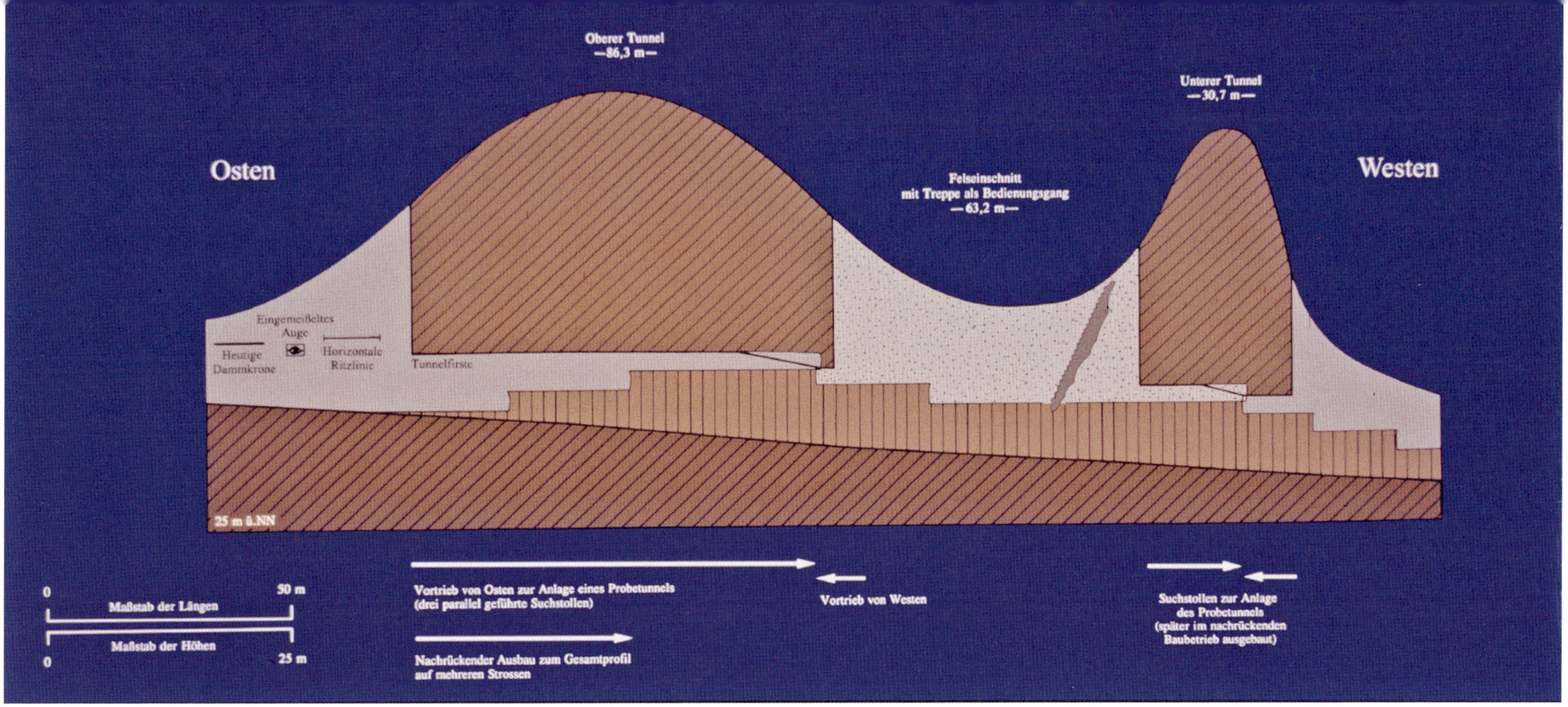

Der Tunnel bestand aus zwei Teilen, sodass man den Berg mit Vortrieben an vier Stellen angreifen konnte. Für beide Abschnitte baute man als erstes Probetunnel in Firsthöhe, die nach dem erfolgreichen Durchstich tiefergelegt wurden.

Um die inneren Vortriebe anlegen zu können, arbeitete man sukzessive mit dem Arbeitsfortschritt eine Treppe aus dem Fels heraus, über die der anfallende Steinschutt weggeräumt werden konnte. Blickt man heute durch die Tunnelröhren, sieht man im offenen Mittelteil immer noch die Steintreppe an der Felswand »kleben«.

Die ehemals nach unten in den offenen Mittelteil der Baustelle führende Treppe endet genau dort, wo sie letztmals benötigt wurde, denn sie wurde nach dem Durchstich der Probetunnel überflüssig, da man nun das Material leichter abtransportieren konnte.

Ein Tunnel erfordert immer ein Deckgebirge, im Bergbau auch »Hangendes« genannt, um stabil zu sein. Dafür muss vor einem Tunnelmundloch ein offener Graben angelegt werden, wenn es sich nicht um einen Angriffspunkt in einer senkrechten Felswand handelt. Im Titus-Tunnel von Çevlik ist dieser »Zulaufgraben« aus dem Felsmassiv herausgearbeitet worden.

Einen Flussumleitungstunnel der ganz besonderen Art gibt es im Verlauf des Río Sil im Nordwesten Spaniens bei Montefurado. Schwemmsande aus dem Gebiet der Goldminen von Las Médulas wurden in großen Mengen über den Fluss als Vorfluter abtransportiert. Damit wurden aber auch noch erkleckliche Mengen Goldes abgeführt, die es abzufangen lohnte. Man durchstach deshalb einen vom Río Sil umrundeten Bergsporn und schuf auf diese Weise einen Tunnel als »Goldfalle«: Das Wasser durchströmte eine im Tunnel angelegte Vertiefung, wo sich das schwerere Gold vom übrigen fluviatilen Material trennte und ablagerte. Von Zeit zu Zeit verlegte man den Fluss wieder in sein altes Bett und konnte die »Goldfalle« ausräumen.

40. »Was ist denn überhaupt der Unterschied zwischen einem ›Tunnel‹ und einem ›Stollen‹?«

Eine ganz heikle Frage! Denn selbst unter Baufachleuten ist man sich nicht immer einig, welche Bezeichnung für welches Bauwerk denn nun die richtige ist! Die Antworten begründen sich nämlich erfahrungsgemäß entweder in den angewandten Bautechniken, den Nutzungsarten oder den volkstümlich vergebenen Benennungen, und damit ist ein Durcheinander bereits vorprogrammiert. Aber eine gewisse Logik sollte dabei doch nicht verloren gehen. Denn eigentlich sind die beiden Bauwerkstypen doch einfach zu unterscheiden, zumal es bei einem »Stollen« in einen Berg hineingeht, während ein »Tunnel« einen Berg durchsticht.

Gehen wir zurück zu den Wurzeln: Die im Deutschen verwendete Bezeichnung »Tunnel« wurde erst im 19. Jahrhundert aus dem Englischen übernommen. Aber auch in England ist der Begriff nicht ursprünglich, er wurde vielmehr dem altfranzösischen *tonnelle* (Gewölbe) entlehnt. Als »Tunnel« kam das Wort später aus dem Angelsächsischen wieder nach Frankreich zurück. Hier bezeichnet es im bautechnischen Bereich eine *»Galerie souterraine pratiquée pour donner passage à une voie de communication«*.[152]

Im Englischen ist die Bedeutung des Wortes universeller. Hier wird mit »Tunnel« *»an essentially horizontal underground passageway«* bezeichnet, der sowohl künstlich als auch auf natürlichem Wege (zum Beispiel im Kalkgebirge) entstanden sein kann.[153] Er dient neben dem Verkehr, wie im französischen und deutschen Sprachgebrauch, auch *»for conducting water and sewage«*, also zur Führung von Wasser- und Abwasserleitungen. Wie weit der Begriff im Englischen gefasst ist, wobei bereits ein Hohlraum als »Tunnel« bezeichnet wird, zeigt der geschichtliche Hinweis, dass die ersten »Tunnel« von den prähistorischen Menschen gebaut worden sind, um ihre Höhlen zu vergrößern.

Die deutschen Lexika zeigen sich in ihren Beschreibungen für Tunnelbauten durchaus wandlungsfähig. In *Meyers Konversations-Lexikon* von 1889 heißt es noch, dass ein »Tunnel« ein »unterirdischer Stollen« ist, »welcher zur Herstellung entweder eines Land- oder eines Wasserweges durch hügeliges oder gebirgiges Terrain (Landtunnel), oder zur Herstellung eines Landverkehrs, einer Wasserleitung oder einer Ableitung von Abfallstoffen unter dem Bett eines Flusses, Sees oder Meeresarms (Unterwassertunnel) erbaut wird«.[154]

Man kann also feststellen, dass im Meyer von 1889 Wasserleitungen durchaus noch durch Tunnel geführt werden konnten, allerdings nicht in gebirgigem Gelände, sondern nur unter Gewässern hindurch. In einer neueren Ausgabe sind Tunnelbauten dann keine Stollen mehr und dienen auch nicht der Wasserversorgung; als »Abwasser-Tunnel innerhalb einer städtischen Kanalisation« werden sie hingegen beschrieben.[155] Der *Brockhaus* erwähnt unter seinem Stichwort »Tunnel« weder Wasser noch Abwasser, ein »Tunnel« ist »die unterirdisch geführte Strecke eines Verkehrsweges (Eisenbahn, Fußgänger, Straße, Kanal)«.[156]

Die Verfasser des Beton-Lexikons schließen sich mit ihrer Beschreibung des Begriffs »Tunnel« nicht gedankenlos den herkömmlichen Lexikonbeschreibungen an. Tunnelbauten sind zwar auch bei ihnen noch »unterirdische Verkehrsanlagen«, aber »sie unterscheiden sich von Stollen dadurch, dass die Tunnelröhre an beiden Seiten zutage tritt«.[157] Der Stollen hingegen wird zwar als »Sammelbegriff für unterirdische Röhren und Gänge« beschrieben, gleichzeitig aber auch als Begriff für »Hilfsbauten im Tunnelbau«.[158]

Bei genauerem Hinsehen wird der Grund für die Verwirrung beim Sprachbegriff »Tunnel« schnell klar: Die angeführten Erklärungen sind nicht in den Bauwerken selbst begründet, sondern stattdessen in deren Funktionen. Man sollte aber bedenken, dass es für die Nutzung eines solchen Bauwerks gleichgültig ist, ob sie in einem »Tunnel« oder in einem »Stollen« stattfindet: Zwei parallel durch einen Bergrücken geführte Bauwerke könnten von der Bauweise her völlig gleichartig sein, man würde nach den oben genannten Definitionen das eine als »Tunnel« bezeichnen, wenn es Fußgängern zur Passage diente; man würde hingegen das zweite Bauwerk einen »Stollen« nennen, wenn damit ein Bach abgeleitet würde. Eine derartige Begriffsunterscheidung erscheint weder notwendig noch sinnvoll.

Bedenkt man, dass das aus dem Englischen stammende Wort »Tunnel« im deutschen Sprachgebrauch erst seit etwas mehr als einem Jahrhundert bekannt ist, wird deutlich, dass vor diesem Zeitpunkt zwischen Tunneln und Stollen gar nicht unterschieden worden sein kann. Nun haben wir diesen Begriff aber zur Verfügung – selbst seine Aussprache ist eingedeutscht worden – und sollten ihn deshalb zur Unterscheidung auch nutzen. Eine Differenzierung zwischen »Stollen« und »Tunnel« kann eigentlich nur bei der Betrachtung der Entstehung beider Bauwerke sinnvoll sein, denn auf diese Weise werden schon in der Bezeichnung auf einfache Weise Bauwerkstypen charakterisiert.

Wie wäre es mit folgenden Definitionen? Ein Tunnel ist ein künstlich angelegter unterirdischer Hohlraum, der in geschlossener Bauweise (das heißt, bergmännisch aufgefahren) errichtet worden ist. Er ist in erster Linie dadurch gekennzeichnet, dass er ein Hindernis durch- oder unterquert, wobei er an seinen beiden Enden an das Tageslicht tritt. Ein Tunnel unterscheidet sich dadurch von einem Stollen, der in der Regel nur **ein** Mundloch hat. Tunnel sind ingenieurmäßig durchdachte Bauwerke, deren Errichtung eine planerische Konzeption zugrunde liegt. Die Konzeption eines Tunnels muss die Vortriebsstrategie für die Auffahrung der Strecken beinhalten: Ein fertiger Tunnel ist das Ergebnis exakter Planung und Trassierung.[159] Bei einem Stollen hingegen folgt man mit dem Vortrieb beispielsweise einer Lagerstätte von Erz, wobei in diesem Fall die Vortriebsrichtung ziemlich egal ist – solange man nicht anderes fremdes Eigentum unterfährt.

Übrigens, die Römer hatten diese Probleme nicht. Egal ob Stollen, Tunnel oder Mine – bei ihnen hieß es schlicht und einfach *cuniculus* (Kaninchengang). Da konnte man sich wenigstens etwas drunter vorstellen!

152 Grand Larousse universel (Paris 1989) XV, 10467.
153 Encyclopædia Britannica (London [15]1973–1974) XVIII, 749.
154 Meyers Konversations-Lexikon (Leipzig [4]1889) XV, 906.
155 Meyers Enzyklopädisches Lexikon (Mannheim [9]1978).
156 Brockhaus Enzyklopädie (Wiesbaden [17]1974) XIX, 114.
157 Beton-Lexikon (Düsseldorf 1990) 318.
158 Beton-Lexikon (Düsseldorf 1990) 305.
159 Grewe (1998a) 16.

Wenn es also gelten soll, dass ein Stollen in einen Berg hineinführt, ein Tunnel hingegen den Berg durchfährt, dann besteht ein im Gegenort aufgefahrener Tunnel bis zum Durchstich aus den beiden Stollenvortrieben von zwei Seiten eines Berges aus. Das Beispiel zeigt den Bau eines Stollens, der nach dem Treffen mit dem Gegenbaulos zum Tunnel werden sollte. Das dürfte in einer römischen Baustelle nicht viel anders ausgesehen haben als in diesem Stollen der 1764 gebauten Wasserleitung zum Schloss Seehof in Memmelsdorf bei Bamberg (Bayern). Selbst die im historischen Wilcken-Plan dargestellten Werkzeuge werden sich von den römischen kaum unterschieden haben.

Blick auf die Situation im Treffpunkt beider Vortriebsstollen: Man erkennt deutlich einen Höhenfehler, da das östliche Baulos von links tiefer ins Bild kommt als das westliche. Bei Letzterem liegt die Sohle des Vortriebs zudem deutlich höher, sein ehemaliges Gesamtprofil lässt sich vor dem geistigen Auge aber gut ergänzen, wenn man die Firste dieses Vortriebs deutlich macht: Die zwei Lichtflecken im Bild zeigen ganz klar die Arbeitsräume zweier nebeneinander arbeitender Tunnelbauer. Um einen Durchfluss für das Wasser zu schaffen, wurden die beiden Baulose nach dem Durchstich höhenmäßig angeglichen, den vom finalen Versicherungshaken umrundete Felsblock entfernte man.

Der römische Aquädukttunnel von Briord (Frankreich) ist vermutlich nie mit einer Wasserleitung ausgebaut gewesen, vielmehr durchströmte das Wasser ihn in seiner ganzen Breite. Da er als »Rohtunnel« genutzt worden ist, sind in seiner Firste und seinen Wandungen aussagekräftige Arbeitsspuren zu erkennen. In einem Abschnitt ist zu sehen, dass der Vortrieb schräg nach oben geführt wurde, was sich aber offensichtlich später als Ergebnis eines Messfehlers herausgestellt hat, denn danach – vermutlich nach einer Kontrollmessung – legte man die Sohle tiefer und setzte den Vortrieb neu an.

Der Planungsansatz im Tunnel von Briord war genial. Man führte von beiden Seiten des zu durchstoßenden Berges im Gegenortverfahren Stollen aufeinander zu. Beide Vortriebe waren um knapp 10 m parallel versetzt worden, da man das Gegenbaulos in der Mitte der Strecke mit einem Querschlag von Westen von der Seite treffen wollte. (Im Plan ist Norden unten!) Da man mit dem Querschlag aber zu früh angesetzt hatte, verfehlte man den entgegenkommenden Vortrieb. Nun wurde ein »finaler Versicherungshaken« vollzogen und so traf man das Gegenbaulos von Süden. Diese Art der »Versicherung« hatte Eupalinos allerdings schon ein paar hundert Jahre früher erfunden und beim Bau seines berühmten Tunnels auf der Insel Samos angewandt.

Finaler Versicherungshaken

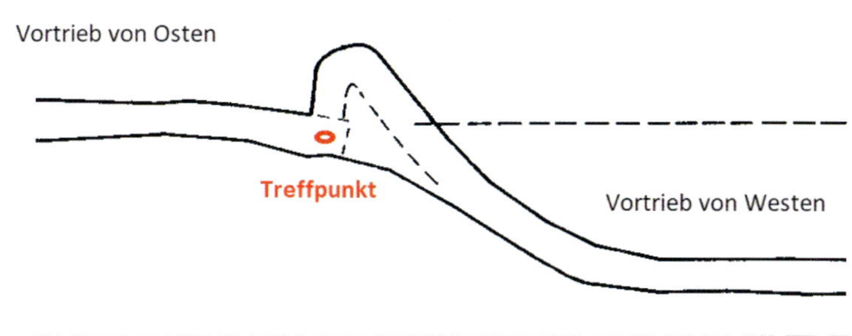

41. »Tunnelbau gilt doch als eine der schwereren unter den Ingenieursdisziplinen. Hatten die Römer eigentlich Vorbilder bei der Anwendung dieser Technik?«

»Trifft man sich, hat man **einen** Tunnel, trifft man sich nicht, dann hat man dagegen **zwei**!« Mit diesem spaßig gemeinten Satz ist die Sache doch auf den Punkt gebracht, denn hier wird das Grundproblem des Tunnelbaus angesprochen: Wenn man sich von zwei Seiten aus in einen Berg hineinarbeitet, um eine durchgängige Verbindung herzustellen, dann muss man diese zwei Baulose auch miteinander verbinden. Und erstaunlicherweise ist das der Regelfall, denn nirgendwo hat man einen Tunnel von nur einer Seite aus über die gesamte Strecke durch einen Berg geführt. Selbst die beiden ältesten Großtunnel der Welt, der des Königs Hiskia (705–701 v. Chr.) in Jerusalem[160] und der des Eupalinos (zweite Hälfte des 6. Jahrhunderts v. Chr.) auf der Insel Samos[161], sind in diesem Gegenortverfahren gebaut worden.

Die Römer haben es in der Disziplin Tunnelbau dann zu wahrer Meisterschaft gebracht. Sie bauten eine große Zahl an Aquädukttunneln, deren Zeugnisse im ganzen Weltreich anzutreffen sind. Tunnel zur Seeabsenkung (Hochwasserschutz) und für den Straßenverkehr finden sich ebenfalls in großer Zahl, aber hauptsächlich in Mittelitalien. Die römischen Ingenieure beherrschten zwar auch den Tunnelbau im Gegenortverfahren, aber da bei dieser Bauart immer die Gefahr bestand, sich im vorgesehenen Treffpunkt zu verfehlen, ist man bei den meisten Tunnelbauten nach einer anderen Methode vorgegangen: dem sogenannten »Qanatverfahren«, das wir bereits kennengelernt haben, das hier aber noch einmal ausführlicher vorgestellt werden soll. Hier haben wir es einmal mit einer Bautechnik zu tun, die nicht von den Römern erfunden worden ist, sondern deren Ursprung rund 1.000 Jahre früher im alten Iran lag. Zur Erinnerung: Bei diesem Verfahren greift man den Berg nicht nur von zwei Seiten an, sondern zusätzlich noch von mehreren Bauschächten ausgehend, die man im Verlauf der Trasse über den Berg abgesteckt hat.

»Qanate« (vom Persischen *Qanat*) sind also aus vielen kurzen Stollen zusammengesetzte Spezialtunnel, und als solche sind sie technische Bauwerke zur Wassergewinnung, die 70 Kilometer und mehr lang sein können. Mit ihrer Hilfe werden unterirdische Wasserdargebote angezapft, um deren Wasser zu den Versorgungsgebieten zu leiten. Dabei kann es sich um Oasen, aber auch um ganze Städte handeln. Diese Technik ist im Laufe der Geschichte weit verbreitet worden, und man findet sie von Marokko bis Japan in den ariden und halbariden Zonen der Erde. Im alten Iran gab es 40.000 bis 50.000 dieser Qanate, und noch heute sind 25.000 davon in Betrieb.

Die Technik ist also uralt: Dem eigentlichen Qanatbau hatte immer die Suche nach einem Wasserdargebot vorauszugehen. Meist fanden sich anzapfbare wasserführende Schichten (*Aquifere*) am Fuße von Gebirgszügen. Durch die Anlage eines »Mutterschachtes« stellte man die Ergiebigkeit und die Höhenlage des Aquifers fest. Daneben war die Prüfung des zwischen dem Mutterschacht und dem Versorgungsgebiet liegenden Terrains auf die Möglichkeit zum Bau eines Qanates erforderlich. Hierfür nahmen erfahrene Spezialisten (*muquanni*) eine Geländebegehung vor – heute würde man dies »Prospektion« nennen. Eine genaue Vermessung der Höhenverhältnisse zwischen Mutterschacht und Oase zeigte dann an, ob der Ausbau eines Qanates lohnenswert war. Denn eine gründliche Planung war auch beim Bau der Qanate unverzichtbar.

Die spezielle Art der Bautechnik eines Qanates lässt dessen Verlauf manchmal sogar aus Satellitenhöhe klar erkennen: Wie an einer Perlenkette aufgereiht erkennt man die Auswurfkrater der Bauschächte. Heute sind einige ausgewählte Qanate im Iran als Unesco-Welterbe unter Schutz gestellt.

Die Etrusker und später die Römer übernahmen nicht nur diese Bautechnik und bauten ebenfalls Qanate zur Wasserversorgung, man modifizierte zudem diese Technik und führte sie im allgemeinen Tunnelbau ein. Bei der Konstruktion nach diesem Verfahren (auch »Lichtlochverfahren« genannt) wurde die Trasse wie im Qanatbau in viele kurze Abschnitte unterteilt. Noch einmal zur Erinnerung: An den Treffpunkten dieser

Als ältester Großtunnel kann der Hiskia-Tunnel von Jerusalem gelten, der um 700 v. Chr. im Gegenortverfahren gebaut wurde. Keinesfalls ist es Zufall gewesen, dass man sich in der Mitte des Tempelberges getroffen hat: Betrachtet man die zahlreichen Versprünge in den Wandungen, kommt man zwangsläufig zu dem Schluss, dass hier jeweils Kontrollmessungen stattgefunden haben und danach Korrekturen in der Vortriebsrichtung vorgenommen wurden.

Besonders auffällig ist die Strategie der Kontrollmessungen bei der Trassenplanung an den Stellen, wo man eine Vortriebsrichtung ganz aufgegeben hat, um mit einem neuen Ansatz weiterzuarbeiten. Jede einzelne dieser Fehlerkorrekturen kann nur das Ergebnis einer Kontrollvermessung während des laufenden Vortriebs gewesen sein. Diese Stellen erkennt man heute noch an kurzen Blindstrecken, die im Tunnel verblieben sind.

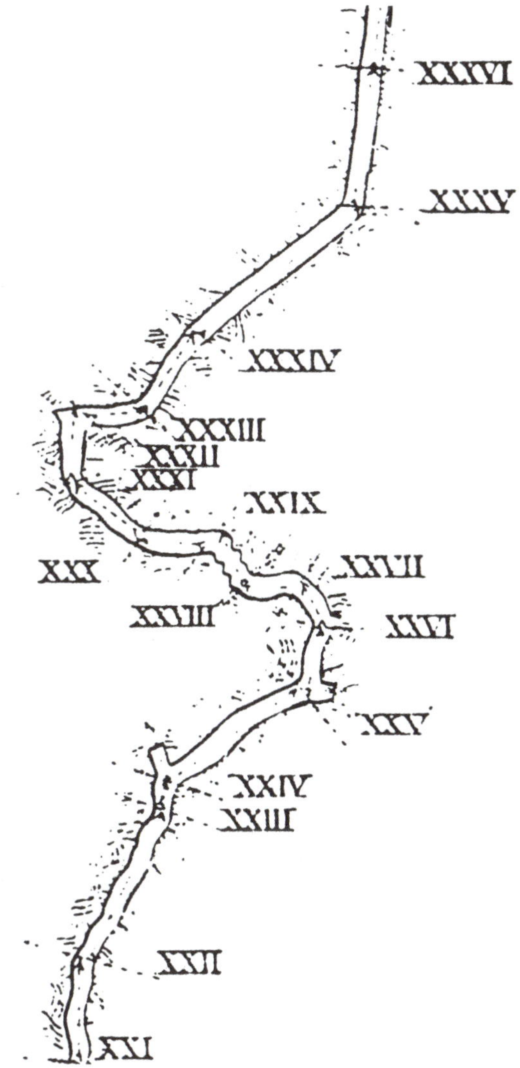

Im Aufmaßplan des Hiskia-Tunnels sind solche Blindstrecken mehrfach zu sehen. Verständlicherweise häufen sie sich besonders dort, wo man dem Soll-Treffpunkt näherkommt: Um das Gegenbaulos auf keinen Fall zu verfehlen, hat man laufend Kontrollvermessungen vorgenommen und den Vortrieb korrigiert.

Baulose teufte man bis zu einer vorausberechneten Tiefe Schächte ab und trieb von da aus einen Stollen zum jeweils benachbarten Bauschacht vor. Aus der Verbindung der vielen kurzen Stollen entstand schließlich der durchgängige Tunnel. Dieser trat also nicht nur mit seinen beiden Mundlöchern ans Tageslicht, sondern auch mit seinen zusätzlichen Bauschächten.

Mit der Anwendung dieses Verfahrens verringerte sich erheblich die Gefahr, sich im Berg zu verfehlen. Das größte Bauwerk dieser Art dürfte der Claudius-Tunnel am Fuciner See sein, der mit seinen 5.595 m Länge und Schachteufen von bis zu 122 m jedem Vergleich standhält.[162] Er ist eines der Bauwerke, bei denen es sich zwar nicht um echte Qanate handelt, die aber als Tunnel in Qanatbauweise angelegt worden sind.

Der Drover-Berg-Tunnel bei Düren (Nordrhein-Westfalen), mit 1.660 m Länge der längste römische Tunnel nördlich der Alpen, ist ebenfalls in Qanatbauweise konstruiert worden.[163] Es gibt aber auch in unseren Breiten unterirdische Wassergewinnung mittels echter Qanaten, die von der Bautechnik her den iranischen Bauwerken sehr ähnlich sind. Diese Methode wurde sehr oft an der oberen Mosel und in Luxemburg angewandt.[164] Die Qanate von Pölich und Mehring[165] sowie der Raschpëtzer bei Walferdingen[166] sind sehr anschauliche Beispiele hierfür; Teilstrecken von ihnen kann man sogar im Gelände auffinden.

Erstaunlich, dass die zwei Tunnel, die im Rheinland in den Jahren nach der Römerzeit bis zum Bau der beiden ersten Eisenbahntunnel in Deutschland (1837–1841) realisiert wurden, ebenfalls im antiken Qanatverfahren angelegt worden sind. Bauherr des vermutlich 1164 gebauten Tunnels zum Hochwasserschutz am Laacher See war Fulbert, der zweite Abt des Klosters Maria Laach.[167] Seine Wissensquelle bezüglich der Bautechnik lässt sich nachvollziehen, denn die Benediktiner hatten sicherlich Kontakte zu ihrem Mutterkloster Monte Cassino in Italien, und dort, zwischen Rom und Neapel, konnte man noch viele antike Tunnel in

Hier sind die Vortriebskorrekturen im Qanattunnel von Walferdingen (Luxemburg) zu sehen. Dieser ist allerdings fast 1.000 Jahre nach dem Hiskia-Tunnel gebaut worden.

Um bei der Trassierung das Risiko zu vermindern, sich mit den beiden Vortriebsstollen im Gegenortverfahren im Berg zu verfehlen, haben die römischen Ingenieure sich eines zweiten Bauverfahrens bedient, das sie den alten Persern und den Etruskern abgeschaut hatten. Bei diesem nach den persischen Qanaten benannten Verfahren teilt man die Tunneltrasse in mehrere kurze Abschnitte ein und legt Bauschächte an, die man bis zu einer genau berechneten Tiefe abteuft.

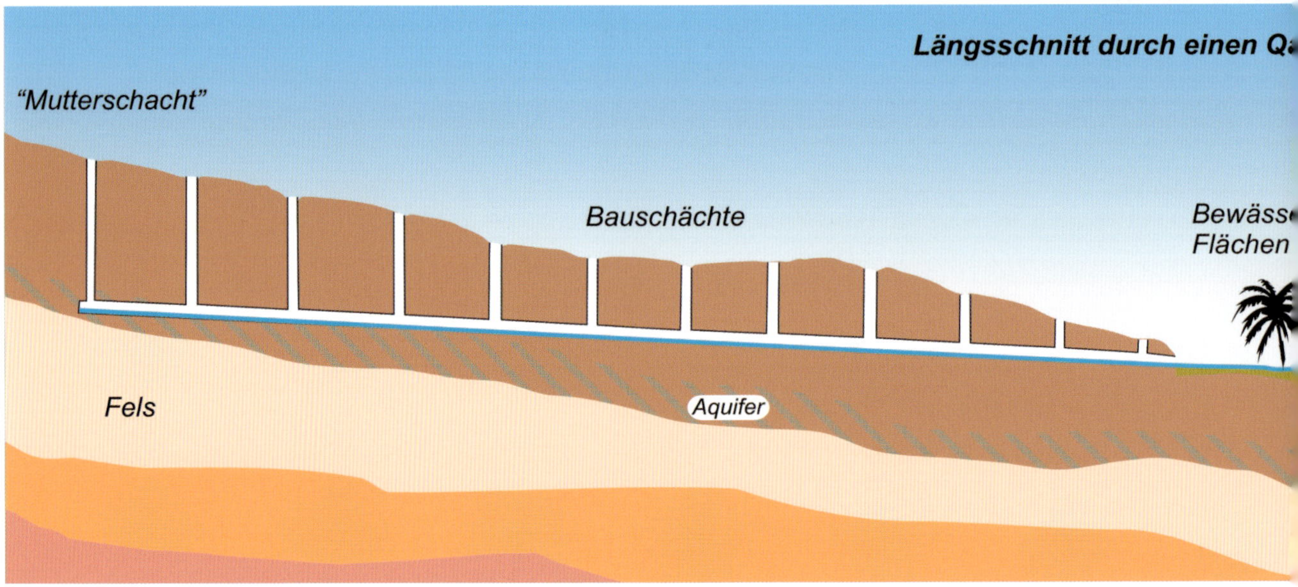

Beim Bau der Qanat-Schächte bediente man sich Haspelräder, um das Abraummaterial nach oben zu befördern. Im Bild ein Nachbau im Qanat-Museum von Yazd (Iran).

Funktion sehen und die bei ihrem Bau angewandte Technik studieren. Vielleicht lieferte dem Abt aber auch eine zweite Wissensquelle nützliche Informationen, denn man konnte vermutlich über die eigene Bibliothek oder die einer befreundeten Abtei auch auf antike Literatur zurückgreifen, und da hätte ein Blick in Vitruvs *Zehn Bücher über Architektur* aufschlussreich gewesen sein können.

Der Bauherr des zweiten mittelalterlichen Tunnels in Qanatbauweise, der Blankenheimer Graf Dietrich III., ließ 1468 eine Wasserleitung zu seiner Burg bauen, in deren Verlauf auch ein Tunnel in diesem Verfahren angelegt werden musste. Woher der Baumeister des Blankenheimer Tiergartentunnels sein Wissen bezogen hat, ist schwerlich nachvollziehbar. Vielleicht hat er sich in Maria Laach kundig gemacht – darüber kann man aber trefflich mutmaßen …[168]

160 Grewe (1998a) 45–52.
161 Kienast (1995); Grewe (1998a) 58–69.
162 Grewe (1998a) 91–98; Grewe (2014) 130–135.
163 Grewe (1983a); Grewe (1998a) 189–192.
164 Grewe (2011); Grewe (2014) 126–130.
165 Kremer (1999).
166 Waringo / Faber / Werner (2017).
167 Grewe (1979); Grewe (2009b).
168 Grewe (2007b und c).

Die Römer waren nicht weniger erfindungsreich, wenn es galt, das Material aus einer Tunnelbaustelle zu befördern. In den bis zu 122 m tiefen Bauschächten des Claudius-Tunnels am Fuciner See (Italien) konnte man das Abraummaterial nicht in einem Zuge nach oben transportieren, sondern musste Zwischenstationen einrichten. Auf einem dort gefundenen Relief sieht man über einem auf dem See fahrenden Boot wie mit Röntgenaugen in die Tunnelbaustelle im Monte Salviano hinein auf ein Zwischengeschoss zum Umsetzen von Bauschutt. Die von zwei Arbeitern bediente Doppelseilwinde ist besonders raffiniert konstruiert worden: Auf einer Rolle wird ein Seil abgerollt, um einen leeren Behälter im Schacht hinabzulassen, während mit derselben Drehbewegung mit der zweiten Rolle ein Seil aufgewickelt wird, das es ermöglicht, einen gefüllten Behälter zu heben. Man erkennt deutlich, dass das Seil in einer Rolle ab- und in der anderen aufgewickelt wird. Das »Gegengewicht« des einen Behälters machte das Heben des anderen ein bisschen leichter. Laut Plinius d. Ä. waren 30.000 Arbeiter 11 Jahre mit dem Bau beschäftigt.

Manchmal sind die Bauöffnungen der Qanate auch sehr pragmatisch gesichert worden, indem man sie mit einem alten Autoreifen vor einem Abbröckeln des Schachtrandes schützte.

Die Bauschächte der Qanate hat man in der Regel offengelassen, sodass sich im Luftbild wie an einer »Perlenkette« aufgereihte Schachtöffnungen zeigen.

Im fertigen Drover-Berg-Tunnel verlegte man eine Wasserleitung in Form einer Steinrinne mit einer Abdeckung aus Imbrices (antike Dachziegel).

In nachrömischer Zeit ist das Füllmaterial der Bauschächte eingesackt und hat an der Oberfläche deutliche Trichter hinterlassen.

Die Bauschächte des Drover-Berg-Tunnels wurden mit Ton verfüllt, um das Einsickern von unerwünschtem Oberflächenwasser zu verhindern.

Die Römer haben nach diesem Verfahren nicht nur echte Qanate gebaut, sondern auch Tunnel in Qanatbauweise. Ein besonders interessantes Exemplar, zudem mit 1.660 m Länge der längste Tunnel nördlich der Alpen, ist der Drover-Berg-Tunnel bei Düren (NRW). Er ist einem Qanat im alten Persien in der Bauweise sehr ähnlich, nur dass er nicht im Berg endet, sondern durch ihn hindurchführt, um Wasser einer Quelle zu einer Villa rustica *zu bringen.*

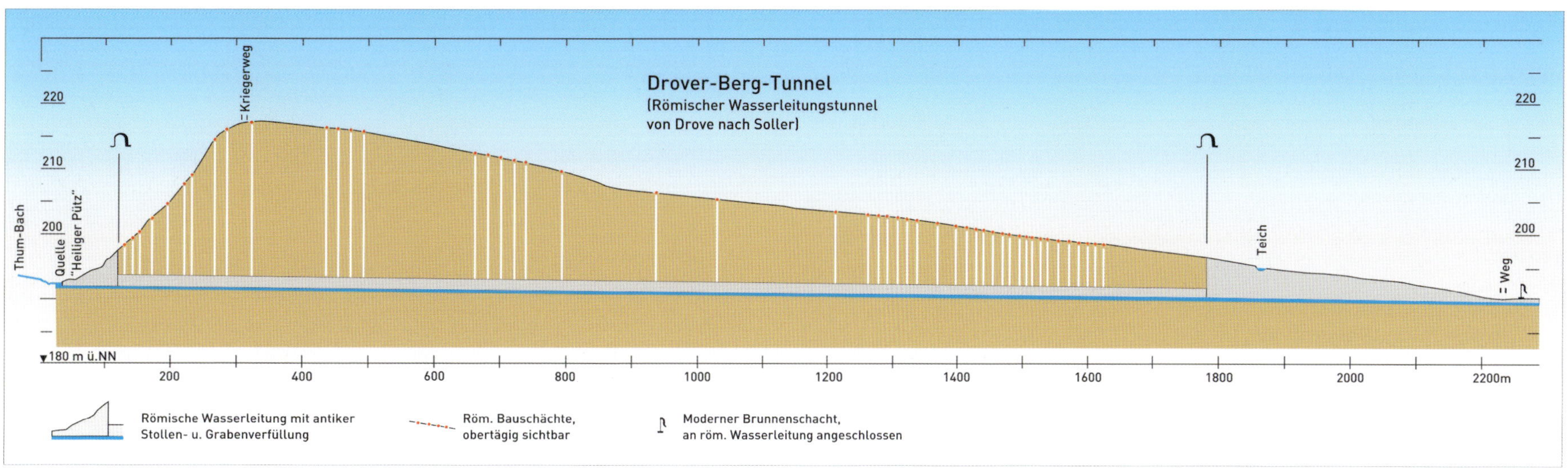

42. »Wie hat man denn beim Tunnelbau die Vortriebsrichtung auf beiden Seiten eines Berges abgesteckt, wenn man sich in der Mitte des Berges treffen wollte?«

Im Vorangegangenen haben wir bereits eingehend die beiden Methoden des Tunnelbaus kennengelernt: das Gegenort- und das Qanatverfahren.

Insbesondere bei Ersterem stellte sich das große Problem der Übertragung der planmäßigen Richtung in den Berg und ihre Einhaltung beim Vortrieb. Nachdem die Mundlöcher auf beiden Seiten des Berges abgesteckt waren, was immer unabdingbar mit einem Nivellement einherging, um den Tunnel beidseitig auf demselben Niveau anzusetzen, musste als nächster Schritt die Länge der Strecke zwischen den beiden Mundlöchern ermittelt werden – schließlich wollte man beim Vortrieb von zwei Seiten wissen, wann man den Treffpunkt planmäßig erreicht haben würde. Handelte es sich bei dem zu überwindenden Hindernis um einen Bergsporn, so gab es dazu theoretisch zwei Möglichkeiten: einmal auf direktem Wege über den Berg hinweg und zum anderen mittels eines Winkelzuges um den Bergsporn herum.

Für letzteres Verfahren, »Einen Berg in gerader Linie zu durchstechen, wenn die Mündungspunkte des Grabens an dem Berge gegeben sind«, beschreibt Heron eine Anwendungsmöglichkeit für die Dioptra – ein von ihm entwickeltes Vermessungsgerät – und liefert sogar die Vermessungsskizze dazu:[169]

> Zwischen den festgelegten Mundlöchern des geplanten Tunnels wird um den Bergsporn herum ein rechtwinkliger Polygonzug angelegt, der sich mit seinen Standpunkten dem Geländerelief in etwa auf gleicher Höhe anschmiegen muss, damit das Aufstellen der Dioptra gewährleistet ist. Ausgehend von einem Mundloch (B) legt man eine willkürliche, aber dem Gelände angepasste Gerade fest. In deren Endpunkt (E) setzt man mit der Dioptra einen rechten Winkel ab. Auch der auf diese Weise neu gefundene Punkt (Z) muss zum Aufstellen der Dioptra geeignet sein, denn er dient dazu, von hier aus wieder im rechten Winkel (ZH) abzuknicken.

Man verfährt auf diese Weise weiter (Θ, K ...) bis das zweite geplante Mundloch sichtbar wird. Die Polygonzugseite KΛ wird so angelegt, dass man den Mundlochfestpunkt Δ mittels der Dioptra auf sie aufwinkeln kann. Dieses Lot mit dem Fußpunkt M bildet die abschließende Seite des um den Berg geführten Polygonzuges, wobei M den letzten Knickpunkt darstellt.

Die gegeneinander aufgerechneten Polygonzugstrecken ergeben letztendlich das über dem Berg liegende rechtwinklige Dreieck BΔN mit der Tunnelstrecke BΔ als Hypotenuse. Die Kathetenlängen dieses Dreiecks BN und ΔN lassen sich aus den Messstrecken des rechtwinkligen Polygonzuges durch Addition und Subtraktion auf einfache Weise errechnen.

Als nächstes wird die Strecke BE nach rückwärts über das Mundloch B hinaus verlängert und auf dieser Linie ein Fünftel Streckenlänge der Kathete BN abgesteckt, wonach man den Hilfspunkt O erhält. Ein rechter Winkel mit der Lothöhe von ein Fünftel Streckenlänge der Kathete ΔN ergibt einen Punkt (Ξ), der aufgrund der geometrischen Zusammenhänge exakt auf der Verlängerung der geplanten Tunneltrasse BΔ liegt. Aus der durch Messung zu ermittelnden Strecke zwischen diesem Punkt und dem Festpunkt am Mundloch B lässt sich die Länge des Tunnels errechnen, denn sie muss ein Fünffaches betragen.

Das gleiche Hilfsdreieck lässt sich beim Mundloch Δ konstruieren: Man steckt auf der letzten Seite (ΔM) des Polygonzuges von Δ ausgehend ein Fünftel der Kathete BN ab und errichtet im neugefundenen Punkt P wiederum ein Lot mit der Höhe von einem Fünftel der Kathete NΔ. Das damit gefundene Hilfsdreieck ΔΠP entspricht dem auf der anderen Seite des Berges beim Mundloch B ermittelten Hilfsdreieck BΞO, denn die Winkel α und β des durch den Polygonzug gefundenen Dreiecks BΔN tauchen in beiden Hilfsdreiecken als Wechselwinkel auf. Somit muss die Hypotenuse ΠΔ exakt der Hypotenuse ΞB des ersten Hilfsdreiecks entsprechen.

Stimmen beide Maße überein, so ist dadurch nicht nur eine Kontrolle der durchgeführten Vermessungen gegeben, sondern auch der daraus erfolgten Berechnungen: ΞB und ΠΔ bilden die Grundlage für die Ermittlung der gesuchten Tunnellänge, denn die Hypotenusen der Hilfsdreiecke sind jeweils ein Fünftel der Strecke BΔ lang.

Die Hypotenusen der beiden Hilfsdreiecke geben zudem die Richtung für den Tunnelvortrieb an, und Heron schließt seine Beschreibung völlig richtig mit dem Hinweis ab: »Wird der Tunnel auf diese Weise hergestellt, so werden sich die Arbeiter treffen«.

Heron schildert uns also eine probate Methode, um mit einer Hilfskonstruktion um einen Bergsporn herum die Länge eines geplanten Tunnels zu ermitteln. Gleichzeitig erhält man auf diese Weise die Richtung, in welcher der Tunnel in den Berg vorzutreiben ist.

Nicht von ungefähr wurde in der Forschungsgeschichte der Versuch unternommen, diese Beschreibung mit dem Bau des Eupalinos-Tunnels in Einklang zu bringen, zumal das beschriebene Gelände gewisse Ähnlichkeiten aufweist. Nun hat aber Heron gut 500 Jahre nach dem Bau des Eupalinos-Tunnels gelebt, und es könnte allenfalls sein, dass er diesen als Vorbild für seine theoretische Beschreibung gewählt hat, denn der Tunnel zählte nicht ohne Grund zu den berühmtesten Bauwerken im Mittelmeerraum. Aber wie so oft sind auch hier Theorie und Praxis nicht zueinander zu bringen.[170] Die Heron'sche Übungsaufgabe für die Tunnelabsteckung mittels Dioptra scheint tatsächlich rein theoretischer Natur gewesen zu sein, denn sie ist auf keinen der bekannten Tunnel anwendbar. Gleichwohl ist damit eine praktikable Methode erklärt.

169 Heron, Dioptra 15 (ed. H. Schöne 1903, 238).
170 Grewe (1998a) 22–23.

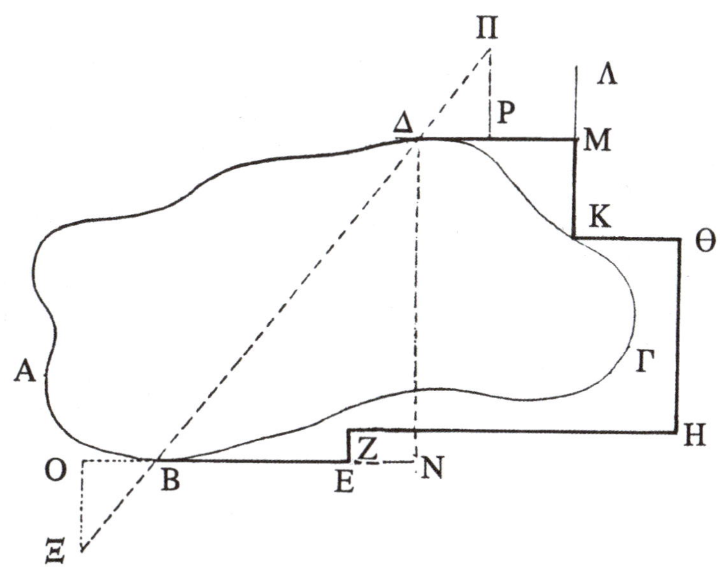

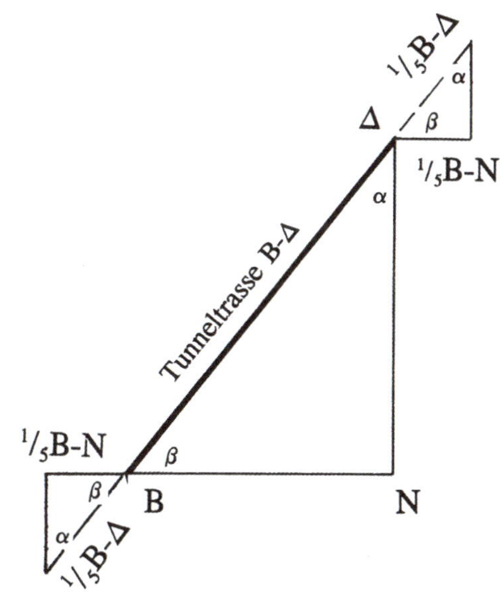

Heron von Alexandria war ein griechischer Mathematiker und Ingenieur und lebte vermutlich im 1. Jahrhundert n. Chr. In seinem grandiosen wissenschaftlichen Werk ist die hier beschriebene Aufgabe zwar nur eine Randnotiz, aus geodätischer Sicht ist sie aber richtig spannend. Heron hatte das Problem erkannt, das für einen Tunnelbauer bestand, wenn er die geplanten Mundlöcher auf beiden Seiten eines Berges festgelegt hatte, nämlich das der Richtungsübertragung für beide Vortriebe, die sich ja idealerweise in der Mitte des Berges treffen sollten. Heron schlägt für die Problemlösung ein Verfahren vor, bei dem er die Gesetze von Wechsel- und Gegenwinkeln nutzt.

43. Nachgefragt: »Und wenn man eine solche Hilfskonstruktion nicht um den Berg herum anlegen konnte, weil man keinen Bergsporn, sondern einen Bergrücken vor sich hatte?«

Eine interessante Frage! Herons Tunnellösung funktionierte tatsächlich nur dann, wenn man um einen Bergsporn herum messen konnte. Führte der geplante Tunnel nicht durch einen Bergsporn, sondern durch einen Bergrücken, so war diese Methode nicht anwendbar. In solchen Fällen erwies es sich als erforderlich, die geplante Trasse über den Berg abzustecken, und es ist sogar wahrscheinlich, dass dieses Verfahren auch beim Eupalinos-Tunnel zum Tragen kam.

Für diese Methode der Tunnel-absteckung gibt es sogar einen beispielhaften Beleg aus römischer Zeit, denn Nonius Datus aus Lambaesis (Nordafrika) be-schreibt uns in seiner berühmten Inschrift genau die Tunnelabsteckung im Zuge des Baus der Wasserleitung nach *Saldae*. Darin erläutert er die Trassenplanung für seinen im Gegenort aufgefahrenen Tunnel: »Die exakte Linienführung war aber mit Pfählen über den Berg abgesteckt worden.«[171] Die wichtigste Aufgabe des mit der Tunnelvermessung beauftragten Ingenieurs bestand also darin, die Tunneltrasse aus dem Bauplan in das Gelände zu übertragen. Bei im Gegenort aufzufahrenden Tunneln war diese Linie in der Regel eine Gerade.

Um zwischen den beiden Mundlöchern als »Soll«-Festpunkten eine gerade Linie über einen Bergrücken abzustecken, musste man zwangsweise nach der Methode des »Gegenseitigen Einweisens« vorgehen, da man keine direkte Sichtverbindung hatte. Man benötigt für dieses Verfahren vier Fluchtstäbe, von denen zwei in den Festpunkten bei den geplanten Mundlöchern aufgestellt werden. Zwei Mann, jeweils mit einem der übrigen Fluchtstäbe ausgestattet, stellen sich nun so hoch im Berghang auf, dass sie soeben über die Bergkuppe schauen und jeweils den im dahinter liegenden Berghang befindlichen Festpunkt einsehen können. Auf diese Weise ergibt es sich, dass zwischen dem einen Vermessungsgehilfen und dem von ihm aus einsehbaren Festpunkt jeweils im oberen Bereich des Gegenhanges der andere Vermessungsgehilfe steht, der die gleiche Situation in der anderen Richtung vor Augen hat. (Näheres zum Verfahren findet sich auf S. 182.)

In dieser Ausgangssituation positioniert nun einer der Vermessungsgehilfen seinen Fluchtstab und richtet den Kollegen auf einer geraden Linie zwischen seinem Standpunkt und dem gegenüberliegenden Mundlochfestpunkt ein. Im nächsten Schritt wird er selbst vom Kollegen zwischen dessen Standpunkt und dem anderen Mundlochfestpunkt positioniert. So verfährt man wechselseitig, wobei man sich der Geraden zwischen beiden Mundlochfestpunkten zwangsläufig immer mehr nähert. Abgeschlossen ist das Verfahren, wenn beide Vermessungsgehilfen den jeweils anderen genau auf einer Linie zwischen sich und dem gegenüberliegenden Festpunkt sehen; danach liegen alle vier Punkte auf der exakten Geraden zwischen den Mundlöchern, die damit den geraden Verlauf der Tunneltrasse markiert.

Danach gilt es, die so gefundene Trasse von über Tage auf unter Tage zu übertragen. Das ist nicht einfach, wenn man sich mit der Trassenlinie in einem Steilhang befindet. Und genau das ist eine weitere Schwäche der von Heron beschriebenen Übungsaufgabe: In einem Hang liegt der für eine Richtungsvorgabe außer dem Festpunkt am Mundloch notwendige zweite Punkt zwangsläufig tiefer, sodass er bei horizontalem Tunnelvortrieb vom Tunnelinneren aus nur auf eine kurze Strecke gesehen werden kann.

Zumindest für den Vortrieb der Anfangsstrecke des Tunnels bedarf es einer Orientierung über zwei Festpunkte, die nicht zu dicht beieinanderliegen dürfen, da dadurch die Ungenauigkeit in der Richtungsübertragung begünstigt würde. Also war es vorteilhaft, wenn dem zu durchtunnelnden Berg ein Tal mit einem Gegenhang vorgelagert war. Dann konnte man nämlich die über den Berg abgesteckte Tunneltrasse über das angrenzende Tal hinaus verlängern und dort im Gegenhang auf der Höhe des Tunnelmundlochs den zweiten der erforderlichen Festpunkte signalisieren und hatte mitsamt dem Festpunkt am Mundloch eine Ziellinie von ausreichender Länge zur Verfügung. Diese Linie konnte für die Markierung der Vortriebsrichtung und weiterhin für die Kontrolle des Vortriebs herangezogen werden, indem man sie nun in die Tunnelbaustelle hinein zurückverlängerte. (Siehe neben-stehende Abb., linke Bergseite.)

Stand kein Gegenhang zur Signalisierung eines zweiten Festpunktes zur Verfügung, so konnte es notwendig sein, im Anfangsverlauf des Tunnels einen Orientierungsschacht (Visierschacht) anzulegen. Dieser wurde dann auf der Trassenlinie im Berghang abgesteckt und abgeteuft; über ihn konnte ein auf der Trassenlinie liegender Festpunkt in die Vortriebsstrecke hinein abgelotet werden. Nun hatte man zusammen mit dem Festpunkt am Tunnelmundloch wiederum zwei Festpunkte zur Verfügung, über die sich die Vortriebsrichtung in den Berg hinein übertragen ließ. (Siehe untenstehende Abb., rechte Bergseite.)

War man weit genug in diesen vorgedrungen, so konnte der Rückblick zum Mundloch für die Orientierung beim weiteren Vortrieb genügen. Denn wenn man von der Vortriebsrichtung abgewichen war, war das durch das Mundloch einfallende Tageslicht aus dem Sichtbereich verschwunden, was dann eine Vortriebskorrektur erforderlich machte. Erst, wenn man dieses Lichtfenster wieder sehen konnte, war sichergestellt, dass man sich auf einer geraden Vortriebslinie bewegte. Man kontrollierte so zwar den geradlinigen Vortrieb, nicht aber die Vortriebsrichtung! Dazu musste man sich wieder an den Festpunkten außerhalb des Tunnels orientieren.

Hört sich das alles recht schwierig an? Ist es auch! Nicht ohne Grund zählt man den Tunnelbau zu den schwierigen Ingenieursdisziplinen.

171 Grewe (1998a) 134–139; Grewe (2014) 116–121.

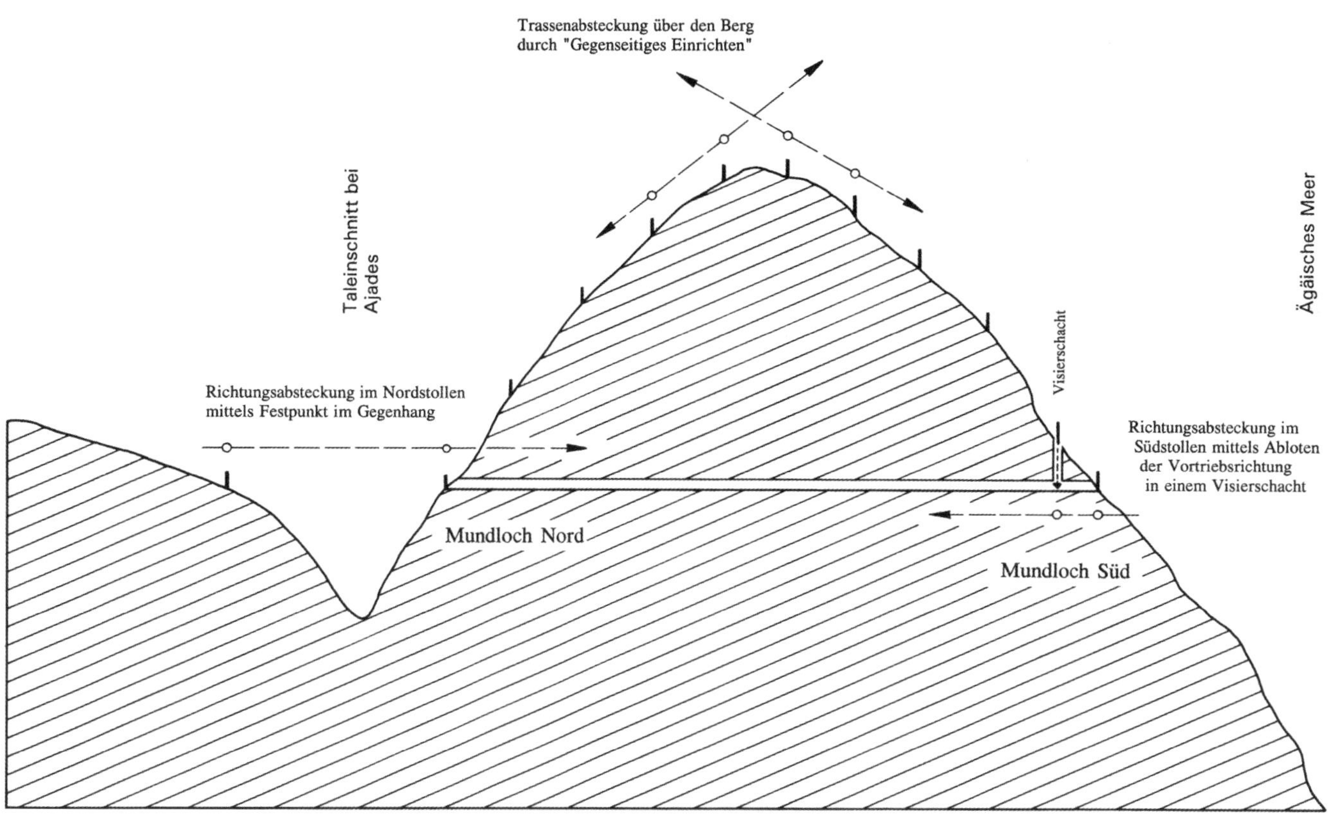

Die Methode des »Gegenseitigen Einrichtens« war im Falle des Eupalinos-Tunnels nur über viele Hilfspunkte möglich, aber machbar. Hatte man die Trasse des Tunnels über den Berg schließlich gefunden, so stand Eupalinos als Nächstes vor der Aufgabe, diese Linie von über Tage nach unter Tage zu übertragen. Auch dafür bedurfte es der Hilfspunkte.

44. »Konnte man beim antiken Tunnelbau ganz sicher sein, sich im vorgesehenen Punkt auch wirklich zu treffen?«

Nein, nein! Tunnelbau ist eine so schwierige Ingenieursarbeit, dass man sich keineswegs sicher sein konnte. Ein »unsicheres Gefühl« hatten sicher schon die Erbauer der frühesten Tunnel. Da man schon die ersten Tunnel von zwei Seiten aus gebaut hat, stand der Misserfolg immer wie ein Damoklesschwert über dem bauleitenden Ingenieur. Es gab aber ein Mittel, um die Vortriebe von zwei Seiten möglichst nahe an den vorgesehenen Treffpunkt heranzuführen: Nachmessen, nachmessen, nachmessen ...!

Und das lässt sich selbst am ältesten Großtunnel der Geschichte nachweisen, denn ohne Vermessung kann kein solches Bauwerk entstanden sein. Im Falle des um 700 v. Chr. unter König Hiskia gebauten Tunnels, der der Wasserversorgung Jerusalems in der Zeit eines drohenden assyrischen Angriffs dienen sollte, finden sich mehrere Blindstollen, die Richtungskorrekturen im Vortrieb belegen. Das sind ganz sicher Stellen gewesen, an denen man eine Vortriebsrichtung aufgegeben hat, um in einer geänderten Richtung weiter aufzufahren. An diesen Stellen muss nachgemessen worden sein, um den Vortrieb zu kontrollieren. Durch den Nachweis dieser Korrekturmaßnahmen sind auch die vielfach geäußerten Meinungen widerlegt, den Hiskia-Tunnel habe man ohne Vermessung aufgefahren und sei einfach einer Felsspalte gefolgt. Nicht nur, dass diese Felsspalte gar nicht vorhanden ist, die Richtungskorrekturen belegen zudem eindeutig die Planung und Trassierung dieses Bauwerks.[172]

Beim Eupalinos-Tunnel auf Samos, in der zweiten Hälfte des 6. Jahrhunderts v. Chr. erbaut, ist die Sache noch eindeutiger, denn in diesem Werk sind die Messmarken aus der Bauzeit heute noch vorhanden.[173] Und die Rekonstruktion des Planungsgedankens lässt keinen Zweifel zu: Eupalinos hatte seinen Tunnel gründlich geplant und seine Vortriebe auch außerhalb der Baustelle auf einem Plan überwacht.[174] Jede der heute noch nachweisbaren Vortriebsänderungen hat ihren Grund gehabt und diente jeweils nur einem Zweck, nämlich dem, Problemstellen zu umfahren und dem Treffpunkt möglichst genau zuzustreben. Eine letzte Unsicherheit vor dem Zusammentreffen der beiden Baulose wurde von Eupalinos geradezu genial gelöst. Die zwei Vortriebsstollen lagen sich unmittelbar vor dem Treffen frontal gegenüber. Um aber auch den letzten Rest von Ungewissheit auszuschließen, stellte Eupalinos im südlichen Baulos den Vortrieb ein. Von der Nordseite aus trieb er nun nicht direkt auf den geplanten Treffpunkt vor, sondern vollzog im Vortrieb ei-

▪ *Dem Tunnel des Eupalinos kann man ablesen, dass der Baumeister sein Bauwerk nicht nur grandios geplant hatte, sondern seinen Vortrieb mit allen aufgezwungenen Richtungsänderungen außerhalb der Baustelle auch anhand eines Plans überwacht hat, um eventuelle Vortriebsfehler sofort korrigieren zu können. Der Tunnel des Eupalinos kann als das erste Tunnelbauwerk der Welt gelten, das von der Planung bis zur Fertigstellung völlig durchstrukturiert war. Und wie Eupalinos dann den Durchstich mittels eines raffinierten Kniffs zwangsweise herbeigeführt hat, das war und ist ein technisches Meisterstück. Da der Eupalinos-Tunnel bis weit in die Römerzeit in Betrieb gehalten wurde, kann er natürlich auch als »Blaupause« für die Tunnelprojekte im ganzen* Imperium Romanum *gedient haben.*

▪▪ *Das Aufmaß der Situation im Treffpunkt veranschaulicht sehr deutlich, dass ohne den Vortriebsfehler im Nordstollen die Ortsbrust des Südstollens exakt getroffen worden wäre. Es zeigt sich aber auch, dass das umsichtige Vorgehen des Eupalinos ein genialer Schachzug war, um die Treffsicherheit zu erhöhen. Es muss jedoch noch einmal gesagt werden, dass alle Vortriebsänderungen Maßnahmen waren, die in einem Plan außerhalb des Tunnels zu kontrollieren waren. Auch der »finale Versicherungshaken« musste erdacht werden, ohne dass man wusste, ob der Südstollen wirklich fehlerfrei aufgefahren worden war. Es ist nämlich eine Binsenweisheit, wenn manchmal angeführt wird, dass man sich im Berg durch Klopfsignale orientieren könne.*

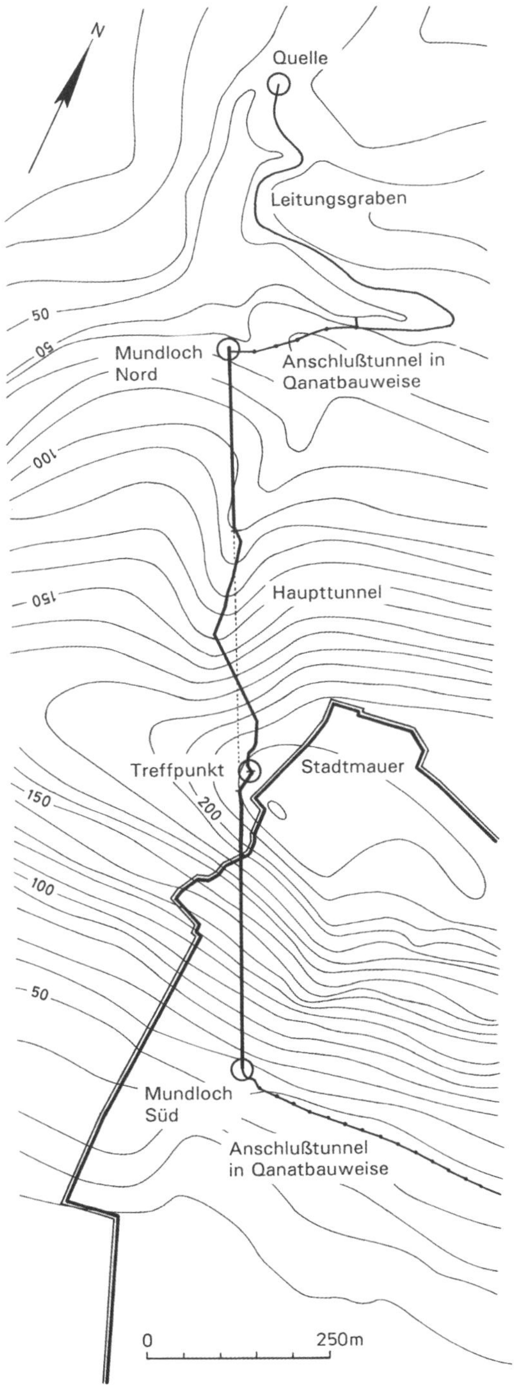
N
Quelle
Leitungsgraben
50
50
Mundloch
Nord
Anschlußtunnel in
Qanatbauweise
100
150
Haupttunnel
Treffpunkt
Stadtmauer
150
200
100
50
Mundloch
Süd
Anschlußtunnel
in Qanatbauweise
0
250m

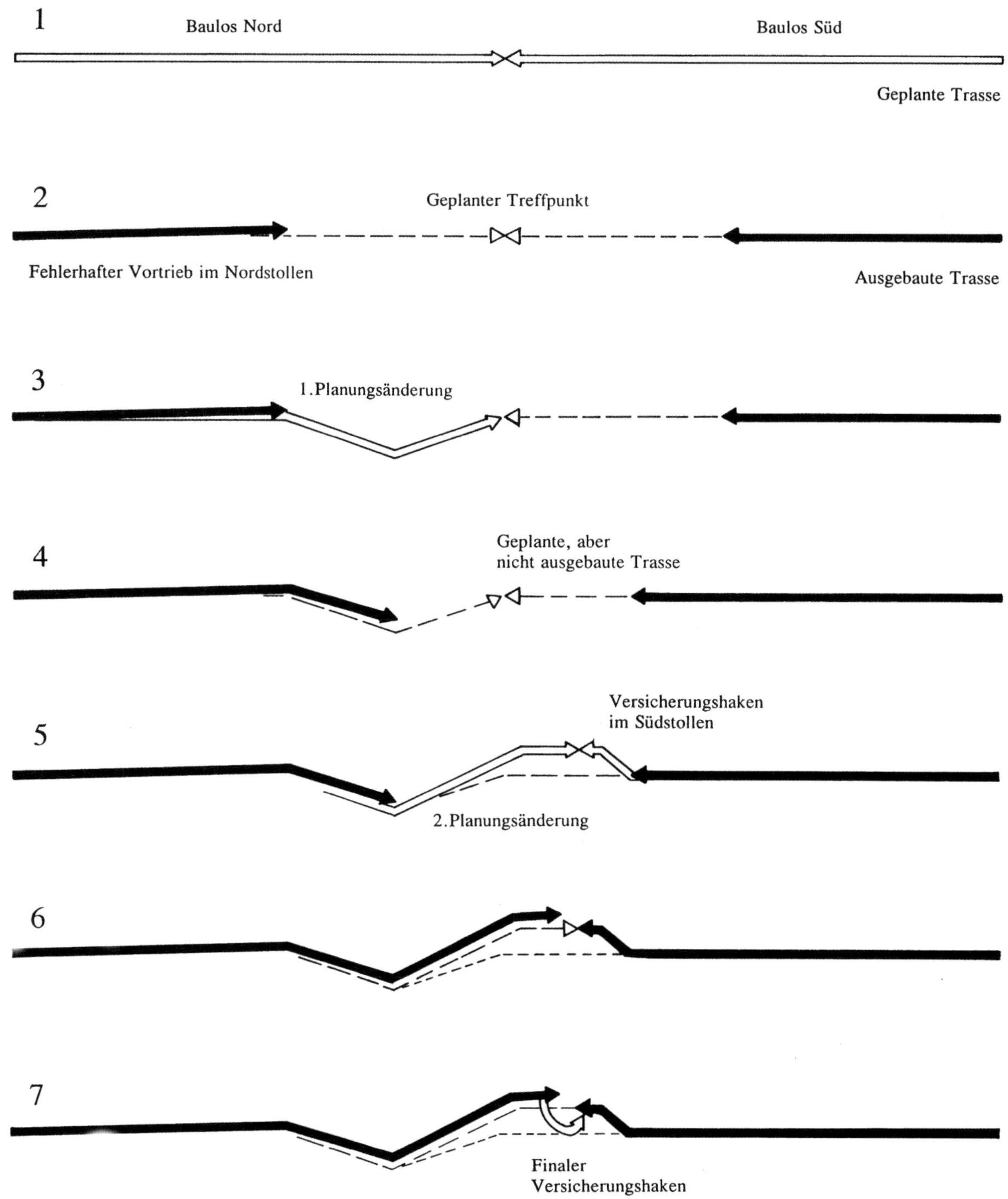
1
Baulos Nord
Baulos Süd
Geplante Trasse
2
Geplanter Treffpunkt
Fehlerhafter Vortrieb im Nordstollen
Ausgebaute Trasse
3
1.Planungsänderung
4
Geplante, aber
nicht ausgebaute Trasse
5
Versicherungshaken
im Südstollen
2.Planungsänderung
6
7
Finaler
Versicherungshaken

nen sichelförmigen Haken, um das ruhende Baulos nicht frontal, sondern von der Seite her zu treffen. Dieser »finale Versicherungshaken« war ein genialer Schachzug, denn so wurde das Aufeinandertreffen der beiden Vortriebe zwangsweise herbeigeführt.

Eupalinos' Leistung ist für die Frühzeit einzigartig; nicht ohne Grund zählte schon Herodot den Tunnel zu den großartigsten Bauwerken in ganz Hellas.[175]

172 Grewe (1998a) 112–115.
173 Kienast (1995).
174 Grewe (1998a) 58–69.
175 Herodot, Historien III, 60.

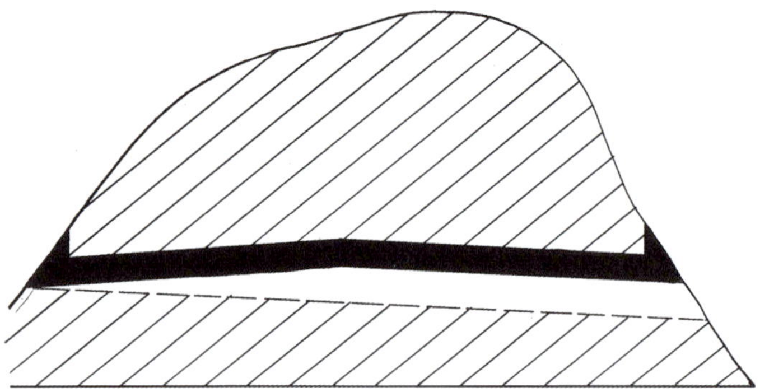

Der Tunnel war eigentlich nur »der Weg zum Ziel«, denn um ihn als Aquädukttunnel nutzen zu können, musste erst noch eine Tonrohrleitung installiert werden. Der Tunnel war von beiden Seiten leicht ansteigend in den Berg vorgetrieben worden, um einsickerndes Wasser durch die Mundlöcher abzuleiten. Deshalb stand für eine im Inneren zu verlegende Leitung kein Gefälle zur Verfügung. Eupalinos legte deshalb an einer Seite der Tunnelsohle einen Graben mit dem erforderlichen Gefälle an, in welchem die Tonrohrleitung dann verlegt werden konnte. Das Gefälle der Leitung und die Länge des Tunnels bestimmten, dass der Graben am Ende bis zu 8 m tief werden musste.

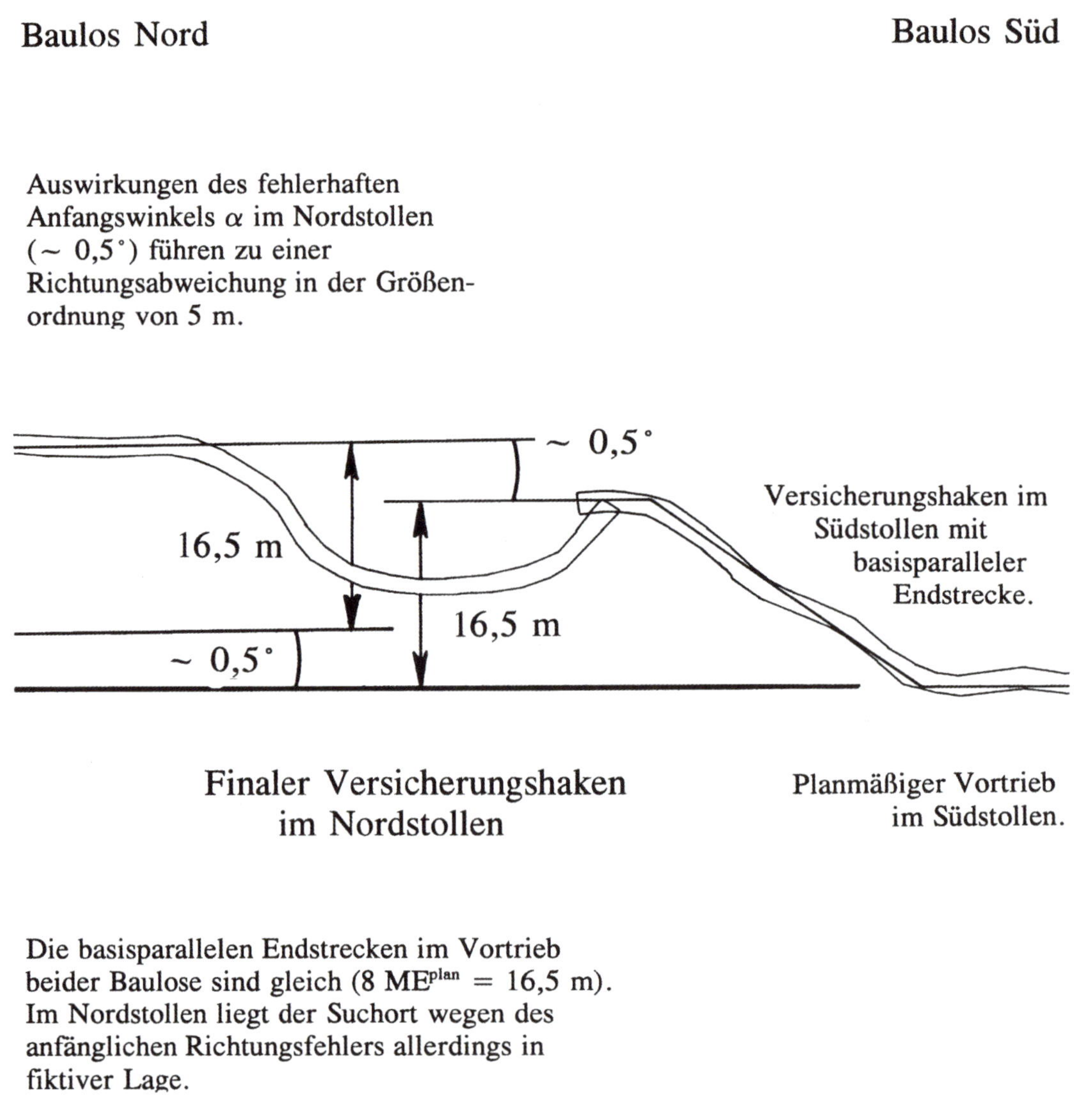

Die Strategie und Strategieänderungen des Eupalinos werden in den Ausbauphasen sowohl des Süd- als auch des Nordstollens sichtbar: Von der Planung her wäre es die idealste Lösung gewesen, wenn sich die zwei Baulose des Tunnels auf gerader Linie in der Mitte des Berges getroffen hätten. Aber von Eupalinos bis zum Schluss unbemerkt hatte sich auf der Nordseite ein Richtungsfehler von 0,5° in den Vortrieb eingeschlichen. Um den Südstollen auf keinen Fall zu verfehlen, vollzog Eupalinos im Vortrieb des Nordstollens einen »finalen Versiche-rungshaken«, um das Südbaulos von der Seite zu treffen.

Im Tunnel des Eupalinos wird eine vermessungstechnische Glanzleistung sichtbar! Der Blick in den für Besucher zugänglichen Südteil zeigt die im Querschnitt knapp 2 m x 2 m messende Tunnelröhre mit dem auf ihrer linken Seite (im Bild rechts) eingetieften Graben für die Tonrohrleitung.

45. Nachgefragt: »Das betraf Griechenland - aber wie war das bei den Römern?«

Nur kurze Zeit nach Eupalinos betreten in Italien die Etrusker auch als Tunnelbauingenieure die Bühne der Technikgeschichte. Neben den von ihnen gebauten unzähligen *Cuniculi*, den Qanaten ähnlichen Wasserbauwerken, sind besonders die Tunnel zur Seeableitung in den Albaner Bergen erwähnenswert. Als Großraumtunnel könnte man auch die beiden etruskischen Bauwerke von Veji und Ponte Terra bezeichnen, die zur Flussumleitung angelegt worden waren. Ohne die Vorleistungen und Vorbilder der Etrusker sind die im römischen Tunnelbau erbrachten Leistungen nicht zu bewerten.[176]

Wir haben nur wenige Pläne und Beschreibungen antiker Bauwerke überliefert bekommen, aber ein einziger Baumeister hat die Geschichte von der Planung und Trassierung seines Tunnels in ungewöhnlicher Weise und dabei sehr detailliert aufgeschrieben. Offensichtlich wollte er seinen Anteil an einem schwierigen Tunnelbau von der Nachwelt gewürdigt wissen und schildert uns den Tunnelbau im Rahmen der Planung und Trassierung einer Wasserleitung für die Römerstadt *Saldae* in Nordafrika in einzigartiger Weise. Die Rede ist von Nonius Datus, der uns bereits begegnet ist.

Der Tunnel von *Saldae* und der darauf bezogene Text dieses Militärfeldmessers aus der Mitte des 2. Jahrhunderts n. Chr. gibt uns einen kleinen, aber aussagekräftigen Einblick in die Organisation einer römischen Großbaustelle, auch bezüglich der Stellung eines antiken Ingenieurs.[177] Das altertümliche *Saldae* (frz. Bougie; heute Bejaia, Algerien) war eine Küstenstadt in Nordafrika, deren Ursprünge bis in die karthagische Zeit zurückreichen. Unter Augustus wurde hier für die Veteranen der 7. Legion eine Siedlung errichtet. Aber es sollte noch einmal 150 Jahre dauern, bis diese Stadt mittels eines Aquäduktes mit Trinkwasser versorgt wurde.

Der in der ersten Hälfte des 2. Jahrhunderts n. Chr. geplante Aquädukt sollte Wasser aus einem Quellgebiet 17 km westlich der Stadt heranführen. Was diese Wasserleitung interessant macht, ist ein Inschriftenstein, der im Jahre 1866 als Einzelfund in Lambaesis zutage trat.[178] Er bestand aus einer dreiseitigen Halbsäule von 1,70 m Höhe und einem dazugehörigen sechsseitigen Sockel; beide Stücke waren als Spolien in einer Mauer verbaut worden. Der Wortlaut der erhaltenen Inschrift ist von überragender Bedeutung für die Technikgeschichte, denn er gibt nicht nur einige technische Details über den Bau des Tunnels von *Saldae* wieder, sondern behandelt darüber hinaus auch Fragen aus dem technischen Umfeld. So erfahren wir aus diesem authentischen Bericht, wer mit der Planung beauftragt war und wer die technischen Grundlagen für einen Tunnelbau schuf. Wir erhalten am praktischen Beispiel Kenntnis davon, dass das technische Personal für die Ausführung derartiger Bauwerke nur bei der Legion vorhanden war. Denn auf die Bitte des Statthalters der Provinz *Mauretania Caesariensis* an den Legaten von Numidien wird Nonius Datus, Librator und späterer Veteran der *legio III Augusta*, abgestellt. Wir erfahren von Nonius Datus auch etwas über das Hauptproblem des Tunnelbaus im Gegenortverfahren und seine Lösung, denn er beschreibt uns, wie sich die beiden Bautrupps im Berg verfehlt haben und wie er bei einem zweiten Einsatz die zuvor gemachten Fehler behoben hat.

Dieser Bericht geht also weit über den Inhalt einer Bauinschrift hinaus; da der Text von dem mit der Bauleitung des Tunnels Beauftragten selbst verfasst wurde, steht uns hiermit eine einzigartige Primärquelle zur Technikgeschichte zur Verfügung.

Und Nonius Datus hängt an die Inschrift auch noch einige Brieftexte an, die belegen sollen, wie sehr seine Arbeiten von offiziellen Stellen gelobt worden sind. Im Brief des Procurators Porcius Vetustinus an den Legaten Crispinus heißt es:

> Äußerst gütig und wie es deiner sonstigen Freundlichkeit und Güte entspricht, hast Du gehandelt, Herr, indem Du den Nonius Datus gebeten und zu mir geschickt hast, so dass ich mit ihm über ein Bauvorhaben verhandeln konnte, für dessen Ausführung er die Leitung übernahm. Deshalb habe ich, obwohl ich zeitlich recht gedrängt war und dringend nach Caesarea musste, dennoch einen Abstecher nach Saldae gemacht, um die glücklich begonnene Aquäduktbaustelle in Augenschein zu nehmen; ein großartiges Projekt, das ohne die treibende Kraft des Nonius Datus, der den Bau mit Sorgfalt und Zuverlässigkeit leitet, nicht zu Ende geführt werden kann.[179]

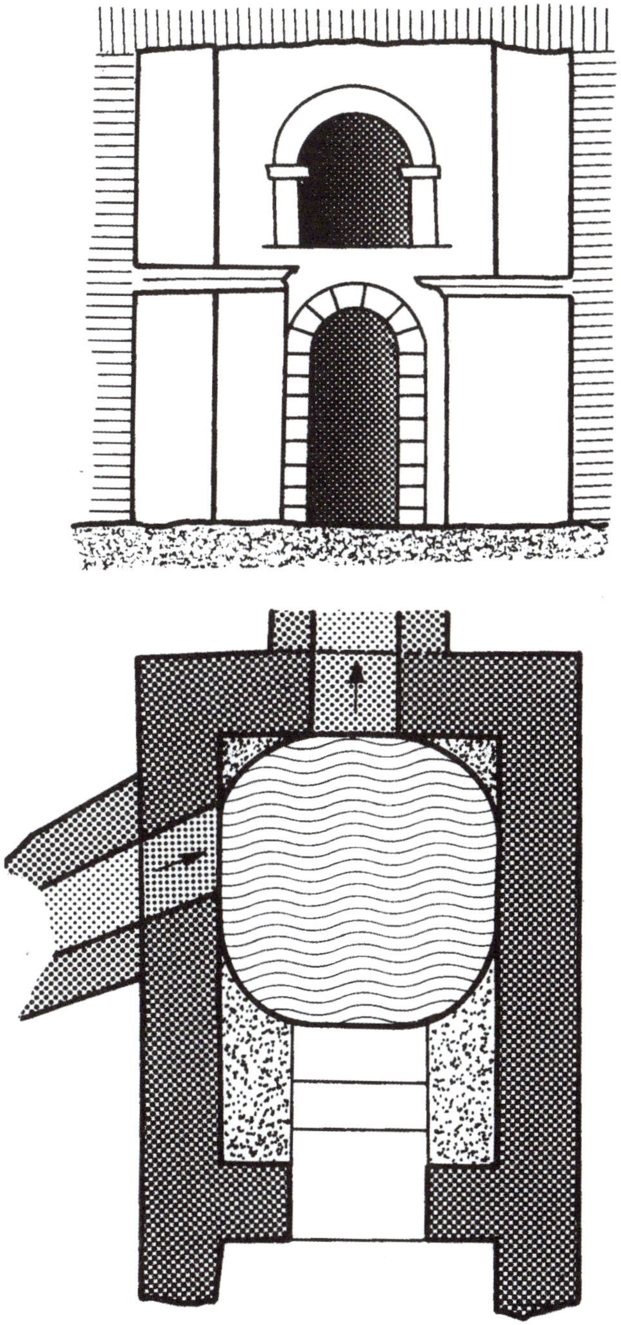

Das Mundloch des Nonius-Datus-Tunnels nach einer Planskizze in der Revue africaine von 1875.

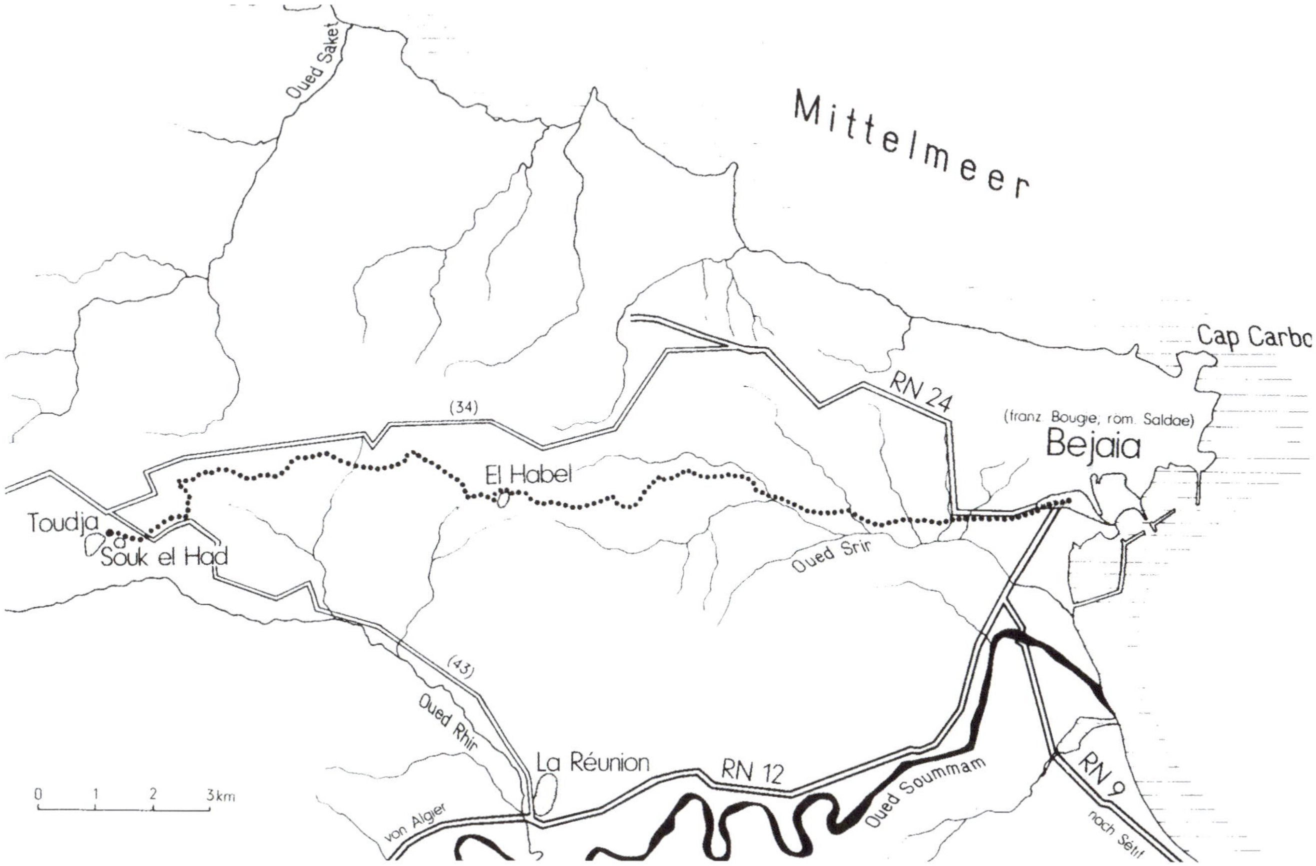

Trassenverlauf der von Nonius Datus gebauten Wasserleitung; der Tunnel liegt bei El Habel.

Man hatte also nach der Trassenabsteckung mit den Vortrieben von beiden Seiten des Tunnels aus begonnen, sich aber offensichtlich nicht getroffen. Auf Bitten des Prokurators von Mauretanien brach Nonius Datus, inzwischen Veteran geworden, noch einmal nach *Saldae* auf. Obwohl ihm eine Eskorte beigegeben war, wurde er unterwegs von Straßenräubern überfallen. Schwer verwundet und seiner Kleidung beraubt, konnte er jedoch fliehen und erreichte *Saldae*. Dort stellte er Nachmessungen an und konstatierte danach:

> Es war offensichtlich, dass man mit den Vortrieben von der Trasse abgekommen war; so wie der obere Teil des Tunnels nach rechts, also nach Süden abwich, so ist in ähnlicher Weise der untere Teil ebenfalls nach rechts, also nach Norden abgewichen; beide Baulose haben also die Richtung verfehlt, weil man der Trasse nicht gefolgt war. Die exakte Trassenlinie war aber mit Pfählen von Ost nach West über den Berg abgesteckt worden.[180]

Er setzte nun militärisches Personal in einem regelrechten Wettbewerb ein: »Als ich die Arbeiten zuteilte, damit sich jeder darüber im Klaren war, welche Strecken des Vortriebs er aufzufahren hatte, habe ich die *classici* [Flottensoldaten] und die *gaesates* [Soldaten aus gallischen Hilfstruppen] um die Wette arbeiten lassen [von beiden Seiten her], und so haben sie sich beim Durchstich des Berges getroffen.«

Und er hält auch mit Lob für sich selbst nicht zurück: »Ich also war es, der zuerst das Nivellement gemacht und den Bau der Wasserleitung organisiert und in die Wege geleitet hatte nach den Plänen, die ich dem Procurator Petronius Celer gegeben hatte. Das vollendete Bauwerk hat der Procurator Varius Clemens durch die Einleitung des Wassers seiner Bestimmung übergegen.«[181]

Beim Bau des Aquäduktes von *Saldae* mit seinem problembeladenen Tunnel scheint es sich für Nonius Datus um die größte Herausforderung seines gesamten Berufslebens gehandelt zu haben. Er nutzte diese Aufgabe, um sich auf seinem Grabstein als Ingenieur, dem man ein herausragendes Bauprojekt übertragen hatte, darstellen zu lassen und rückte in dieser Inschrift seine Leistung beim Bau und bei der Vollendung des Aquädukttunnels in den Vordergrund. Die Wiedergabe des Briefwechsels zwischen den Prokuratoren von Mauretanien und den Legaten von Numidien erhob das Projekt auf die höchste Ebene und ließ dadurch Zweifel an seinem Bericht gar nicht erst aufkommen.

Seine Inschrift stellte Nonius Datus bekanntlich unter die Schlagworte: »*PATIENTIA – VIRTUS – SPES*«. Vermutlich wollte er auf diese Weise weniger drei Gottheiten anrufen als die drei Tugenden deutlich herausstellen, die einem mit derart schwierigen Aufgaben beauftragten Ingenieur abverlangt wurden, und vermutlich bezog er sich dabei besonders auf den Tunnelbau. Deshalb wäre es zu allgemein, diese Schlagworte einfach mit »Geduld, Mut und Hoffnung« zu übersetzen. Schon Mommsen ersetzte den »Mut« durch »Tapferkeit«.[182] Hier soll noch ein wenig weitergegangen werden: Die Schwierigkeit der gestellten Aufgabe verlangt im Tunnelbau nicht nach Mut oder Tapferkeit, sondern eher nach Tatkraft, und was die Hoffnung angeht, so lässt sie sich vielleicht als die Zuversicht des Fachmannes deuten, der auf seine Kenntnisse gestützt darauf vertraut, dass das schwierige Werk gelingen wird. Wenn also zu den Tugenden GEDULD und TATKRAFT dem Tunnelbauer noch die ZUVERSICHT gegeben war, mochte das Werk wohl gelingen.

Diese Grundtugenden eines antiken Ingenieurs konnten bei allen antiken Technikbauten gelten – und sie gelten eigentlich auch heute noch.

176 Grewe (1998a) 78–98.
177 Grewe (1998a) 135–139.
178 Das Original des Nonius-Datus-Steins steht in Bejaia (Algerien); Abgüsse befinden sich im Museo della Civiltà Romana in Rom und im Museum für Antike Schifffahrt des RGZM in Mainz.
179 Grewe (1998a) 137.
180 Grewe (1998a) 136.
181 Grewe (1998a) 136–137.
182 Mommsen (1871) 5–9.

Der mit einer langen Inschrift versehene Grabstein des Nonius Datus ist für die Forschung eine wichtige Quelle und deshalb ein technikgeschichtliches Denkmal von höchster Bedeutung. Auf diesem Stein beschreibt uns Nonius Datus, der Vermesser der legio III *Augusta, äußerst detailfreudig, wie er in der Mitte des 2. Jahrhunderts n. Chr. für die Stadt Saldae / Bejaia (Algerien) einen Aquädukt geplant hat. In dieser Inschrift ist erstmals ablesbar, wer als Ausführende für ein solches Großbauwerk infrage kamen. Offensichtlich war der dafür einzuplanende Tunnel für Nonius Datus persönlich eine solche technische Herausforderung, dass er nicht nur die Planung, sondern auch die Organisation der Baustelle ausführlich beschreibt. Dass das Bauwerk während seiner Abwesenheit fast gescheitert wäre, scheint ihn in seiner beruflichen Ehre sehr gekränkt zu haben. Um seine Leistungen ins rechte Bild zu setzen, spart er nicht mit lobenden Erwähnungen seiner Arbeit seitens diverser Politiker, aber auch nicht mit Eigenlob. (Ein Abguss des Steins steht im Museum für Antike Schifffahrt in Mainz.)*

46. »Angesichts der Effizienz heutiger Methoden: Gibt es auch Fälle, bei denen Ingenieure unserer Tage von ›den Alten‹ lernen können?«

Wer heutige Archäologen bei der Arbeit sieht, wird sich vielleicht verwundert die Augen reiben. Da ist nichts mehr von »Steinzeit«-Methoden zu erkennen, wenn Bodenforscher auf die Suche nach Relikten aus vergangenen Zeiten gehen. Beim Aufspüren von Fundstellen, die ja genau genommen die Urkunden eines gewaltigen Bodenarchivs sind, werden heutzutage von der Magnetometermessung über das Bodenradar bis zum Airborne Laserscan alle Möglichkeiten genutzt, möglichst schonend Erkenntnisse über ein Bodendenkmal gewinnen zu können, zumal der Befund ja das eigentliche Ziel jeder Untersuchung ist. Auch die Dokumentationsmethoden müssen natürlich dem derzeitigen Stand der Technik entsprechen, und so verwundert es nicht, dass die archäologische Vermessung sich ebenfalls der modernsten Instrumente und Verfahren bedient.

Man muss dazu wissen, dass die Vermessung eine wesentliche Stütze der archäologischen Forschung ist, denn nur mit geodätischen Methoden lassen sich Fundstellen festhalten – und auch wiederfinden. Ganz zu schweigen von der Notwendigkeit, die Eigentums- und Besitzverhältnisse zu klären, wenn es beispielsweise um wertvolle Einzelfunde geht oder wenn eine denkmalrechtliche Festlegung einer Fundstelle den juristischen Anforderungen entsprechen muss.[183]

Die Entwicklung der Vermessungstechnik seit der Mitte des 20. Jahrhunderts fand in einer Ära des Umbruchs, besser gesagt, einer wahren beruflichen Revolution statt. Man verließ in dieser Zeit die Ingenieurschule mit dem Wissen eines Dinosauriers und war im Berufsleben recht bald in der Welt der *bits and bites* angelangt, in der es galt, den ersten frei programmierbaren Tischrechner der Welt zu bedienen. Wer da nicht mitmachte, war schnell *old-fashioned*, denn die Brunsviga-Doppelrechenmaschine, bis dahin das grundlegende Rüstzeug vermessungstechnischen Rechnens, war gestern, und etwa die Olivetti Programma 101 das Werkzeug der Zukunft – auch wenn sie damals 14.700 D-Mark kostete. Die optischen Instrumente bekamen Konkurrenz durch elektronische mit elektrooptischer Entfernungsmessung, und die Großrechner, zum Beispiel von IBM, brauchten Lochkarte und Lochstreifen, um Vermessungsergebnisse zu berechnen. Das Angebot an technischen Hilfsmitteln wurde und wird immer größer, und man kann sich gar nicht vorstellen, wo diese Entwicklung denn einmal enden wird.

Die instrumentalen Möglichkeiten sind heute einfach grandios, denn sie machen den persönlichen Einsatz wesentlich leichter und das Arbeiten dabei effizienter. Allerdings kommt man mit dieser Technik nicht bei jedem der Probleme, denen sich der Archäologe stellen muss, zu einem aussagekräftigen Ergebnis. Manchmal sind es einfach widrige Umstände, die einen zur Verfügung stehenden Instrumentenpark nicht zum Einsatz kommen lassen. Schwierig wird es immer dann, wenn die zu vermessenden Objekte nur schwer zugänglich sind oder der auszulotende Raum von so geringer Größe ist, dass dies den Einsatz von Messlatten, Stativen und den empfindlichen Instrumenten gar nicht zulässt.

Nehmen wir als Beispiel einen antiken Tunnel, den zu erforschen den Ingenieur und den Archäologen gleichermaßen reizt. Da auch die frühesten Tunnelbauten entweder im Gegenortverfahren, also von zwei Mundlöchern aus, oder aber im Qanat- oder Lichtlochverfahren, also von einer Kette von Bauschächten ausgehend, gebaut worden sind, ist jedes dieser Bauwerke bezüglich der Genauigkeit der Ausführung von großem Interesse. Ziel der Tunnelbauer war es doch immer, zwei durch einen Berg getrennte Punkte mittels einer Röhre miteinander zu verbinden, um entweder einen durchgehenden Verkehrsweg zu schaffen oder beispielsweise eine Wasserleitung von einem Quellgebiet zu einem Versorgungsziel zu führen.[184] Dabei stellt sich bezüglich historischer Tunnel jedes Mal die Frage, mit welchen der seinerzeit vorhandenen Gerätschaften und Verfahren man das Bauwerk geplant und abgesteckt hat. Zur Lösung dieser Frage kann man nur über eine rezente gründliche Vermessung gelangen. Und dabei sollten dann eigentlich die modernsten Instrumente zum Einsatz kommen.

Eines gilt aber nach wie vor: Egal welche Methode man anwendet, vermessungstechnisch ist es immer erforderlich, einen Polygonzug durch den gesamten Tunnel zu legen, auf dessen Seiten man die Wandungen, Versprünge, Knicke und sonstigen Besonderheiten des Bauwerks aufmessen kann. Um die Lage der Knickpunkte dieses Polygonzugs (fachlich richtiger: Brechungspunkte, Polygonpunkte) berechnen zu können, müssen die Längen der Streckenabschnitte und die Brechungswinkel in den Knickpunkten sehr exakt gemessen werden. Der danach gefertigte Lageplan wird die Grundlage für die Rekonstruktion des antiken Bauplans sein.

Noch vor wenigen Jahren wurden bei diesem Aufnahmeverfahren Messtische oder Theodoliten und Messbänder verwendet; seit der flächendeckenden Einführung elektronischer Instrumente (Tachymeter) ist dies überholt.

Es ist für die Vermessung des engen und kurvenreichen Ausbaus eines antiken Tunnels aber ziemlich unerheblich, welches der vorgenannten Vermessungsinstrumente zur Verfügung steht, denn es kann sein, dass sie allesamt nicht einsetzbar sind. Derartige Instrumente müssen nämlich auf einem Stativ über den Polygonpunkten aufgestellt werden, damit man von ihnen ausgehend in beide Richtungen vor und zurück die Anschlusspunkte anzielen kann. Das ist aber bei einer vielleicht nur 50 cm breiten und 80 cm hohen Tunnelröhre schlechterdings unmöglich.

Die Cave du Curé, ein Tunnelabschnitt der Gier-Wasserleitung für Lyon (Frankreich) bei der Ortschaft Chagnon, erforderte für das Aufmaß eine ganz besondere Vermessungsmethode. Der Tunnel selbst war zwar mit bis zu 1,7 m (b) x 2,2 m (h) für den Vortrieb in römischer Zeit gut bemessen, da er aber vom kompakten Steinkanal fast vollständig ausgefüllt wurde, war zur rezenten Tunnelvermessung nur das Kanalinnere zugänglich. Hier war der Bewegungsfreiraum aber deutlich eingeschränkt, denn es verblieben lediglich 0,5 m (b) x 0,8 m (h). Da die Sohle des Kanals zudem mit scharfkantigen Steinen übersät und in kurzen Abschnitten noch mit Wasser gefüllt war, wurde der Arbeitsraum zusätzlich eingeengt.

Wir standen bei der Erforschung eines Tunnels im Verlauf der Gier-Wasserleitung nach Lyon (Frankreich) vor genau diesem Problem. Der Aquädukttunnel Cave du Curé bei Chagnon war zwar mit einer Breite von 1,7 m und einer Höhe von 2,2 m aufgefahren worden, das Profil des Tunnels war jedoch in seiner gesamten Länge mit der steinernen Wasserleitung zugebaut worden, sodass für die »Befahrung« nur das Profil im Inneren derselben mit den oben genannten Maßen (50 cm x 80 cm) zur Verfügung stand.

Es galt also, diesen Tunnelverlauf zu dokumentieren, und dazu war selbstverständlich ein Polygonzug der Länge nach durch das ganze Bauwerk zu legen.[185] Dass die Sohle in der Leitung flächendeckend mit spitzen Steinen übersät war und abschnittsweise obendrein auch noch knöcheltief unter Wasser stand, machte ein Bekriechen und damit die Vermessung nicht komfortabler und mit herkömmlichen Vermessungsinstrumenten schlicht unmöglich.

Nach gründlichen Überlegungen haben wir uns für diesen Spezialfall etwas Außergewöhnliches ausdenken müssen: eine Hilfskonstruktion, die aber erst noch gebaut werden musste, da so etwas im Handel nicht erhältlich war. Eigentlich war dies zwar eine einfache, aber für unsere

Der Grundgedanke dieser originellen Vermessungsmethode bestand darin, die Winkel des Polygonzuges durch den Tunnel direkt zu messen. Dabei musste gezwungenermaßen auf aufgestellte Theodoliten verzichtet werden. Deshalb kamen wir auf eine recht eigenwillige Methode, bei der die Polygonseiten mit Schnüren abgesteckt wurden und somit die Winkel auf ganz spezielle Art und Weise »gemessen« werden konnten. Für jeden Messvorgang benötigte man drei einfache Eisenstangen als Stativersatz: eine für den eigentlichen Messpunkt und die beiden anderen für die Zielpunkte in beiden Anschlussrichtungen. Zwischen diesen Punkten wurden Lotschnüre stramm gespannt.

Dann wurde auf einer DIN A3-Messtafel ein Blatt Zeichenpapier aufgelegt und diese Tafel an der Eisenstange im Polygonpunkt befestigt. Dazu hatten wir von einem Mechaniker an einem Rand der Tafel eine Klemmvorrichtung mit Schraubverschluss anbringen lassen. Diese Tafel wurde nun so ausgerichtet, dass die Lotschnüre möglichst große Bereiche des Zeichenpapiers erreichten, um allein schon durch die Länge der abgebildeten Schenkel das Ergebnis zu maximieren.

Als nächstes wurde die Klemmvorrichtung ein wenig gelöst, um die Tafel ganz dicht unter die Lotschnüre schieben zu können. (Da die weißen Lotschnüre auf dem ebenfalls weißen Zeichenpapier in der Grafik nicht zu sehen gewesen wären, haben wir sie für die Abbildung in »rot« ergänzt).

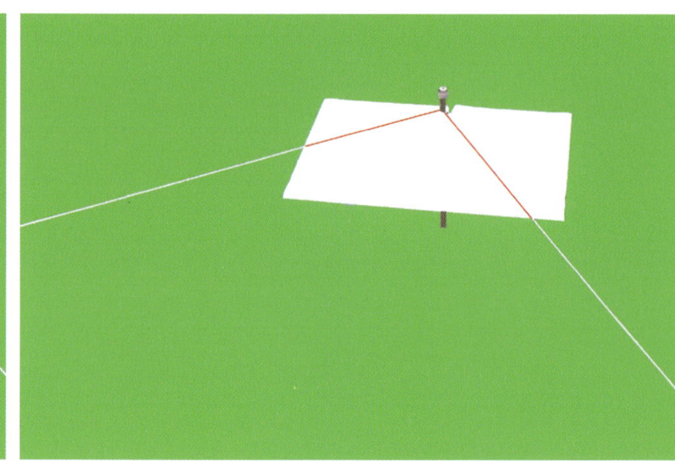

Zwecke geniale Neuerfindung: Wir ließen uns bei einem Schlosser drei kleine »Behelfskonstruktionen« aus Metall anfertigen. Diese bestanden jeweils aus einer kurzen Eisenstange als Einbeinstativ, an der wir DIN-A3-große Tabletts aus Aluminiumplatten anbringen konnten. Diese Tabletts ließen sich an der Stange nach oben oder unten verschieben und mit Feststellschrauben fixieren. Darauf wurde vor jeder Messung ein Papierbogen aufgelegt und mit Klebestreifen befestigt.

Diese »Messtische« wurden nun für jeden Messvorgang auf drei aufeinanderfolgenden Polygonpunkten im Tunnel aufgestellt und eingerichtet, wobei immer der mittlere dieser Standpunkte zur Winkelmessung vorgesehen war. Dazu befestigten wir nun an der Stange des Einbeinstativs zwei Schnüre und spannten sie jeweils zu den beiden Anschlusspunkten, indem wir sie stramm an den Stangen fixierten. Das Tablett mit dem Papier darauf wurde anschließend so weit nach oben geschoben, dass die Schnüre direkt auf dem Papier auflagen.

Nun erfolgte die eigentliche Winkelmessung: Aus einer handelsüblichen Farbspraydose sprühten wir dazu über dieser »Messtisch«-Konstruktion so viel Farbe, dass sich eine Farbwolke auf dem Papier niederschlug.

Dann wurde das Tablett an der Stange wieder nach unten verschoben. Nachdem die Farbe etwas getrocknet war, konnte das Papier vom Tablett abgenommen werden und dokumentierte nun den gesamten Vermessungsvorgang auf diesem Polygonpunkt, denn der Farbnebel hatte das Papier komplett »bestäubt« – aber eine deutliche von Farbe unbenetzte Spur der beiden Schnüre hinterlassen. Und diese beiden Linien zeigten uns den Winkel an, der eigentlich mit einem Vermessungsinstru-

Nun konnte die eigentliche »Vermessung« erfolgen: Mittels einer handelsüblichen Farbspraydose wurden die Lotschnüre übersprüht.

Das Ergebnis waren in Farbe eingebettete Lotschnüre, und der Messtrupp hoffte, auf diese Weise auf dem Zeichenpapier über einen negativen Abdruck derselben die exakten Polygonzugrichtungen zu erhalten.

Nach dem Lösen der Klemmvorrichtung und dem Herablassen der Messtafel zeigte sich ein klares Abbild der Richtungsvermessung. Nach dem Trocknen der Farbe konnte das »Vermessungsprotokoll« zu den Akten genommen werden. Es mussten vorher noch die Nummern der Stand- und Zielpunkte und die Strecken eingetragen werden, um Verwechslungen zu vermeiden.

Da die Lotschnüre über dem Blatt Zeichenpapier stramm gespannt waren, zielten sie natürlich genau auf den Mittelpunkt der Eisenstange und damit direkt auf den Messpunkt. Selbst eine leichte Verschiebung der Lotschnüre hätte die Winkelmessung nur um Millimeter verfälschen können, und wir hätten uns damit immer noch im sicheren Bereich befunden.

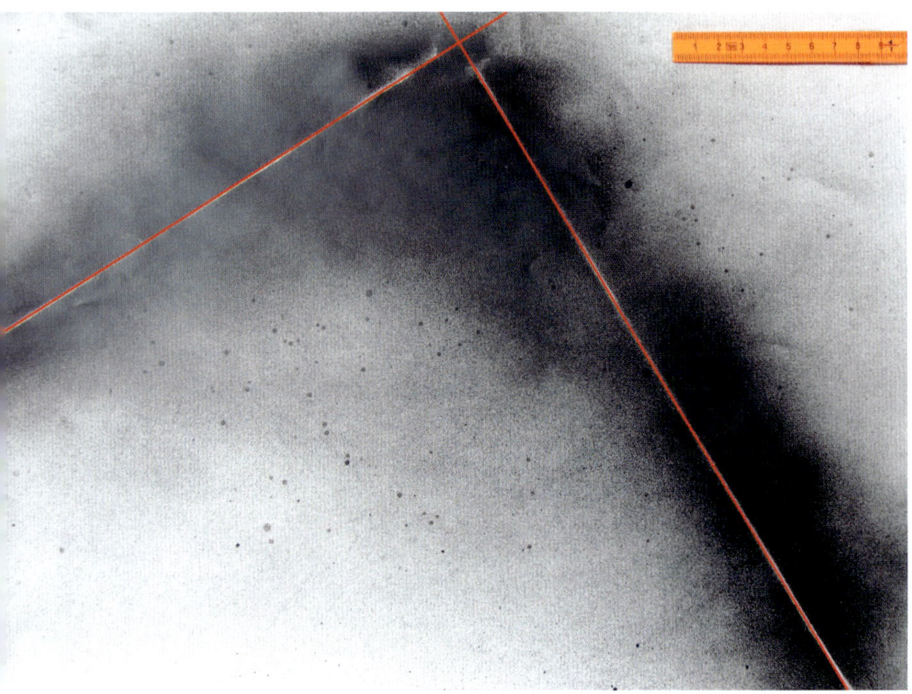

Nach dem Auszeichnen der Schenkel des Winkels konnte dieser auf zeichnerischem Wege oder mittels einer Ausmessung in den Plan des Polygonzuges übertragen werden. Die dafür notwendigen Abmessungen waren groß genug, um in einem Plan 1:1 verwendet werden zu können. Damit war eine nicht zu übertreffende Genauigkeit gegeben.

ment hätte gemessen werden müssen. Selbstverständlich mussten der Standpunkt und die Zielrichtungen nummeriert werden, damit sie bei der späteren Auswertung zugeordnet werden konnten.

So verfuhren wir nacheinander in allen Polygonpunkten dieses Tunnels, wonach uns eine lückenlose 1:1-Dokumentation der Brechungswinkel unseres Polygonzuges zur Verfügung stand. Die Strecken zwischen den Polygonpunkten mussten natürlich mit dem Messband gemessen werden: Mit diesen Vorgaben ließ sich im Anschluss dann aber der gesamte Polygonzug kartieren. Auf die gespannten Schnüre konnten nun noch die Wandungen des Bauwerks aufgemessen werden, wonach der Innenraum der Wasserleitung in der Cave du Curé für die Anfertigung eines Lageplanes zu kartieren war.

Eine Vermessung ohne eine Kontrolle der Ergebnisse wäre natürlich völlig inakzeptabel gewesen. Da die beiden Endpunkte des Polygonzuges außerhalb des Tunnels vermarkt waren, ließ sich ein zweiter Polygonzug um den Berg herum anlegen, dieses Mal natürlich mit modernen Tachymetern. Da die Anschlusspunkte für diese Kontrollmessung mit denen der Vermessung im Tunnel identisch waren, kontrollierten sich die beiden Verfahren gegenseitig. Das Ergebnis war hoch zufriedenstellend. Und es bleibe nicht unerwähnt, dass aufgrund dieser Aufmessung der Bauplan und damit die Konstruktionsidee des Tunnelbaumeisters entschlüsselt werden konnten.

Mit unserer pragmatischen Messmethode fühlten wir uns übrigens den römischen Kollegen sehr nahe. Auch sie haben sich einfachster Vermessungsgeräte bedienen müssen, und – wie wir durch unsere Nachmessungen feststellen können – sie haben unglaublich genaue Ergebnisse erzielt.[186]

Unsere Kenntnisse von der römischen Ingenieurvermessung sind zwar inzwischen weit fortgeschritten, dennoch bleiben viele Fragen offen. Fragt man

Auf die im Kanalinneren gespannten Lotschnüre konnten die Wandungen des Wasserleitungsgerinnes aufgemessen werden. Das ergab dann einen Lageplan des Kanalinneren. Dieser lieferte die Grundlage für eine geometrische Auswertung der diesem Tunnelbau zugrundeliegenden Konzeption, die eine ganz klare Bauwerksplanung und -ausführung seitens der römischen Ingenieure erkennen ließ.

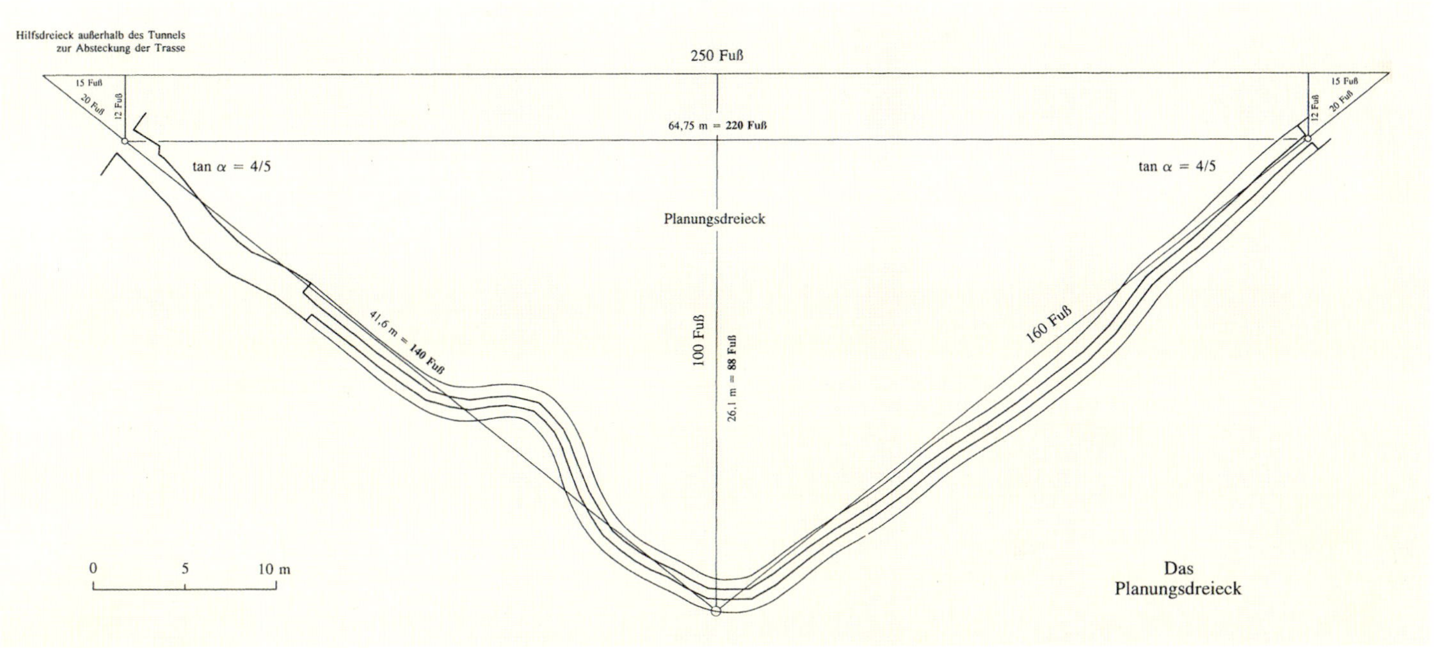

Mit dieser Methode der Tunnelvermessung waren wir natürlich sehr weit entfernt von einer modernen Aufnahme. Das legt aber die Frage nahe, wie denn solche Vermessungen vor der Einführung von Tachymeter und Co. gehandhabt worden sind. Wie haben die Altvorderen ein solches Tunnelaufmaß bewerkstelligt? Das war auch in der Antike oder im Mittelalter nur mit einem Polygonzug möglich, etwa wenn es galt, für einen Qanat eine Umgehungsstrecke um eine Einsturzstelle zu bauen.

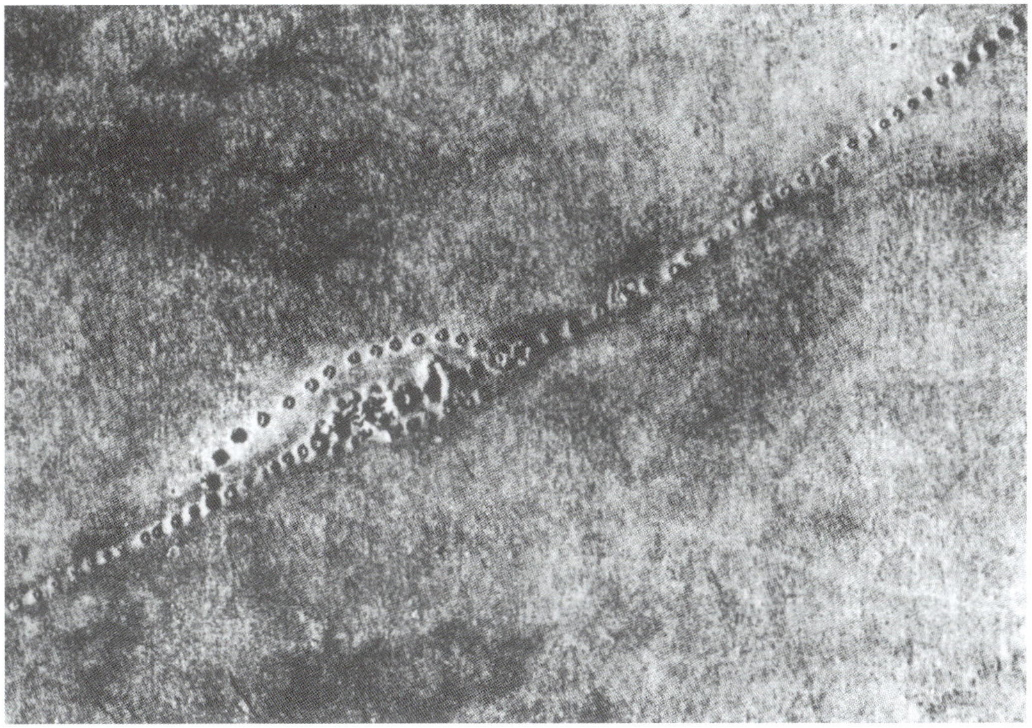

sich, wie derartige Aufmessungen denn in alter Zeit gemacht worden sind, müssen wir den Quellen nachgehen. Wir können anhand der Bauwerke selbst einiges erfahren, das zeigt uns dann jedoch eher, wie man in römischer Zeit geplant und trassiert hat. Aber auch in der Antike waren im Tunnelbau Kontrollmessungen eines bereits erfolgten Vortriebs durchzuführen, um sich fortwährend zu vergewissern, dass man sich auch wirklich auf der geplanten Trasse befand. Und diese Kontrollmessungen sind in der Fragestellung unserer Tunnelvermessung beispielsweise in der Cave du Curé sehr ähnlich.

Also, wie müssen wir uns eine solche Vermessung in früheren Epochen vorstellen? Für die römische Zeit gibt es in dieser Hinsicht keine Schriftquellen. Vitruv[187] und Frontin[188] haben in ihren Publikationen viele Fragen zu den Baugewerken behandelt, einen Vorschlag für die Bauwerksaufmessung suchen wir bei beiden jedoch vergebens. Schauen wir uns aber in der mittelalterlichen und dort vor allem der arabischen Literatur um, so werden wir fündig. Dass die arabischen Mathematiker auf älteren – vor allem griechischen – Quellen aufbauten, ist hinlänglich bekannt. Und dass die Ingenieure zu allen Zeiten mathematisch geschult sein mussten, kann man ebenfalls voraussetzen – das sagt uns auch Frontin schon sehr deutlich.

Dieses ingenieurmäßige Denken zeigt sich auch in zwei technischen Handbüchern, die der arabische Mathematiker Mohamed Al Karagi zu Beginn des 11. Jahrhunderts n. Chr. in Persien verfasst hat.[189] Er lebte zuvor in Chaldäa (Irak) und hatte dort schon Abhandlungen über mathematische Themen verfasst. Seine Texte bezüglich des Baus von Qanaten,[190] also kilometerlangen Tunneln für die Wasserversorgung der Oasen, aber auch von ganzen Städten, sind derart detailliert und präzise, dass sie uns einen tiefen Einblick in die technischen Herausforderungen dieses Verfahrens geben. Da Al Karagi oftmals mehrere Lösungen für ein und dasselbe Problem anbietet, kann man davon ausgehen, in seinen Büchern nicht nur Erläuterungen zum technischen Stand um die erste Jahrtausendwende n. Chr. zu finden, sondern zugleich den Erfahrungsschatz der vorausgegangenen Generationen. Das wird, wie gesagt, auch deutlich durch Bemerkungen wie »Die alten Perser haben ...«. Al Karagis Qanatbücher sind das Spiegelbild des frühen Qanatbaus schlechthin, und es ist erstaunlich, dass seine Texte in neueren Publikationen, wenn überhaupt, nur am Rande erwähnt werden.Soweit die Betrachtungen zur Methode, Trassenabschnitte zwischen zwei Bauschächten eines Qanates geradlinig aufzufahren. Doch dies war unter um Umständen nicht immer das Ziel: Hindernisse unter Tage konnten es nämlich erforderlich machen, die Gerade zu verlassen. Und in solchen Fällen musste man unter Tage gegebenenfalls einen oder mehrere Bögen oder Knicke auffahren, wonach keinerlei direkte Rückwärtsorientierung mehr möglich war. Auch dies erforderte daher spezielle Vermessungstechniken.

Das von Al Karagi empfohlene Verfahren, die Anfangsrichtung mit dem nächsten Schacht als Ziel wiederzufinden, ist einfach und zweckmäßig, denn es erfordert nur einen minimalen Aufschrieb von Maßen. Da die Methode einer solchen Kontrollmessung mit einem modernen Polygonzug vergleichbar ist, hätte in jedem Messpunkt sowohl der Brechungswinkel als auch die Länge der Strecke zum nächsten Messpunkt notiert werden müssen. Unter Tage sind derartige Vorgänge sehr schwierig durchzuführen und werden dadurch leicht zur Fehlerquelle.

Nach Al Karagis Verfahren werden die Brechungswinkel mit einem Zirkel auf einem Maßstab abgegriffen; man ermittelt also kein Winkelmaß auf einem Teilkreis, sondern den Abstand zwischen den Schenkelspitzen des Zirkels. Die Strecken werden mit einem Seil direkt abgenommen, um sie bei der Rekonstruktion des Polygonzuges über Tage wieder zu verwenden. Es wird bei diesem Verfahren also nicht nur auf das Ablesen von Streckenmaßstäben verzichtet, auch eine Berechnung des Polygonzuges entfällt:

> Sollte der Bergmann seine Vortriebsrichtung wegen auftretender Schwierigkeiten absichtlich verändert haben oder ungewollt von der Richtung abgekommen sein, so besteht natürlich eine gewisse Schwierigkeit, den Stollen mit dem nachfolgenden Schacht im Untergrund zu treffen. In diesem Fall nimmst Du einen guten Zirkel aus Holz oder Metall mit geraden Schenkeln an den Außenseiten. Du nimmst ebenfalls ein gutes Lineal mit gleichmäßigen Teilstrichen, ohne dass es auf die Zahl der Striche ankommt. Du steigst in die Baustelle hinunter zu dem Punkt, an dem der Abschnitt des Stollens beginnt. Dort bringst Du ein Seil an und spannst es über die gesamte Länge des geraden Abschnitts bis zu dem Punkt, an dem es wegen einer Stollenbiegung eine Wand trifft. Dort befestigst Du es mit einem Holzkeil (Dübel) und spannst es längs der nächsten Strecke bis zur Wand einer nächsten Stollenbiegung, wo Du es ebenfalls befestigst, und so weiter bis zum Ende des Stollenabschnitts. Das Seil

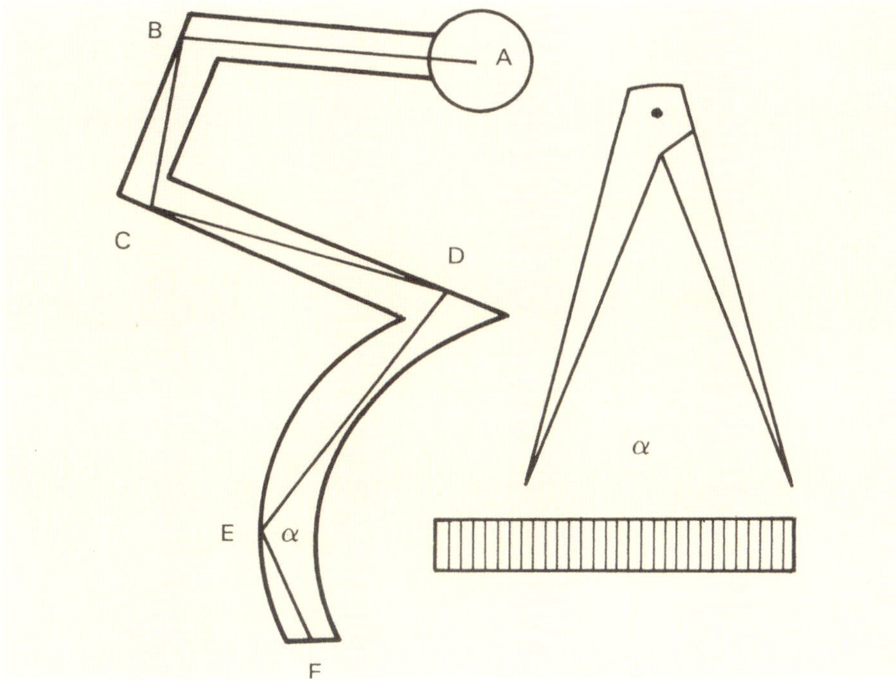

Eine probate Methode der Winkelvermessung stellt uns der arabische Mathematiker Al Karagi zu Beginn des 11. Jahrhunderts n. Chr. vor. Seine Methode ist der von uns für den Tunnel von Chagnon entwickelten durchaus ähnlich, denn auch Al Karagi nimmt die Messergebnisse vor Ort ohne Benutzung eines Instrumentes zur Winkelmessung (Theodolith) auf. Statt eines Instrumentes mit Teilkreis benutzt Al Karagi vielmehr einen Zirkel, mit dessen Schenkeln er in jedem Polygonpunkt die beiden Zielrichtungen zu den Anschlusspunkten auslegt.

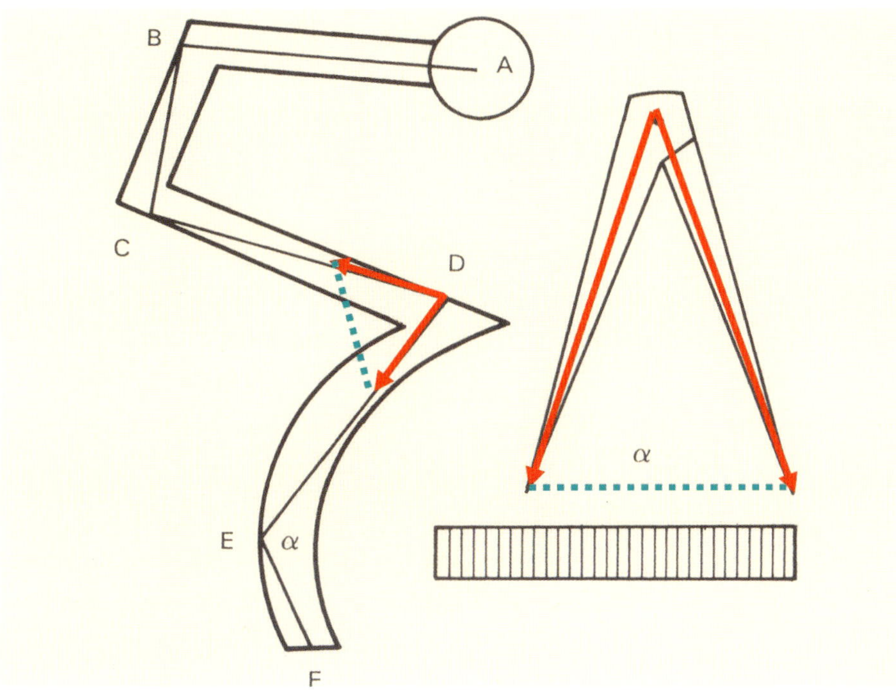

Dann misst er den Abstand der beiden Schenkelspitzen. Mit diesen Maßen und den ebenfalls unter Tage gemessenen Strecken überträgt er den Polygonzug nach über Tage, wo er ihn auf der Erde auslegt. Er geht dabei von demselben Punkt aus, den er auch unter Tage genutzt hat, und sieht genau, wo er sich in der Baustelle mit seinem Vortrieb befindet. Damit wird es ihm gelingen, mit seinem Ersatzbauwerk nach Umfahrung der Einsturzstrecke den Anschluss an den Qanat herzustellen.

wird demnach an jeder seiner Befestigungen einen Winkel bilden. Der Winkel wird nun mit dem Zirkel und dem Lineal gemessen. Dies, indem die Achse des Zirkels über der Befestigung des Seiles liegt, und die Schenkel soweit auseinandergespreizt werden, dass sie parallel zu den zwei Winkelseiten des Seiles verlaufen. Danach wird der Winkel, den die Spitzenöffnung des Zirkels angibt, auf dem Lineal gemessen, indem die Zahl der umfassten Teilstriche notiert wird. So vermisst und notiert man die Größe des Winkels an jeder Stollenbiegung sowie die exakte Länge einer jeden Sektion des gespannten Seiles der Reihe nach, vom Stollenbeginn bis zum letzten Befestigungspunkt.

Nun steigt man aus dem bestehenden Schacht an das Tageslicht. Du nimmst das Seil und die Befestigungen des Seiles mit nach oben. Über den Schacht wird eine Stange gelegt, an der zwei Seile, mit Gewichten beschwert, bis in den Stollen reichen. Dies erlaubt Dir, die genaue Richtung des Seilzuges an die Erdoberfläche zu übertragen. Du wirst nunmehr das erste Ende des Seiles bei dieser Stange befestigen und richtest das Seil genau so aus, wie es unten verlief. Du gibst jedem Segment und jedem Winkel dasselbe Maß und den gleichen Winkel wie im Stollen bis zum Ende des Seiles. Der Punkt am Boden, an dem Du die letzte Befestigung des Seiles anbringst, wird Dir dann die Achse des neu zu grabenden Schachtes angeben, mit dem Du das Ende des eben gegrabenen Suchstollens treffen wirst.

Fazit: Es ist zwar ein merkwürdiger Zufall, dass ausgerechnet bei der rezenten Vermessung der Cave du Curé im Verlauf der römischen Wasserleitung nach Lyon ein Messverfahren angewendet worden ist, das von der Aufnahmetechnik her einer für die Zeit vor der ersten Jahrtausendwende beschriebenen Methode sehr ähnlich ist. Der arabische Mathematiker Al Karagi beschreibt sein Verfahren einer Tunnelvermessung, damit ein Baumeister in einem mehrfach geknickten Tunnelverlauf bezüglich seiner Zielrichtung nicht die Orientierung verliert. Aber ganz so abwegig ist diese Ähnlichkeit nicht, denn in beiden Fällen sind die Probleme ziemlich identisch: Während wir mit unserem Verfahren einen Tunnelverlauf vermessen, der sich später in einem Plan zeichnerisch rekonstruieren lässt, gibt Al Karagi dem Baumeister die Möglichkeit, den unterirdischen Tunnelverlauf mit all seinen Knicken über Tage im Originalmaßstab zu rekonstruieren. Mit dem letzten Punkt seiner Aufnahme konnte er dann an der Erdoberfläche die Abweichung vom Anfangsschacht des Anschlussbauloses kontrollieren.

Offensichtlich war Al Karagi sich bewusst, sehr ausführliche Empfehlungen gegeben zu haben, denn er meint, dass »demjenigen, der sich das hier Gesagte nicht zur klaren Vorstellung bringt, ... auch weitere Beispiele nicht viel helfen« würden.

183 Grewe (1973); Grewe (1977).
184 Grewe (2014) 107–138.
185 Grewe (1998a) 156–161.
186 Grewe (2011b).
187 Vitruv.
188 Frontin.
189 Al Karagi / Hochheim (1880); Al Karagi / Mazaheri (1970).
190 Grewe (2011a).

Antiker Tunnelbau hatte in jeder Hinsicht andere Dimensionen, als wir das bei den Bauwerken unserer Tage beobachten können. Tunnelbaumaschinen von unglaublicher Kunstfertigkeit übernehmen heute die Arbeiten, die in der Antike manchmal auf engstem Raum mit Hammer und Schlegel oder auch einfach nur mit Hacken durchgeführt werden mussten. Entsprechend beengt ist dann auch der Arbeitsraum eines Ingenieurs unserer Zeit, wenn er einen solchen Tunnel dokumentieren muss – wie hier beim Aufmaß des Raschpëtzer-Tunnels in Walferdingen (Luxemburg).

»PER SCHIFF ÜBERS LAND« – WICHTIGE PROJEKTE IN DER GESCHICHTE DER SCHIFFFAHRTSKANÄLE

Im Transport auf dem Wasserwege ist auch heute noch die wirtschaftlichste Art des Warenaustauschs zwischen zwei Orten gegeben. Für schwere Lasten, beispielsweise für das Baumaterial, das für den Städtebau benötigt wurde, kam ein anderer Transportweg ohnehin gar nicht infrage. Derartige Lasten waren in früheren Zeiten nur auf dem Wasserwege zu transportieren, und dazu dienten in erster Linie die schiffbaren Flüsse. Waren Wasserwege nicht in unmittelbarer Nähe erreichbar, so schaffte man die Lasten auf dem kürzesten Landwege dorthin – oder man legte einen künstlichen Wasserweg an, um den Transport zu erleichtern.

Als Beispiel für solches Baumaterial möge da der Kalk dienen, der am Fuße der Eifel in Bad Münstereifel-Iversheim gebrannt wurde und bis an den Niederrhein, etwa in die *Colonia Ulpia Traiana* / Xanten, transportiert werden musste. Und für diesen Transport kommt zumindest in der Anfangsstrecke nur das Flüsschen Erft infrage. Im römischen Hafen von *Novaesium* / Neuss, wo die Erft den Rhein erreicht, konnte dann auf größere Lastkähne umgeladen werden.[191]

Die eine Notwendigkeit für den Bau von Kanälen bestand also darin, eine Produktionsstätte oder auch einen Zielort an eine bestehende schiffbare Wasserstraße anzuschließen. Weit wichtiger war es aber, verschiedene Gewässersysteme miteinander zu verbinden, um auf diese Weise auch große Landschaftsräume wenigstens auf dem Wasserwege verkehrstechnisch zu erschließen.

Die römische Zeit tritt auch auf diesem Gebiet mit eindrucksvollen Ingenieurleistungen in Erscheinung. Der Versuch, die Rhône über die Saône und die Mosel mit dem Rhein zu verbinden, scheiterte allerdings. Das Projekt wird uns bei Tacitus zwar beschrieben,[192] ob es aber überhaupt begonnen wurde, ist in der Diskussion. Neben den bei Tacitus erwähnten Eifersüchteleien zwischen L. Vetus, als Vordenker dieses Projektes, und dem Legaten von *Belgica*, Aelius Gracilis, können es aber auch technische Probleme wie die Wasserhaltung im Scheitelbereich des geplanten Kanals gewesen sein, denen man sich hätte stellen müssen. Das Projekt, einen Kanal über die »große Wasserscheide« zwischen Mittelmeer und Nordsee zu bauen, war offensichtlich selbst für die Römer eine Nummer zu groß. Andere – durchaus respektable – Kanalprojekte wurden von den Römern allerdings verwirklicht.

Die »großen Wasserscheiden« bereiteten auch den Ingenieuren späterer Zeiten noch ein Riesenproblem, denn ein solches Projekt war schon gewaltig. Man muss bedenken, dass kaum ein Planer eines Schifffahrtskanals auf Erfahrungen mit einem solchen Bauwerk zurückgreifen konnte. Dafür waren solche Projekte einfach zu selten auf der Agenda eines antiken Ingenieurs zu finden.

Nach den Römern trat auch auf diesem Spezialgebiet für die Ingenieure einmal eine Verschnaufpause ein. Im Mittelalter war es dann Karl der Große, der sich wieder an ein solches Großprojekt heranwagte. Die Reste des sogenannten Karlsgrabens (auch *Fossa Carolina*) zeu-

Im Ausbau eines schiffbaren Verkehrsweges zwischen dem Rheinland und dem Donauraum war man zu Zeiten König Karls (später Kaiser Karl der Große) aktiv. Im Jahre 793 n. Chr. begannen Karls Ingenieure, das Flusssystem des Rheins mit dem der Donau durch einen Schifffahrtskanal zu verbinden. Der Plan war, über die Europäische Hauptwasserscheide die zum Flusssystem des Rheins gehörende Schwäbische Rezat mit der zur Donau fließenden Altmühl zu verbinden. Dieser großartige Versuch des Jahres 793 n. Chr. scheiterte allerdings. Bei der Ortschaft Graben kann man eindrucksvolle Reste der Fossa Carolina *(Karlsgraben) sehen.*

gen vom Versuch, Rhein, Main und Donau durch einen Kanalbau miteinander zu verbinden und damit eine »große Wasserscheide« auf dem Wasserwege passierbar zu machen; doch scheiterte dieser auch zu König Karls Zeiten. Die Ursachen dafür sollen verheerende Regenfälle gewesen sein, die bei Nacht die Arbeit des Tages zunichte machten. »Was die Werkleute tagsüber an Erde aushuben, das fiel des Nachts [...] wieder in sich zusammen«, heißt es in den Reichsannalen.[193] Die Verbindung Rhein/Main-Donau sollte dann erst zwischen 1836 und 1846 mit dem Bau des Ludwig-Donau-Main-Kanals gelingen – später dann noch einmal mit dem Main-Donau-Kanal (1960 bis 1992).

Aber auch in den Jahrhunderten dazwischen hat es zahleiche Kanalbauprojekte gegeben. Erwähnt sei der Stecknitzkanal, der Ende des 14. Jahrhunderts zwischen Lauenburg und Lübeck gebaut wurde und vornehmlich dem Salztransport gedient hat. Zwischen 1626 und 1633 war es dann die *Fossa Eugeniana*, mit der die Spanier versuchten, den Niederländern zwischen Rheinberg und Venlo den Rhein abzugraben.[194] Das hat Napoleon ab 1803 zwischen Neuss und Venlo dann noch einmal versucht und zwar, um den Handel der Engländer mit den Niederländern zu stören.[195] Beide Male misslangen die Vorhaben.

Es nimmt bei diesen Voraussetzungen nicht wunder, dass auch ein drittes Projekt zur Überwindung einer »großen Wasserscheide« letztendlich scheiterte. Das 1638 aufgenommene Kanalbauprojekt mit der Zielsetzung, das Mittelmeer und die Nordsee für die Schifffahrt zu verbinden, sollte dieses Mal über Nebenflüsse des Rheins und der Rhône zwischen dem Neuenburger- und dem Genfersee in der Westschweiz verwirklicht werden. Dieser Transhelvetische Kanal wurde zu einem guten Teil auch fertiggestellt, das Projekt scheiterte letztlich aber an den fehlenden finanziellen Mitteln, um die rund vierzig Schleusen zu bauen, die im Abstieg zum Genfersee notwendig geworden wären.[196] Die Überwindung dieser Europäischen Wasserscheide wurde dann 1833 in Frankreich mit dem Canal du Rhône au Rhin doch noch realisiert.

Die Betrachtungen dieser nachrömischen Kanalbauprojekte sind sicher geeignet, die antiken Vorgängerbauten ins rechte Licht zu rücken. Es waren einfach unglaublich gewagte Unternehmen, die im Laufe der Geschichte in Angriff genommen wurden, um »mit dem Schiff übers Land« zu fahren.

191 Sölter (2005).
192 Tacitus Ann. XIII. 53.
193 Ettel / Daim / Berg-Hobohm / Werther / Zielhofer (2014).
194 Pistor / Smeets (1979).
195 Scheller (1980).
196 Grewe (1987).

In der Chronik der Bischöfe von Würzburg 1546 ist der Bau des Karlsgrabens ein wenig vereinfacht dargestellt.

Der Stecknitzkanal (im Bild die Palmschleuse bei Lauenburg) wurde zwischen 1392 und 1398 als Schifffahrtskanal zwischen Lauenburg und Lübeck gebaut und war der erste, mit dem eine Wasserscheide überwunden wurde – in diesem Fall die zwischen Nord- und Ostsee. Hauptzweck des 97 km langen Kanals war der Transport von Lüneburger Salz nach Lübeck, von wo aus es im ganzen Ostseeraum beispielsweise für das Einsalzen von Heringen weiterverkauft wurde. Der Transport auf der Alten Salzstraße wurde damit unattraktiv. In seiner wirtschaftlichen Blütezeit im 15. Jahrhundert wurden mehr als 3.000 Schiffsladungen mit über 30.000 Tonnen Salz pro Jahr auf dem Stecknitzkanal verschifft.

Die Fossa Eugeniana war ein Kanalprojekt des 17. Jahrhunderts, das als schwere Waffe im Wirtschaftskrieg der Spanier gegen ihre abtrünnige Provinz der Niederlande gedacht war. Man wollte die Niederlande vom einträglichen Rheinhandel abschneiden, um auf diese Weise deren Kriegskasse ausbluten zu lassen. 1626 begann man mit einem Kanalbau zwischen Rhein und Maas, um die Städte Rheinberg und Venlo zu verbinden. Ganz kühne Strategen wollten den Rhein sogar komplett umleiten, um eine neue Verbindung zur Nordsee zu schaffen. Das hätte die niederländischen Häfen Amsterdam und Rotterdam bedeutungslos werden lassen. Der Kanal wurde zwar zu einem guten Teil fertiggestellt, die ständigen Überfälle der Niederländer auf die Bastionen der Spanier und schließlich die Einnahme von Venlo und Rheinberg brachten das Projekt allerdings 1633 zum Erliegen.

In der Fossa Eugenia-Karte von W. J. Bleauw von 1645 sieht man in einer Randzeichnung unten links, wie Rhein und Maas versuchen, einander die Hände zu reichen – vergeblich.

Im zwischen 1836 und 1846 gebauten Ludwig-Donau-Main-Kanal wurde der alte Traum einer Rhein-Main-Donau-Verbindung doch noch verwirklicht. Was 1.000 Jahre zuvor unter König Karl unglücklich scheiterte, sollte endlich gelingen: Der Bau einer schiffbaren Verbindung letztendlich von der Nordsee bis zum Schwarzen Meer. Ein Stahlstich von Alexander Marx (1845), auf dem Treidelkähne am Gruberbachdamm bei Kettenbach zu sehen sind, gibt einen Einblick in das Verkehrsgeschehen.

Die Palmschleuse bei Lauenburg – 1398 komplett aus Holz gebaut – wurde 1724 auf Befehl von König George I., der in Personalunion Großbritannien und das Kurfürstentum Hannover regierte, in Sandstein ausgebaut. Eine Wappentafel erinnert an diesen Neubau. Die Schleuse blieb bis zum 1. September 1896 in Betrieb. 1962 wurde die Palmschleuse im Zuge der Eindeichung des Stecknitz-Mündungsgebietes restauriert.

Auch der 1803 von Napoleon angeordnete Bau eines Grand Canal du Nord sollte den Rhein mit der Maas verbinden – dieses Mal zwischen Neuss und Venlo. Ziel war es, eine Kontinentalsperre gegen Großbritannien zu errichten, um dessen Handel mit den Niederlanden zu beeinträchtigen. Auch dieses Projekt scheiterte und wurde aufgegeben. Mehrere Schleusen sind allerdings in Resten erhalten, zum Beispiel in Neuss oder (im Bild) die Schleuse Louisenburg bei Herongen (NRW).

Erstaunlicherweise genügte ein einziges Zugtier, um Schiffe auf dem ruhigen Wasser eines Kanals zu ziehen. Heute ist das nur noch für touristische Zwecke nachzuerleben, wie hier auf dem Illinois- und Michigan-Kanal, der 1836–1848 zwischen dem Chicago River und dem in den Mississippi mündenden Illinois River gebaut wurde.

Der Handel spielte auch bei der Planung eines weiteren Kanalgroßprojektes eine maßgebliche Rolle. Wollten die Niederländer Geschäfte etwa mit den Handelszentren am Mittelmeer betreiben, so war es bis dato auf dem Seeweg unumgänglich, die Straße von Gibraltar zu passieren, um Südwesteuropa zu umrunden. Das war für die reformierten Niederländer ein gefährlicher Weg, denn sie kamen ihren ehemaligen Besatzern, den katholischen Spaniern, sehr nahe. Abhilfe sollte ein Kanal schaffen, mit dessen Bau der Bretone Elie Gouret 1638 begann. Der Plan bestand darin, eine Route vom Rhein zur Rhône zu schaffen, um die Nordsee über die Wasserscheide mit dem Mittelmeer zu verbinden. Dieser »Canal d´Entreroches« war ein gewaltiges Unternehmen, bei dem besonders auf der Reststrecke zum Genfersee 59 Höhenmeter mit 40 Schleusen zu überwinden gewesen wären. Das hätte dann einen finanziellen Aufwand erfordert, der von den Investoren nicht zu erbringen war, weswegen man das Projekt 1648 aufgegeben hat. In der Klus von Entreroches sind heute ansehnliche Überreste des Bauwerks zu sehen. Das Projekt wurde dann 1833 auf einer anderen Trasse verwirklicht und besteht im Canal du Rhône au Rhin heute noch.

»Per Schiff übers Land!«. Ein wenig prosaisch ist diese Anschauung von einer Kanalfahrt schon, aber eigentlich war das doch immer das Ziel der Planer von künstlichen Wasserstraßen: Menschen und Frachtgut auf kürzestem, sicherstem und damit wirtschaftlichstem Wege von A nach B zu transportieren. Und diesem Grundgedanken folgte man auch beim Bau des Suezkanals, der am 17. November 1869 eingeweiht worden ist. Er verläuft in Ägypten zwischen den Hafenstädten Port Said und Port Taufiq bei Suez und verbindet das Mittelmeer mit dem Roten Meer. Auch für den Bau des heute fast 200 km langen Kanals war die Grundlage wirtschaftliches Kalkül: Zum einen erspart er der Schifffahrt einen Umweg von 6.000 Kilometern oder neun Tage bei einer Vermeidung der Fahrt um das Kap der Guten Hoffnung, zum anderen bringt er jährlich (2019) 5 Milliarden US-Dollar – durchschnittlich mehr als 300.000 US-Dollar pro Durchfahrt – in die ägyptische Staatskasse.

47. »Wo liegen eigentlich die Wurzeln der Schifffahrtskanäle in der Geschichte der technischen Großbauten?«

Die Geschichte des Baus von Schifffahrtskanälen geht weit zurück, denn ihre Wurzeln liegen in den Hochkulturen des Altertums. Die frühesten Kanalbauten finden sich in Ägypten, Mesopotamien und China, und sie können als wesentliche Zeugnisse für die kulturelle Bedeutung dieser Länder gelten: Die Kanalverbindung vom Nil zum Roten Meer, um 600 v. Chr. von Pharao Necho II. gebaut, wurde wiederholt erneuert, unter anderem von Dareios I., den Ptolemäern und Kaiser Trajan.[197] Der Kanal war breit genug, um zwei Schiffe im Gegenverkehr die Strecke passieren zu lassen, und Herodot hat berichtet, dass man für die Gesamtstrecke vier Tage benötigte.[198]

Der frühe Kanalbau des Xerxes, den dieser 483–480 v. Chr. als Landdurchstich am Berg Athos anlegen ließ, wird von Herodot mehr als Prestigeobjekt, denn als Nutzbau erwähnt:

> Wenn ich es recht überlege, glaube ich, Xerxes ließ den Kanal bloß graben, um zu prahlen. Er wollte seine Macht zeigen und sich ein Denkmal damit errichten. Die Schiffe konnten doch ohne alle Mühe über die Landenge hinweg gezogen werden; und doch ließ er einen Kanal von solcher Breite bauen, dass zwei Trieren mit voller Ruderlänge nebeneinander hindurch fahren konnten.[199]

Herodot berichtet auch einiges über die Technik, die beim Bau dieses Kanals verwendet wurde. Xerxes hatte das Gesamtbauwerk in mehrere Baulose eingeteilt und die Arbeiten darin verschiedenen Volksstämmen zugewiesen. In den meisten Baulosen gab es große Schwierigkeiten, da man das Kanalbett mit senkrechten Wänden aushob:

> Beim Graben des Kanals verteilten die Barbaren die einzelnen Strecken unter die Volkstämme. Bei der Stadt Sane wurde eine schnurgerade Linie gezogen, und als das gegrabene Bett tiefer wurde, standen die einen Arbeiter ganz

Eine der längsten künstlichen Wasserstraßen hat auch die ältesten Wurzeln. Der Bau des Kaiser-Kanals in China ist vor etwa 2.500 Jahren begonnen worden und kam auf die beeindruckende Länge von 1.800 Kilometern. Hier ein Stück der heutigen Strecke bei Peking.

unten und gruben, andere reichten den ausgegrabenen Schutt anderen zu, die auf Stufen [Leitern] erhöht standen und ihn weitergaben. Dort trugen ihn die ganz oben Stehenden fort. Alle mitarbeitenden Völkerstämme außer den Phoinikern hatten mit den Rändern des Kanals die doppelte Arbeit.[200]

Das lag vermutlich daran, dass die steil angelegten Wände keinen Halt hatten und immer wieder einstürzten.

Nicht so im Baulos der Phönizier, die im Gegensatz zu allen anderen eine Bautechnik anwandten, die abgestufte Kanalwände beinhaltete. Diese »Strossenbauweise« verursachte zwar im oberen Bereich der Kanalbaustelle die umfangreicheren Erdarbeiten, mit fortschreitendem Baubetrieb kam man aber im Sohlenbereich des Kanals auf dieselbe Breite wie in den anderen Baulosen auch. Im weiteren Teil seiner Historien lobt Herodot deshalb:

> Die Phoiniker aber zeigten sich bei diesem Werke ebenso klug wie auch sonst. Sie gruben nämlich, als ihnen eine Strecke der Arbeit zugewiesen worden war, den oberen Teil des Kanals doppelt so breit, als der Graben werden sollte, und machten ihn, je tiefer sie kamen, beständig enger. Ganz unten war er nicht breiter als die Strecken der anderen.[201]

Die natürlich vorgegebene Landenge (Isthmus) von Korinth, eine 6 km breite und 75–80 m hohe Verbindung zwischen Mittelgriechenland und der Peloponnes, reizte schon früh, hier einen Kanal anzulegen, um den seit dem 6. Jahrhundert v. Chr. bestehenden *Diolkos*, eine künstlich angelegte Schleifbahn für kleinere Schiffe, zu ersetzen. Ernsthafte Versuche eines Kanalbaus gehen auf Kaiser Nero zurück, der aber mit seinem Bauvorhaben letztendlich auch scheiterte. Die einstmals reichlich vorhandenen Spuren dieses Kanalbauversuchs wurden jedoch bei den Arbeiten am modernen Kanal (1881–1893) überprägt und sind seither nicht mehr sichtbar.

197 Grewe (2008a).
198 Herodot 2, 158.
199 Herodot 7, 24.
200 Herodot 7, 23.
201 Herodot 7, 23.

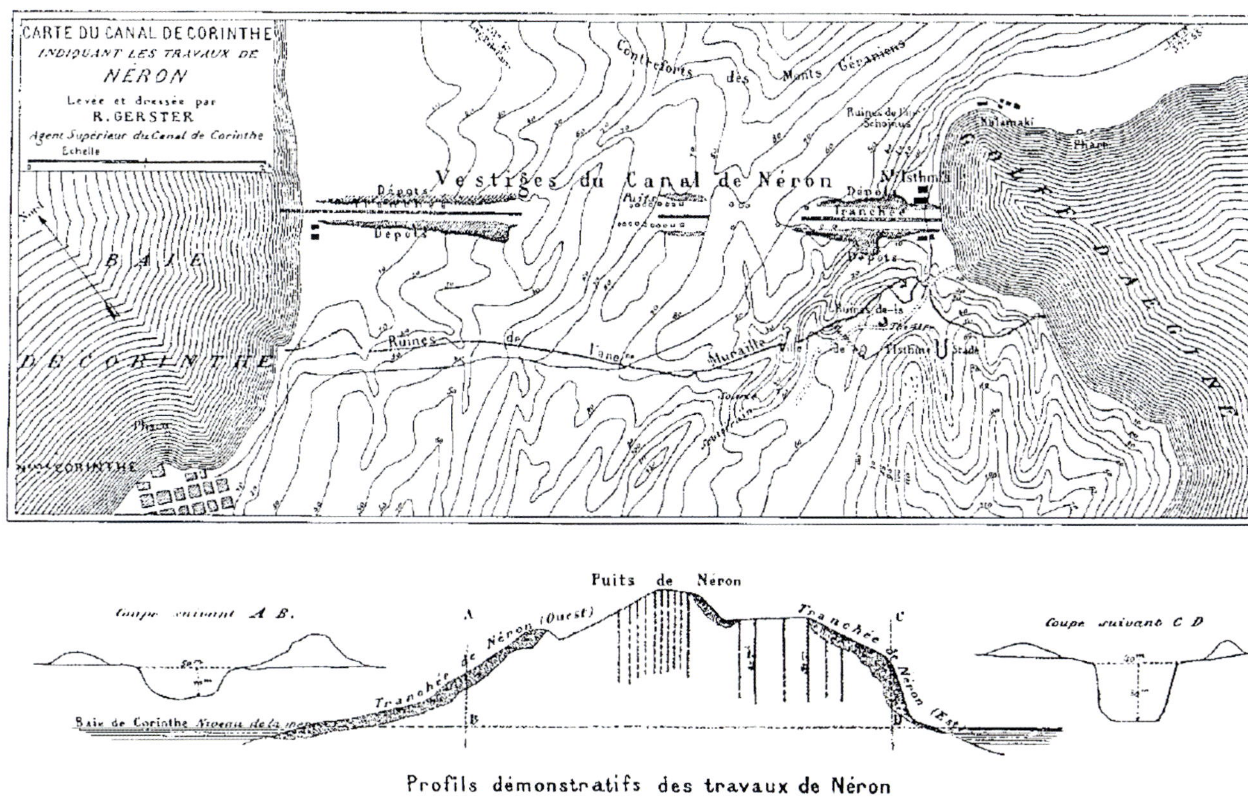

Überreste von Neros Projekt, einen Kanal durch den Isthmus von Korinth zu stechen (67 n. Chr.). Die dunkel schraffierten Bereiche markieren die antiken Aushubarbeiten. Die senkrechten Schächte im Bild unten dienten den Römern zur Begutachtung des Steinmaterials in der Tiefe. Die Karte wurde vom Chefingenieur des modernen Kanalprojekts Bela Gerster 1881 bei der Erkundung der Landenge angefertigt.

48. Nachgefragt: »... und wie war das mit den Schifffahrtskanälen bei den Römern?«

Nördlich der Alpen wurden die ersten Schifffahrtskanäle unter den Römern gebaut. Aber auch in jener Zeit kann nicht nur von erfolgreich durchgeführten Kanalprojekten berichtet werden. So wurde der bei Tacitus erwähnte Mosel-Saône-Kanal in römischer Zeit nicht fertiggestellt; er sollte vielmehr erst in den Jahren 1881–1882 als Canal de l'Est verwirklicht werden. Über einen Mosel-Saône-Kanal wäre schon damals das Mittelmeer mit der Nordsee durchgängig schiffbar verbunden gewesen. Vermutlich war diese Kanalverbindung in römischer Zeit als ein von der Mosel ausgehender künstlicher Flussarm gedacht, ein Ableitungskanal also, der ohne Schleusen konzipiert war.[202]

Eine von Drusus am Niederrhein gebaute Kanalverbindung ist heute im Gelände nicht einmal mehr in Resten nachzuweisen. Es sind aber gleich zwei antike Schriftstellen, die auf dieses Bauwerk verweisen. Sueton preist das Werk: »... und legte jenseits (rechts) des Rheins Kanäle an; diese Arbeit trieb er tätig voran, es war ein gewaltiges Unternehmen. Diese Kanäle führen bis in unsere Zeit noch immer seinen Namen«.[203]

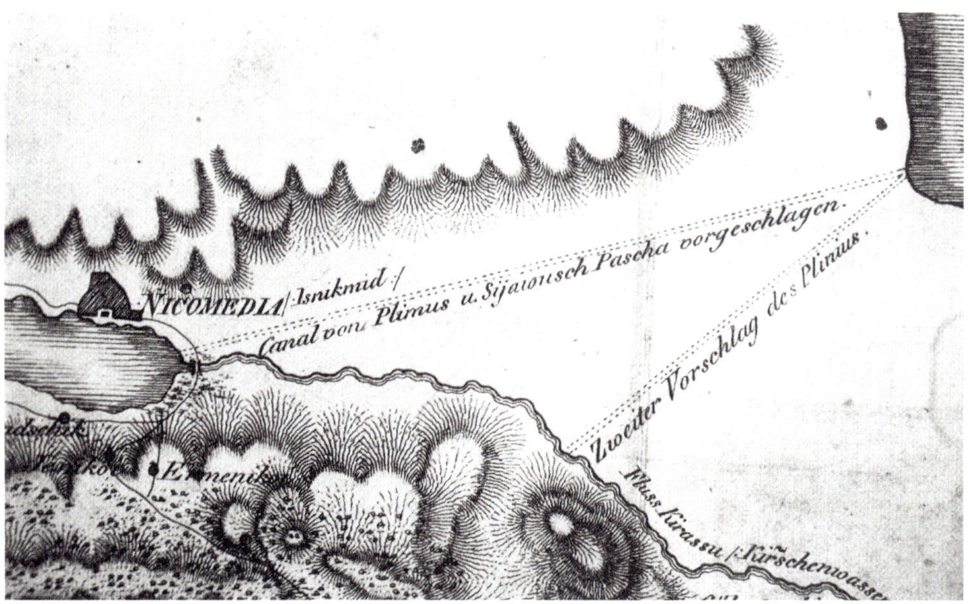

Verlauf des von Plinius d. J. geplanten Kanals zum Golf von Nikomedia. Rekonstruktionsversuch durch v. Hammer 1818.

Zwar ist auch der Verlauf dieser *Fossa Drusinae* heute nicht mehr nachzuvollziehen, da der Kanal aber »jenseits«, also rechts des Rheins, gelegen hat, kann es sich nur um eine Rhein-Ijssel-Verbindung gehandelt haben, um auf diesem Wege über die Zuidersee in die Nordsee zu gelangen. Diese Streckenrekonstruktion macht Sinn, wenn wir einem Feldzug des Germanicus in feindliches Bataverland in der Beschreibung des Tacitus folgen:

> ... dann fuhr er in den sogenannten Drususkanal ein, und nach einem Gebet zu seinem Vater Drusus, er möge ihm für das gleiche Wagnis willig und gnädig durch sein Vorbild und die Erinnerung an seine Pläne und Werke hilfreich sein, gelangte er von dort durch die Seen und den Ozean in glücklicher Fahrt bis zur Ems.[204]

Diese wohl nur drei Kilometer lange Schifffahrtsstraße ersparte den Römern die gefahrvolle Passage der Nordsee vor der Rheinmündung.

Demselben Zweck diente ein zweiter Kanal, der auf der anderen Rheinseite eine Verbindung zwischen dem Strom und der Maas schuf. Bezüglich dieses unter Domitius Corbulo angelegten Kanals können wir aber dem Tacitus-Text entnehmen, dass nicht nur verkehrstechnische Überlegungen zum Bau geführt hatten:

> Damit jedoch die Soldaten ihr faules Leben aufgäben, ließ er zwischen Maas und Rhein einen 23 Meilen [= ca. 35 km] langen Kanal ziehen, durch den man die Wagnisse der Fahrt auf dem Ozean vermeiden konnte.[205]

Auch beim Bau der *Fossa Mariana* zwischen *Arlete* / Arles (Frankreich) und dem Mittelmeer ist eine gewisse Beschäftigungstherapie für die Truppe als

Beweggrund für den Bau nicht zu übersehen.[206] Ein weiteres, wichtiges Motiv für den Bau der *Fossa Mariana* war handfesterer Natur, denn auf diese Weise sollte ein Ersatz-Schifffahrtsweg für das dauernd versandete Rhône-Delta geschaffen werden. Mit dem Bau des Marius-Kanals, der auf der östlichen Seite der Rhône zum Mittelmeer führte, wurde Arles zu einer auf dem Wasserwege gut er-reichbaren Hafenstadt.

Wie schon das Beispiel des Nonius Datus im römischen Tunnelbau zeigte, mussten für den schwierigsten Teil der Bau-arbeiten Fachleute beim Militär ausgeliehen werden. Das wird auch beim Bau von Schifffahrtskanälen nicht anders gewesen sein, denn auch diese Arbeiten waren schwierig und setzten einen hohen Stand technischen Könnens voraus. Wobei die Schriftquellen sogar annehmen lassen, dass das Militär hier sehr umfangreich eingesetzt wurde.

Diese These wird auf eindrucksvolle Weise durch einen von Plinus d. J., damals Statthalter von Bithynien in Kleinasien, mit Kaiser Trajan geführten Briefwechsel unterstützt.[207] Plinius möchte einen Binnensee bei Nikomedia mit dem Meer verbinden und bittet Trajan um die Abstellung eines *librators*, also eines Fachmanns für die Planung und Vermessung. Trajan rät ihm, sich an den Statthalter von Niedermoesien zu wenden, denn in den Provinzen würde es an solchen Fachleuten nicht fehlen. Er gibt sodann noch den Rat, der *librator* möge durch entsprechende Vermessungen prüfen, ob der See durch den ge-planten Kanalbau nicht leerlaufe.

Wie wir bereits gesehen haben, ist der Wasserweg noch immer die rentabelste Transportmöglichkeit für den Handel zwischen zwei Orten. Das galt natürlich besonders in früheren Zeiten, als die Landwege schlecht ausgebaut und oftmals in desolatem Zustand waren. Und insbesondere schwere Lasten, wie etwa Materialien für den Städtebau, konnten ausschließlich auf diesem Weg befördert werden. Kanalbauten, die dies ermöglichten, waren daher auch in der Antike schon sehr willkommen und brachten ihren Erbauern Ruhm und Ehre ein.

202 Tacitus, Annalen XIII, 53.
203 Sueton, Kaiserbiographien V, Claudius, 1.
204 Tacitus, Annalen II, 8.
205 Tacitus, Annalen XI, 20.
206 Strabo, 4; Plinius d. Ä., *Naturalis historiae* 3, 34.
207 Plinius d. J., Briefe X, 41–42.

Der Hafen des Marius-Kanals bei Fos-sur-Mer (Frankreich) ist in der Tabula Peutingeriana *als* Fossis Marianis (Fossa Mariana) *bezeichnet. Da das Rhône-Delta wegen ständiger Versandung nur schwer schiffbar zu halten war, bauten Legionäre unter Marius einen Kanal von der Küste nach* Arelato / *Arles.*

Römisches Schiff mit Sprietsegel auf dem Kopenhagener Sarkophag aus dem späten 3. Jahrhundert n. Chr. Es handelt sich um eine der ältesten Abbildungen von Sprietsegeln in der Segelschifffahrt. Fundort: angeblich Ostia. (Das Original ist in der Ny-Carlsberg Glyptothek in Kopenhagen (Dänemark) zu sehen; Kopie im Museum für Antike Schifffahrt in Mainz. Als Sprietsegel werden viereckige Segel eines Schiffes oder Bootes bezeichnet, die durch eine Spiere, ein Rundholz, diagonal vom Schiffsmast abgespreizt werden.

Grabdenkmal eines Winzers oder Weinhändlers aus Neumagen.

Für die Kreuzritterburg Krak des Chevaliers im heutigen Syrien hat man im 12. Jahrhundert n. Chr. eine Wasserleitung gebaut, die eine kleine Aquäduktbrücke benötigte, um das Wasser über den Burggraben zu führen. Man hat sich dabei offensichtlich sehr streng an römischen Vorbildern orientiert, denn über zwei Pfeilern erkennen wir Hochwasserentlastungen, die eigentlich nur in Flüssen erforderlich waren.

DAS ERBE DER RÖMERZEIT

Wie stand es eigentlich um die Ingenieurskunst nach den Römern? Das ist in der Tat eine der spannendsten Fragen der Technikgeschichte, im Grunde ist es die nach einem Technologietransfer aus der Antike über das Mittelalter bis in die Neuzeit. Es gibt dazu durchaus verschiedene Meinungen. Denn während die einen sagen, mit dem Ende der Antike sei auch das technische Verständnis verschwunden, meinen die anderen, dass es sehr wohl ein Überleben technischen Wissens gegeben habe.

Zumindest für den Wasserleitungsbau kann man sich wohl der letztgenannten Meinung anschließen, denn neue Forschungen haben gezeigt, dass sich technisches Wissen wie ein roter Faden durch die Zeiten zieht. Dabei wird oftmals außer Acht gelassen, dass verschiedene antike Aquädukte bis weit in das Mittelalter und manchmal sogar die Neuzeit funktioniert haben, was natürlich einer gewissen Pflege bedurfte, die wiederum einiges an Sachkenntnis vorausgesetzt hat.

Im Straßenbau ist die Perfektion der antiken Technik in karolingischer Zeit nicht mehr erreicht worden. Die einzige überregionale Neugründung eines Verkehrsweges dieser Zeit ist die 252 km lange Aachen-Frankfurter-Heerstraße, die auch als Krönungsstraße der deutschen Könige große Bedeutung finden sollte. In der rezenten Landschaft ist diese Straße inzwischen fast völlig verschwunden. In einer Weide bei Würselen-Broichweiden zeigt sie sich dennoch als ehemals sehr breiter, aber unbefestigter Verkehrsweg.

49. »Wie ist es denn nach der Römerzeit weitergegangen? Ist im Mittelalter das technische Wissen wirklich ganz verschwunden?«

Zuerst waren es die christlichen Gemeinden, die antike Wasserleitungen nutzten oder Neubauten in antiker Bauweise errichteten, und zwar für ihre Baptisterien, in denen in der Frühzeit in fließendem Wasser getauft wurde. Beispiele aus Frankreich (Aix-en-Provence, Lyon, Poitiers), aber auch aus Deutschland (Boppard und Bonn) belegen diese Art technischen Vorgehens.[208]

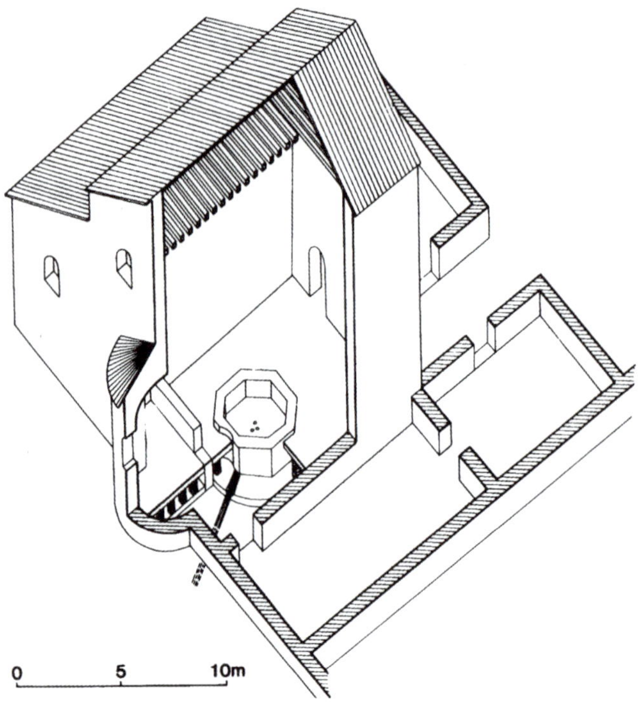

In frühchristlichen Kirchen verwendete man aus rituellen Gründen fließendes Wasser für den Taufakt. Das im 4. Jahrhundert gebaute Baptisterium in St. Étienne in Lyon ist (natürlich) in römischer Technik mit Zuleitung und Ableitung ver- und entsorgt worden. (In Poitiers, Aix-en-Provence oder Boppard schloss man die Wasserleitungen der Baptisterien direkt an römische Vorgängerleitungen an.)

Dann sind es die Klöster, die Wasserleitungen für ihre Brunnenhäuser bauten, und es wird oftmals nicht beachtet, dass ein solcher Klosterbrunnen an eine Druckwasserleitung angeschlossen gewesen sein musste. Diese Art Hochtechnik war natürlich nicht ohne technische Kenntnisse zu verwirklichen, und immerhin war man in den Klöstern in der Lage, die antiken Fachbücher, wie etwa Vitruvs *Zehn Bücher über Architektur* zu lesen. Diese Kenntnisse der Fachliteratur und der lateinischen Sprache sind sicherlich Gründe dafür, dass in unzähligen Klöstern Aquädukte und sonstige Wasserbauten nach antikem Vorbild gebaut worden sind. Als essenzielle römische Quelle waren Vitruvs Schriften aber auch in der frühen Neuzeit noch wichtige Bauhandbücher. Nicht ohne Grund hat Walter Ryff sie 1548 in deutscher Sprache herausgebracht.

Im profanen Bereich sind derartige hochtechnische Bauwerke seltener. König Karl, der spätere Kaiser Karl der Große, ließ Ende des 8. Jahrhunderts n. Chr. für seine Pfalz in Ingelheim eine Fernwasserleitung fertigen, die sich in ihrer Bauart kaum von einem antiken Aquädukt unterschied. Es kann nur vermutet werden, dass er sich die Baufachleute – wie für die übrigen Staatsbauten auch – aus Italien besorgt hatte.

Im hohen Mittelalter bietet sich dann ein äußerst unterschiedliches Bild in der technischen Entwicklung der Wasserversorgung. Während eine Weltstadt wie Köln in dieser Hinsicht ihre antike Tradition völlig vernachlässigt und sich nur noch aus Brunnen versorgt, gehen in anderen Städten wie Bremen und Lübeck die Brauer voran und bauen die ersten Wasserleitungen, indem sie mittels »großer Wasserkünste« Flusswasser heben und zu den Brauorten leiten.

Das Bild der Wasserversorgung in europäischen Städten ist in dieser Hinsicht bunt wie ein Fleckerlteppich – man passte sich den Gegebenheiten an und legte dabei einen großen Pragmatismus an den Tag: In der Regel schöpfte man aus Flüssen und Tiefbrunnen, wobei in der Wasserhebung technische Hilfsmittel vom Schöpfeimer bis zum Hebewerk zum Einsatz kamen. Während man sich also in Köln ohne Rücksicht auf die benachbarten Kloaken aus unzähligen Schachtbrunnen versorgte, gab es beispielsweise in Siena (Italien) ein weitverzweigtes Netz in den Fels getriebener Stollen (*Bottini*), in denen das Wasser für die Laufbrunnen der Stadt gewonnen wurde.

Erstaunlich ist, dass das Mittelalter in den 1.500 Jahren vom Ende der Römerzeit bis zum Beginn des Eisenbahnzeitalters nördlich der Alpen

Der Pinienzapfen im Aachener Dom ist bezüglich seiner Datierung umstritten. H. Cüppers hält bezüglich seiner Entstehung die karolingische Zeit für sehr wahrscheinlich, da Karl der Große mit einer bewussten Anlehnung an ein stadtrömisches Vorbild Macht und Würde zum Ausdruck bringen konnte. Unklar ist, ob es sich bei dem Werk um einen wiederverwendeten antiken oder aber einen karolingischen Bronzeguss handelt. Vermutlich war der Pinienzapfen als Brunnenaufsatz im Atrium des Münsters verwendet worden, wobei er aus 129 kleinen Durchbohrungen auf spektakuläre Weise das Wasser versprühte. Es ist klar, dass der Brunnen an eine Druckwasserleitung angeschlossen gewesen sein musste. (Der rezente Sockel wurde später angebracht.)

nur mit drei Tunnelbauten in Erscheinung getreten ist. Alle drei Bauwerke – in Salzburg, Bad Frankenhausen und am Laacher See – sind von Mönchsgemeinschaften errichtet worden. Der erst vor wenigen Jahren wiederentdeckte Tiergartentunnel in Blankenheim bildet da eine hervorzuhebende Ausnahme.

Mit der touristischen Inwertsetzung der mittelalterlichen Wasserleitung von Burg Blankenheim konnte der Öffentlichkeit im Jahre 2000 ein technikgeschichtliches Bauwerk vorgestellt werden, dem man ohne Zögern eine europäische Bedeutung zusprechen kann. Diese liegt nicht in der Größe oder gar Monumentalität der Blankenheimer Anlage begründet, wohl aber in der Technik und den entsprechenden Details, die man aus diesem Bauwerk des 15. Jahrhunderts deutlich ablesen kann.[209]

Eine Druckrohrleitung und ein Tunnel als elementare Bestandteile dieser Wasserleitung zur Burg sind im Mittelalter in dieser Kombination kaum an anderer Stelle anzutreffen. Beides sind technische Elemente einer Fernwasserleitung, die man den römischen Ingenieuren rund 1.000 Jahre früher zusprechen kann, im Mittelalter war eine derartige Technik jedoch normalerweise nur in Klöstern zu finden.

Da Ingenieurbauten nie Selbstzweck waren (vielleicht mit Ausnahme des Kanals, den Xerxes erbauen ließ ...), muss es immer einen

Auf dem Reparaturstück einer Druckwasserleitung in Ravenna (5./6. Jahrhundert n. Chr.) lässt der westgotische König stolz einen Schriftzug mit seinem Namen anbringen: »DN REX THEODERICUS CIVITATI REDDIDIT«; *wonach Theoderich diese Leitung »... den Bürgern zurückgegeben hat«.*

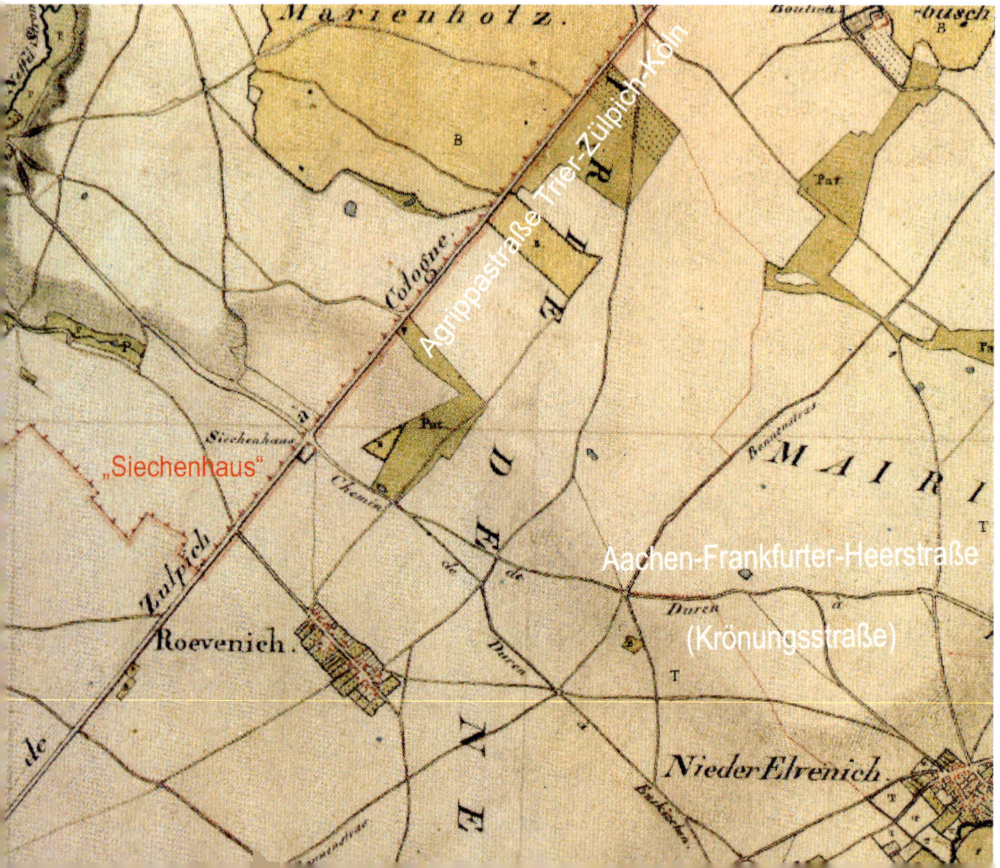
Marienholz.
Agrippastraße Trier-Zülpich-Köln
Cologne.
„Siechenhaus"
Siechenhaus
Zulpich
Aachen-Frankfurter-Heerstraße
(Krönungsstraße)
Roevenich.
NiederElrenich
MAIRI

Grund für die Planung eines Technikbaus gegeben haben. Aber auch für diesen Bereich des Ingenieurwesens gilt, dass Großbauwerke nur zu errichten waren, wenn neben den Erfordernissen dafür auch noch Macht und Geld eines Bauherrn und die fachliche Kompetenz eines Baumeisters gegeben waren.

Im Straßenbau lag die Situation etwas anders, was vor allem damit zu begründen ist, dass die in diesem Bereich betroffenen Bauwerke in überregionale Planungen eingebunden waren. Um solche Projekte umzusetzen, fehlte es von den drei zuvor genannten Vorausetzungen vor allem an der Staatsmacht. Eine Ausnahme bildete im Straßenbau die Aachen-Frankfurter-Heerstraße (oder Krönungsstraße), da sie – vermutlich seit dem 9. Jahrhundert in Nutzung – in ihrer gesamten Länge von 252 km fränkisches Territorium berührte. Diese Straße wurde dann von den deutschen Königen bei ihrem Zug nach der Wahl in Frankfurt zur Krönung in Aachen genutzt. Sie ist in der Tranchot-Karte, die unter der französischen Besetzung des Rheinlandes Anfang des 19. Jahrhunderts hergestellt wurde, noch als Verkehrsweg ausgewiesen. Allerdings hat es sich bei diesem eher um eine Naturstraße gehandelt, denn außer der von zwei Straßengräben eingefassten Trasse gab es keinen Ausbau. Sie konnte deshalb mit der Neuordnung des Straßenwesens und dem Chausseebau unter den Preußen in den Feldfluren untergehen, ohne großartige Spuren zu hinterlassen.

Karl der Große hat sich auch durch das Projekt, einen Schifffahrtskanal zwischen Rhein/Main und Donau zu bauen, verkehrspolitisch hervorgetan – zumindest hat er dieses Projekt aufgelegt und mit der Bauausführung im Jahre 793 n. Chr. begonnen. Der Kanal sollte den Rhein über den Main und die Schwäbische Rezat mit der Altmühl und damit der Donau verbinden. Die Fertigstellung dieses Großprojektes hätte dem Warenaustausch sicher gutgetan, doch dazu sollte es nicht kommen. Wie wir bereits gesehen haben, kamen vermutlich widrige geologische Verhältnisse und ungünstige Witterung zusammen, die letztlich zur Aufgabe des Projektes führten.

Brücken waren dagegen zu allen Zeiten geeignet, von der Macht und vom Wohlstand ihrer Auftraggeber und Bauherren zu zeugen. Darin unterschied sich das Mittelalter kaum von der Römerzeit. Von einer Brücke Karls des Großen über den Rhein bei Mainz sind zwar schriftliche Zeugnisse überliefert, aber keine archäologischen Funde bekannt. Es soll sich um eine Holzbrücke gehandelt haben, die nur kurze Zeit nach ihrer Fertigstellung abgebrannt ist. Damit war die einzige im frühen Mittelalter gebaute Brücke sehr schnell Geschichte.

Für das hohe Mittelalter sind die im 12. Jahrhundert gebauten Steinbrücken über Donau und Main in Regensburg und Würzburg hervorzuheben.

208 Grewe (1991b).
209 Grewe (2007a); Grewe (2007b).

Der Utrechter Psalter, entstanden um 820 bis 835 n. Chr., ist ein Meisterwerk der karolingischen Buchkunst. Er bezeugt viele kulturelle Leistungen der Karolingerzeit und wurde 2015 von der UNESCO zum Weltdokumentenerbe erklärt. Folio 14v zeigt einen Aquädukt, der aus einem wasserspeienden Löwen einen Brunnen speist. (Universitätsbibliothek Utrecht, Ms. 32; freundlicher Hinweis von D. Lohrmann, Aachen). Es überrascht nicht, dass das auf Bögen geführte Endstück des Aquäduktes optisch römischen Vorgaben entspricht, zumal es nicht ungewöhnlich war, dass zu Karls Zeiten Baumeister aus Italien im Frankenreich beschäftigt wurden.

Die Ende des 8. Jahrhunderts n. Chr. gebaute 8 km lange Wasserleitung für die Königspfalz in Ingelheim ist in der Bauart kaum von einem antiken Aquädukt zu unterscheiden.

Nordöstlich von Zülpich kreuzen sich zwei bedeutende Fernstraßen aus Römerzeit und Mittelalter: die Agrippastraße Lyon-Trier-Köln und die Aachen-Frankfurter-Heerstraße. Beim Aufeinandertreffen beider Verkehrswege wird die Zielrichtung der jeweiligen Straße deutlich: Die römische Agrippastraße war von Süden nach Norden ausgerichtet, während die karolingischen Interessen einer neuen Orientierung folgten, nämlich von Westen nach Osten. Beide Straßen waren zu Zeiten Napoleons noch in Nutzung, wie es das unter dem französischen Oberst Tranchot gefertigte Blatt 99 der »Kartenaufnahme der Rheinlande 1801–1828« zeigt.

Selbst das im 12. Jahrhundert n. Chr. für die Wasserversorgung des Klosters Christchurch in Canterbury (England) verlegte Wasserleitungsrohr ist von der Fertigungstechnik her kaum von seinen antiken Vorbildern zu unterscheiden: Eine gegossene Bleiplatte wurde zum Rohr gebogen und verlötet.

Auch der Brückenbau erlebte im Mittelalter eine Renaissance. Großbrücken, wie hier die Donaubrücke in Regensburg oder die Mainbrücke in Würzburg, vermochten die Reisenden schon von Weitem zu beeindrucken, bevor diese die Städte erreichten.

Der Bau des Fulbert-Stollens, der eigentlich als »Tunnel« bezeichnet werden müsste, erfolgte in römischer Technik nach dem Qanatverfahren. Da beim Bau hauptsächlich Bimsschichten zu durchfahren waren, gab es bei den Vortriebsarbeiten keine größeren Schwierigkeiten. Der Fulbert-Stollen ist 1840/45 durch einen 5 m tiefer liegenden Tunnel ersetzt worden.

Ein technisches Denkmal spätmittelalterlicher Wasserversorgung bietet sich dem Besucher in Blankenheim in der Eifel (NRW). Das Foto zeigt das Innere des in der antiken Qanatbauweise gebauten Tunnels kurz nach der Wiederentdeckung. Ihm lagen antike Vorbilder zugrunde. Da die Anlage von einem weltlichen Bauherrn in Auftrag gegeben worden war, nimmt sie eine besondere Stellung in der Hierarchie der Technikbauten ein, denn die übrigen drei Tunnel des Mittelalters wurden sämtlich von Klostergemeinschaften errichtet.

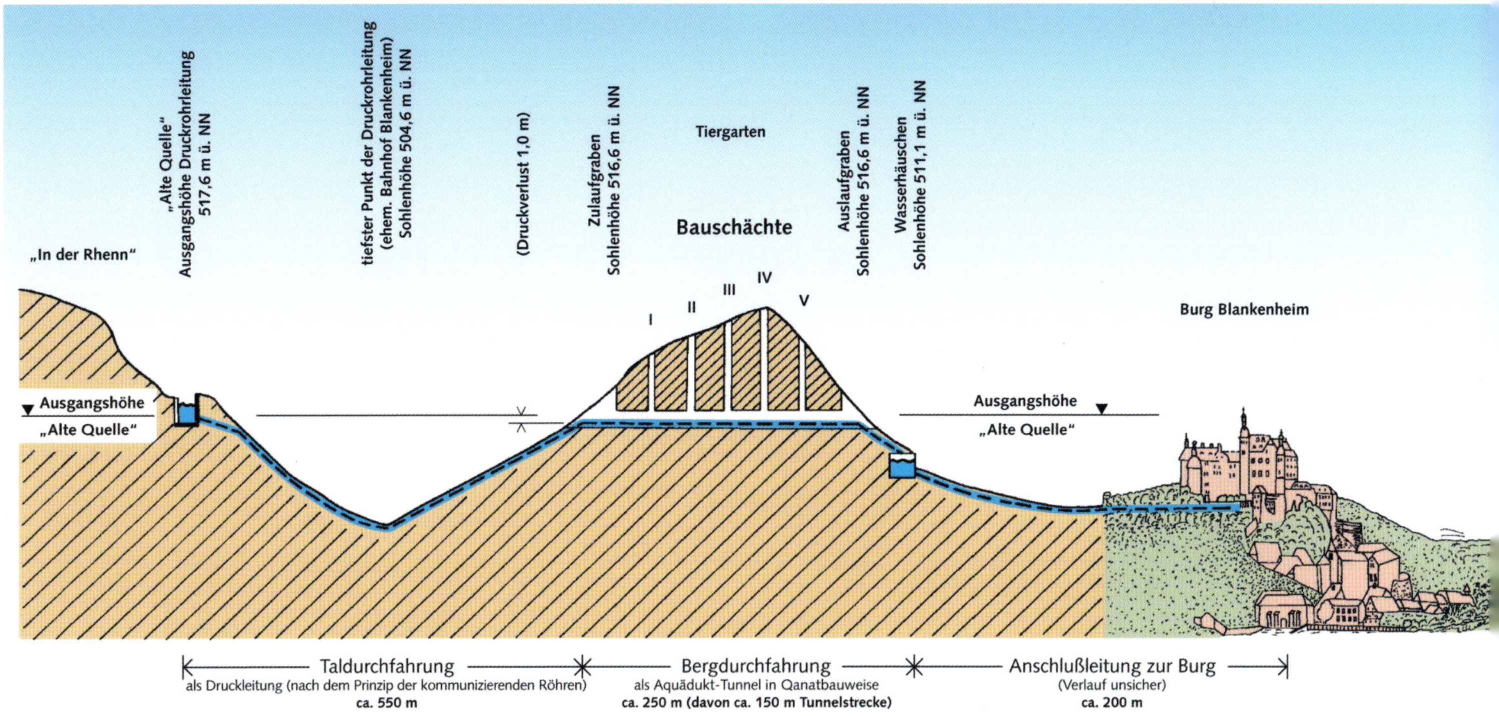

Der Tiergartentunnel von Blankenheim gehört neben einem Druckleitungsabschnitt zu den technisch bedeutsamen Bauwerksteilen der Wasserleitung zur Burg. Die Kombination von Druckleitung durch ein Tal und Tunnel durch einen Bergsporn macht die Blankenheimer Anlage zu einem Denkmal von europäischer Bedeutung, da es im Mittelalter kaum vergleichbare Bauwerke gab. Die Wasserleitung von Blankenheim ist touristisch erschlossen.

Das in der Tranchot-Karte eingetragene »Siechenhaus« ist laut einer Bauinschrift 1698 gebaut worden.

Der Laacher See bereitete dem Kloster Maria Laach (Rheinland-Pfalz) bei Hochwasser große Schwierigkeiten, da er keinen natürlichen Abfluss hat. Das Bild mit Blickrichtung nach Norden zeigt ihn als Caldera, die Klostergebäude liegen westlich von ihm. Der im Jahre 1164 im Auftrag von Abt Fulbert angelegte künstliche Seeabfluss leitet das Wasser nach Süden ab.

... ZU GUTER LETZT!

50. »Kann man Kenntnisse über den Aquäduktbau auch auf einem »dritten Bildungsweg« erwerben?«

Hinsichtlich der Betrachtungen zu antiken Technikbauten gibt es neben dem ersten und zweiten Bildungsweg noch einen dritten. Wer diesen begeht, kommt allerdings an Asterix nicht vorbei. Der kleine Gallier und sein dicker Freund Obelix können sich mit dem »neumodischen Kram« der Römer natürlich nicht anfreunden, und so kommt es zu der abschätzigen Bemerkung, dass die Römer mit ihren »neumodischen Bauwerken noch die ganze Gegend verschandeln«. Diese Bemerkung entfährt dem Asterix auf dem Weg von ihrem namenlosen Dorf in Gallien nach *Lutetia* / Paris, wobei der gewitzte Gallier und seine Gefährten die Baustelle einer Aquäduktbrücke passieren und dabei keine Sekunde verlieren, um sich dieses schändliche Bauwerk anzusehen.[210]

Bei ihrem Rombesuch, der zwei Bände zuvor geschildert wird, bestaunen Asterix und Obelix zwar die moderne Etagenwohnung ihres Gastgebers Plaintcontrix, der aber wiegelt ab ».. viel zu klein, wisst ihr: ein Wohnzimmer, Küche, ein Bad ...« und dann das Schlimmste: »...und das Wasser muss man sich auch noch vom Aquädukt holen.«[211] Solche kleinen Einwürfe sind es, mit denen Uderzo und Goscinny als Zeichner und Texter der Asterix-Bände unsere gallischen Freunde ganz groß werden lassen, auch wenn sie dabei die Bedeutung einer der genialsten Technikleistungen der römischen Welt glatt auf den Kopf stellen.

Aber während die Bewohner des »kleinen gallischen Dorfes«, das nicht einmal einen Namen hat, unter ihrem Häuptling Majestix unbeirrt an den gallischen Werten festhalten, hat man sich im Nachbarort *Serum* unter Häuptling Augenblix längst entschlossen, die römische Kultur zu adaptieren, was sich auch in den Bauwerken zeigt. Und zum römischen Leben gehört nun einmal ein Aquädukt, auch wenn das Dorf und die Felder von einem Fluss durchquert werden und damit Wasser reichlich bereitsteht. Das erscheint dem Augenblix aber nicht zeitgemäß, drum »werden wir ihn eben umleiten, diesen Fluss! Ein Aquädukt, das wirkt römisch!«[212]

210 ASTERIX V, Die goldene Sichel, 10.
211 ASTERIX III, Asterix als Gladiator, 22.
212 ASTERIX IV, Der Kampf der Häuptlinge, 7.

»Die spinnen, die Römer!« Ansichtssache!

»Demjenigen, der sich das hier Gesagte nicht zur klaren Vorstellung bringt, werden auch weitere Beispiele nicht viel helfen!«

Mohamed al Karagi (11. Jahrhundert n. Chr.)

FOTONACHWEIS

Quelle: Pixabay

Ralphs_Fotos 282

Quelle: iStock

WH_Pics 25 rechts | Bobbushphoto 37 | iStock / cordimages 38

Quelle: Wikimedia Commons

By Arnoldius - Own work, CC BY-SA 3.0, https://commons.wikimedia.org/w/index.php?curid=36548883 65
Von Wolkenkratzer, CC BY-SA 4.0, via Wikimedia Commons 109
Von NoelWalley aus der englischsprachigen Wikipedia, CC BY-SA 3.0, https://commons.wikimedia.org/w/index.php?curid=18080070 125
By Ryan Baumann - The Votive Deposit of Vicarello, CC BY 2.0, https://commons.wikimedia.org/w/index.php?curid=44957481 143
Von Catullus, CC BY-SA 3.0, https://commons.wikimedia.org/w/index.php?curid=12091106 156
By anonymous - The Image Gallery, Data from: University of California, San Diego, Public Domain, https://commons.wikimedia.org/w/index.php?curid=6017685 171
Von Joachim Müllerchen - Eigenes Werk, CC BY-SA 3.0, https://commons.wikimedia.org/w/index.php?curid=31713325 176
By Johann Jaritz / CC BY-SA 4.0, CC BY-SA 4.0, https://commons.wikimedia.org/w/index.php?curid=40613374 191
By Nicolas von Kospoth (Triggerhappy) - Own work, CC BY 2.5, https://commons.wikimedia.org/w/index.php?curid=1070920 192
By © Raimond Spekking & Elke Wetzig / CC BY-SA 4.0 (via Wikimedia Commons), CC BY-SA 4.0, https://commons.wikimedia.org/w/index.php?curid=63390825 206
By A.Savin (WikiCommons) - Own work, CC BY-SA 3.0, https://commons.wikimedia.org/w/index.php?curid=12654671 207
By Ruthven - Own work, CC0, https://commons.wikimedia.org/w/index.php?curid=67044212 217
Von Derfopps - Eigenes Werk, CC BY-SA 4.0, https://commons.wikimedia.org/w/index.php?curid=79330899 273

Gemeinfrei

Metropolitan Museum of Art 39
Hyginus, Das Feldmesserbuch 40
Vitruvausgabe von J. Martin, 1547 86
British Library, 13. Jahrhundert 170
Plan von Hundeshagen, 1819 104 rechts
J. Soana, 1814 200

Für alle weiteren Abbildungen liegen die Bildrechte entweder beim Autor selbst oder dieser hat die Genehmigung zur Reproduktion von den jeweiligen Rechteinhabern erhalten. Letzteres ist der Fall bei folgenden Abbildungen:

Axel Thünker DGPh 23 oben und unten links
F. Spangenberg, Illu-Atelier 57 und 60
DAI Rom a4869 63
LVR RAB/Tanja Dujmovic 68
Axel Thünker DGPh 70
Zeichnung n. W. Haberey, Die römischen Wasserleitungen nach Köln. Kunst und Altertum am Rhein 37 (Bonn 1972) 87
I. Ristow 88
Zeichnung n. W. Haberey, Die römischen Wasserleitungen nach Köln. Kunst und Altertum am Rhein 37 (Bonn 1972) 89 oben links und 89 oben rechts
Geologisches Landesamt NRW, Krefeld 89 unten
J. Hansen 91
Baoquan Song, Bochum 101 links
G. Meyer 101 rechts
Kartengrundlage: Deutsche Grundkarte 1: 5.000, DGK 5 111
Tischlerei Dahmen, Euskirchen-Kirchheim 131 unten
experimentis-shop.de 134 links und rechts
H. Lilienthal 138
M. Rathmann, https://www1.ku.de/ggf/ag/tabula_peutingeriana/ 140, 152, 216 unten, 269
DAI Rom 89-716 141
Fatih Onur, Universität Antalya 142
W. Gaitzsch, LVR-ABR 147 oben rechts
Röm.-German. Museum Köln 147 unten links
Stadt Liblar 153
Kartengrundlage Geobasis NRW; Straßenbefund Klaus Grewe 162 oben links und unten links
LVR-ABR/Tanja Dujmovic 165
Karin White-Rahneberg, LVR-ABR, Außenstelle Nideggen 166
LVR-ABR/Tanja Dujmovic 167 oben und unten
C. Duntze, Bonn 169
G. Amtman 174
W. Piepers, RLMB 175 unten
F. Spangenberg, Illu-Atelier 175 oben rechts
Dr. Wolfgang Dost, Wittstock 177
Kartengrundlage Geobasis NRW; Straßenbefund Klaus Grewe 184
LVR-ABR/Tanja Dujmovic 185
S. Harmeling und M. Stitz, Diplomarbeit Uni/GH Essen 1998 196 oben und 197 oben
Modell im Rheinischen Landesmuseum Trier 201
H. Cüppers, Die Trierer Römerbrücken. Trierer Grabungen und Forschungen V (Mainz 1969) Taf.1 203 oben
Stadtarchiv Neuss 210
Siegfried Froriep: Ein Wasserweg in Bithynien. Bemühungen der Römer, Byzantiner und Osmanen, in: Antike Welt, 2nd special issue (1986), p. 43, fig. 8 268
Rekonstruktionszeichnung Renaud 274
Landesamt für Denkmalpflege, Mainz 277 oben rechts
Walter Müller, Niederzissen 281

LITERATUR

Adak / Şahin (2004): M. Adak, S. Şahin, Das römische Straßen- und Siedlungssystem in der lykischen Milyas. In: Gephyra 1, 2004, 67–83.

Adam (1984): J.-P. Adam, La construction romaine (Paris 1984).

Al Karagi / Hochheim (1880): M. al Karagi (Abu Bekr Muhammed Ben Alhusein Alkarkhi), Genügendes über Arithmetik (Al Kafi fil Hisab); ins Deutsche übertragen von A. Hochheim (Halle a/S. 1880).

Al Karagi / Mazaheri (1970): M. al Karagi, La civilisation des eaux cachées. Traité de l'exploitation des eaux souterraines; ins Französische übertragen von A. Mazaheri. Manuskriptdruck Université de Nice (Nizza 1970); ins Deutsche übertragen von G. Faber (Manuskript Walferdingen 1996).

Ausonius: Ausonius, Mosella, ins Deutsche übertragen von B. K. Weis (Darmstadt 1994).

Bachmann (1965): E. Bachmann, Wer hat Himmel und Erde gemessen (München 1965).

Bankel (2020): H. Bankel, Beobachtungen eines Bauforschers zum Aquädukt und zum castellum aquae von Minturnae. In: H. Manderscheid, Nils Magis Mirandum in Toto Orbe Terrarum« – Wasserbewirtschaftung, Hydrotechnik und Wasserarchitektur von Minturnae. Deutsches Archäologisches Institut, Abt. Rom, Sonderschriften 23, Minturnae I (Wiesbaden 2020) 191–203.

Bendz (1963): G. Bendz, [Frontinus] Kriegslisten. Lateinisch und deutsch (Berlin 1963).

Berger (1906): H. Berger, Die Lehre von der Kugelgestalt der Erde. Geogr. Zeitschrift 1906, 20.

Blume / Lachmann / Rudorff (1967): F. Blume, K. Lachmann und A. Rudorff, Die Schriften der römischen Feldmesser (Berlin 1848; Nachdr. Hildesheim 1967).

Brunt (1980): P. Brunt, Free Labour and Public Works at Rome. Journal of Roman Studies 70, 1980, 81–100.

Caesar: C. Julius Caesar, Sämtliche Werke; Bellum Gallicum – Der Gallische Krieg. Ins Deutsche übertragen von K. Blümel (Essen u. Stuttgart 1984).

Castillo Pascual (2013): P. Castillo Pascual, Los honores de Sextus Iulius Frontinus y su literatura técnica: una propuesta cronológica para su obra gromática. In: Dialogues d'histoire ancienne 39/1, 2013, 35–52.

Castillo Pascual (2016): P. Castillo Pascual, Echt oder unecht? Frontin als gromatischer Autor aus historischer Sicht. In: eTopoi – Journal of Ancient Studies 5, 2016, 46–62.

CIL: Corpus Inscriptionum Latinarum.

Cüppers (1969): H. Cüppers, Die Trierer Römerbrücken. Trierer Grabungen und Forschungen V (Mainz 1969).

Cüppers (1990): H. Cüppers, Die Römer in Rheinland-Pfalz (Stuttgart 1990).

Della Corte (1922): M. Della Corte, Groma. Mon. Ant. 28, 1922, 5–100.

Eck (1982): W. Eck, Die Gestalt Frontins in ihrer politischen und sozialen Umwelt. In: Frontinus Gesellschaft e. V., Die Wasserversorgung im antiken Rom. Geschichte der Wasserversorgung, Band 1, völlig überarbeitete Neuauflage (Bonn 2013) 111–134.

Eck / Pangerl (2003): W. Eck, A. Pangerl: Sex. Iulius Frontinus als Legat des niedergermanischen Heeres. Zu neuen Militärdiplomen in den germanischen Provinzen. In: Zeitschrift für Papyrologie und Epigraphik, Band 143, 2003, 205–219.

Einhard: Leben und Taten Karls des Großen; ins Deutsche übertragen von O. Abel und W. Wattenbach (München 1965).

Ettel / Daim / Berg-Hobohm / Werther / Zielhofer (2014): P. Ettel, F. Daim, St. Berg-Hobohm, L. Werther und Chr. Zielhofer (Hrsg.), Großbaustelle 793. Das Kanalprojekt Karls des Großen zwischen Rhein und Donau. Mosaiksteine 11 (2014).

Fabre / Fiches / Paillet (1991): G. Fabre, J.-L. Fiches und J.-L. Paillet, L'Aqueduc de Nîmes et le Pont du Gard. Archéologie-Géosystème-Histoire (Nîmes 1991).

Fabre (2001): Le Pont du Gard (Barbentane 2001).

Fabre / Fiches (2006): G. Fabre und J.-L. Fiches, Aquädukt der Superlative. In: Spektrum der Wissenschaft 2006, Heft 6, 91–97.

Faust (2008): S. Faust, Römerstraße und Langmauer bei Meilbrück, Gemeinde Meckel, Eifelkreis Bitburg-Prüm. Funde und Ausgrabungen im Bezirk Trier 40, 2008, 14–19.

Frontin: Frontinus-Gesellschaft e. V. (Hrsg.), Die Wasserversorgung im antiken Rom. Sextus Iulius Frontinus, sein Werk in Lateinisch und Deutsch und begleitende Fachaufsätze. Geschichte der Wasserversorung, Band 1, völlig neu bearbeitete Auflage (Bonn 2013); ins Deutsche übertragen von W. Letzner und W. Merkel.

Gaitzsch (1997): W. Gaitzsch, Zwei Meilensteine von der Via Agripinnensis. In: Archäologie im Rheinland 1997, 1997, 82–85.

Gaitzsch / Haarich / Hermanns (1999): W. Gaitzsch, H. Haarich und J. Hermanns, Fundbericht Elsdorf, Erftkreis. In: Bonner Jahrb. 199, 1999, 440–441.

Galliazzo (1995): V. Galliazzo, I Ponti Romani (Treviso 1995).

Grewe (1973): K. Grewe, Vermessungen für den Gesamtplan einer archäologischen Ausgrabung am Beispiel der Colonia Ulpia Traiana in Xanten. In: Der Vermess.-Ing. 23, 1973, 6–19.

Grewe (1977): K. Grewe, Geodäsie und Archäologie. In: Der Vermess.-Ing. 28, 1977, 126–160.

Grewe (1979): K. Grewe, Der Fulbert-Stollen am Laacher See. Eine Ingenieurleistung des hohen Mittelalters. Zeitschr. Arch. Mittelalter 7, 1979, 107–142.

Grewe (1981): K. Grewe, Wasser im Kreuzgang der Bonner Münsterkirche. Über eine Hochwassermarke vom 27. Februar 1784. Rhein. Landesmus. Bonn, 1981, 6–8.

Grewe (1982): K. Grewe, Die Tabula Peutingeriana in der Österreichischen Nationalbibliothek. In: Der Vermess.-Ing. 33, 1982, 134–136.

Grewe (1983a): K. Grewe, Der Aquaedukttunnel durch den Drover Berg bei Vettweiß-Soller, Kreis Düren. Ausgr. Rheinland, 81/82, 1983, 159–163.

Grewe (1983b): K. Grewe, Die römische Wasserleitung nach Almuñécar (Spanien). In: Der Vermess.-Ing. 34, 1983, 21–221.

Grewe (1985): K. Grewe, Planung und Trassierung römischer Wasserleitungen (Wiesbaden 1985).

Grewe (1986): K. Grewe, Atlas der römischen Wasserleitungen nach Köln. Rhein. In: Ausgrabungen 26 (Köln 1986).

Grewe (1987): K. Grewe (Hrsg.), Canal d'Entreroches. Der Bau eines Schiffahrtsweges von der Nordsee bis zum Mittelmeer im 17. Jahrhundert. Forschungsbeiträge des Förderkreises Vermessungstechnisches Museum e. V. (Stuttgart 1987).

Grewe (1988): K. Grewe, Römische Wasserleitungen nördlich der Alpen. In: Frontinus-Gesellschaft e. V. (Hrsg.), Die Wasserversorgung antiker Städte. Geschichte der Wasserversorgung Band 3 (Mainz 1988) 45–98.

Grewe (1991a): K. Grewe, Neue Befunde zu den römischen Wasserleitungen nach Köln. Nachträge und Ergänzungen zum »Atlas der römischen Wasserleitungen nach Köln«. In: Bonner Jahrb. 191, 1991, 385–421.

Grewe (1991b): K. Grewe, Wasserversorgung und -entsorgung im Mittelalter. In: Frontinus-Gesellschaft e. V. (Hrsg.), Geschichte der Wasserversorgung, 4: Die Wasserversorgung im Mittelalter (Mainz 1991) 11–86.

Grewe (1998a): K. Grewe, Licht am Ende des Tunnels. Planung und Trassierung im antiken Tunnelbau (Mainz 1998).

Grewe (1998b): K. Grewe, Ein ‚Spaghetti-Knoten' im Altstraßennetz der Nordeifel. In: Arch. Rheinland 1997 (Köln 1998) 76–79.

Grewe (2005): K. Grewe, »Alle Wege führen nach Rom ...«, Römerstraßen im Rheinland und anderswo. Internationales Römerstraßenkolloqium Bonn [vom 25. bis 27. Juni 2003]. Materialien zur Bodendenkmalpflege im Rheinland 16, 2005, 9–42.

Grewe (2007a): K. Grewe, Die Wasserversorgung auf mittelalterlichen Burgen. In: Frontinus-Gesellschaft e. V. (Hrsg.), Geschichte der Wasserversorgung, 7: Wasser auf Burgen im Mittelalter (Mainz 2007) 13–19.

Grewe (2007b): K. Grewe, Die Wasserleitung der Grafen von Blankenheim. In: Frontinus-Gesellschaft e. V. (Hrsg.), Geschichte der Wasserversorgung, 7: Wasser auf Burgen im Mittelalter (Mainz 2007) 23–92.

Grewe (2007c): K. Grewe, Der Ratz im Rohr – Eine archäologische Zeitreise (Wiesbaden 2007).

Grewe (2008a): K. Grewe, Tunnels and Canals. The Oxford Handbook of Engineering and Technology in the Classical World (Oxford 2008) 319–336.

Grewe (2008b): K. Grewe, Die Agrippastraße zwischen Köln und Trier. In: J. Kunow (Hrsg.): Erlebnisraum Römerstraße Köln-Trier; Erftstadt-Kolloquium 2007, Materialien zur Bodendenkmalpflege im Rheinland 18 (Bonn 2008) 31–64.

Grewe (2009a): K. Grewe, Die Reliefdarstellung einer antiken Steinsägemaschine aus Hierapolis in Phrygien und ihre Bedeutung für die Technikgeschichte. In: M. Bachmann (Hrsg.): Bautechnik im antiken und vorantiken Kleinasien. Internationale Konferenz 13.–16. Juni 2007 in Istanbul, BYZAS 9, 2009, 429–454.

Grewe (2009b): K. Grewe, Der Fulbert-Stollen am Laacher See. Rheinische Kunststätten, Heft 513 (Neuss 2009).

Grewe (2009c): K. Grewe, Chorobat und Groma – Neue Gedanken zur Rekonstruktion und Handhabung der beiden wichtigsten Vermessungsgeräte antiker Ingenieure. In: Bonner Jahrb. 209, 2009, 109–128.

Grewe (2010): K. Grewe, Meisterwerke antiker Technik (Mainz 2010).

Grewe (2011a): K. Grewe, Neues zur Baustellenorganisation im römischen Aquäduktbrückenbau. In: Bayerische Gesellschaft für Unterwasserarchäologie (Hrsg.), Archäologie der Brücken (Regensburg 2011) 61–66.

Grewe (2011b): K. Grewe, Qanate – Meisterwerke der Ingenieurkunst. In: J. Konen (Hrsg.), Raschpëtzer – dem Mythos auf der Spur (Esch-sur-Alzette 2011) 33–50.

Grewe (2011c): K. Grewe, Wasser für Rom – Die schier unglaubliche Präzision der Vermessungsingenieure im römischen Aquäduktbau. In: Forum – Zeitschrift des Bundes der Öffentlich bestellten Vermessungsingenieure e. V. 37, 2011, Heft 3, 156–164.

Grewe (2012): K. Grewe, Die Ziegelmarken am Aquädukt von Minturnae. In: Bonner Jahrb. 212, 2012, 35–50.

Grewe (2013): K. Grewe, Streckenmessung im antiken Aquädukt- und Straßenbau. In: K. Geus und M. Rathmann (Hrsg.), Vermessung der Oikumene. Topoi – Berlin Studies of the Ancient World 14, Berlin 2013, 119–135.

Grewe (2014): K. Grewe, Aquädukte. Wasser für Roms Städte (Rheinbach 2014, ^{3}2019).

Grewe (2017): K. Grewe, Die Verwendung von Holz beim Bau römischer Wasserleitungen. In: T. Kaszab-Olschewski und I. Tamerl (Hrsg.), Wald- und Holznutzung in der römischen Antike, Archäologische Berichte 27 (Festgabe für Jutta Meurers-Balke zum 65. Geburtstag), 2017, 105–115.

Grewe (2020a): K. Grewe, Wie war das mit den Römerstraßen? Teil 2: Über die Absteckung einer geraden Linie und den Sonderfall der Via belgica. VDV-Magazin 5/2020, 402–407.

Grewe (2020b): K. Grewe, Die Ziegelmarken an den Brückenpfeilern des Aquäduktes nach Minturnae. In: H. Manderscheid, »Nils Magis Mirandum in Toto Orbe Terrarum« – Wasserbewirtschaftung, Hydrotechnik und Wasserarchitektur von Minturnae. Deutsches Archäologisches Institut, Abt. Rom, Sonderschriften 23, Minturnae I (Wiesbaden 2020) 205–211.

Grewe / Knauff (2019): K. Grewe und M. Knauff, Der Römerkanal-Wanderweg, ... wie das Wasser laufen lernte! (Düren ²2019).

Grewe / Pohle (2003a): K. Grewe und F. Pohle, Der Weg des Abul Abaz von Bagdad nach Aachen. Ex Oriente – Isaak und der weiße Elefant. Ausstellungskatalog Aachen 2003, Band 1: Die Reise des Isaak (Aachen 2003) 66–69.

Grewe / Pohle (2003b): K. Grewe; F. Pohle, Kam ein Elefant nach Aachen ... Der Weg des Abul Abaz von Bagdad zu Karl dem Großen. In: Orient-Express, Sommer-Special, 14, 2003, 1–2.

Grohmann (2003): A. Grohmann, Das Problem alter Bleileitungen. In: A. Grohmann, U. Hässelbarth und W. Schwertfeger (Hrsg.): Die Trinkwasserverordnung (Berlin 2003).

Guenther (1919): S. Guenther, Optische Beweise für die Erdkrümmung sonst und jetzt (München 1919).

Haberey (1972): W. Haberey, Die römischen Wasserleitungen nach Köln. Kunst und Altertum am Rhein 37 (Bonn 1972).

Harmeling / Stitz / Mesenburg (1999): S. Harmeling, M. Stitz und P. Mesenburg, Die Brücke von Aspendos. In: Der Vermess.-Ing. 1999, 2, 110–115.

Herodot: Herodot, Historien; ins Deutsche übertragen von A. Horneffer (Stuttgart 1971).

Heron: Hero Alexandrinus: Heronis Alexandrini opera quae supersunt omnia. Vol. III: Rationes dimetiendi et commentatio dioptrica. Griechisch und deutsch von Hermann Schöne (Leipzig 1903) 189–315. (Bibliotheca scriptorum Graecorum et Romanorum Teubneriana)

Hoernes (2011): M. Hoernes, »... er wird dem Lehrling das Handwerk gänzlich beibringen, wie er es selbst versteht.« Zur römischen Lehrlingsausbildung in Handwerksberufen. In: historia.scribere 3 (2011) 37–79.

Hyginus: Hyginus, Das Feldmesserbuch. Lateinisch und ins Deutsche übertragen von J.-O. Lindermann, E. Knobloch und C. Möller (Darmstadt 2018).

Kienast (1995): H. J. Kienast, Die Wasserleitung des Eupalinos auf Samos. Samos XIX (Bonn 1995).

Kolb (2000): A. Kolb, Transport und Nachrichtenverkehr im Römischen Reich. KLIO, Beiträge zur Alten Geschichte, Beihefte NF2 (Berlin 2000).

Kolb (2001): A. Kolb, Transport und Nachrichtenverkehr im römischen Reich (Berlin 2001).

Kolb (2007): A. Kolb, Raumwahrnehmung und Raumerschließung durch römische Straßen. In: M. Rathmann (Hrsg.), Wahrnehmung und Erfassung geographischer Räume in der Antike (Mainz 2007) 168–180.

Kolb (2008): A. Kolb, Das Bauhandwerk in den Städten der römischen Provinzen: Strukturen und Bedeutung. In: TYCHE, Beiträge zur Alten Geschichte und Epigraphik 23, 2008, 101–116.

Kremer (1999): B. Kremer, Wasserversorgung aus dem Tunnel: der römische Qanat von Mehring. In: Funde und Ausgrabungen im Bezirk Trier, 31, 1999, 37–50.

Lamprecht (1984): H.-O. Lamprecht, Opus caementitium (Düsseldorf 1984).

Léger (1875) : A. Léger, Les travaux publics, les mines et la métallurgie aux temps des romains, 2 Bände (Paris 1875), Fig 13.

Lehmann-Hartleben (1926): K. Lehmann-Hartleben, Die Trajanssäule. Ein römisches Kunstwerk zu Beginn der Spätantike (Berlin, Leipzig 1926).

Meißner (1999): B. Meißner, Die technologische Fachliteratur der Antike. Struktur, Überlieferung und Wirkung technischen Wissens in der Antike; ca. 400 v. Chr. – ca. 500 n. Chr. (Berlin 1999).

Miller (1916): K. Miller, Itineraria Romana, Römische Reisewege an der Hand der Tabula Peutingeriana (Stuttgart 1916).

Miller (1919): K. Miller, Die Erdmessung im Altertum und ihr Schicksal (Stuttgart 1919).

Mommsen (1871): Th. Mommsen, Tunnelbau unter Antoninus Pius. In: Archäologische Zeitung, NF III (1871) 5–9.

Neyses (1975): A. Neyses, Die römische Ruwer-Wasserleitung nach Trier im Ablaufgebiet Tarforst-Waldrach. In: Trierer Zeitschrift 38, 1975, 75.

Neyses (o. J.): A. Neyses, Die Ruwer-Wasserleitung des römischen Trier (Waldrach, Trier o. J.).

Ohlig (2001): C. Ohlig, De Aquis Pompeiorum: Das Castellum Aquae in Pompeji: Herkunft, Zuleitung und Verteilung des Wassers. Circumvesuviana, Band 4 (Wesel 2001).

Paillet (2005): J.-L. Paillet, Réflexions sur la construction du Pont du Gard. Gallia 62, 2005, 49–68.

v. Petrikovits (1981): H. v. Petrikovits, Die Spezialisierung des römischen Handwerks. In: H. Jankuhn u. a. (Hrsg.), Das Handwerk in vor- und frühgeschichtlicher Zeit (Göttingen 1981) 122–123.

Pistor / Smeets (1979): R.-G. Pistor und H. Smeets, Die Fossa Eugeniana: Eine unvollendete Kanalverbindung zwischen Rhein und Maas, 1626. Landeskonservator Rheinland, Arbeitshefte 32 (Köln, 1979).

Plinius d. Ä.: C. Plinius Secundus d. Ä., Naturalis historiae – Naturkunde. Lateinisch-deutsch, hrsg. von G. Winkler in Zusammenarbeit mit R. König (München 1988).

Plinius d. J.: C. Plinius Caecilius Secundus d. J., Briefe. Lateinisch und deutsch, hrsg. von H. Kasten (Darmstadt 1995).

Rathmann (2003): M. Rathmann, Untersuchungen zu den Reichsstraßen in den westlichen Provinzen des Imperium Romanum. In: Bonner Jahrb., Beiheft 55, 2003.

Rathmann (2008): M. Rathmann, Die Bedeutung der Straßen im Römischen Reich. In: J. Kunow (Hrsg.), Erlebnisraum Römerstraße Köln-Trier; Erftstadt-Kolloquium 2007. Materialien zur Bodendenkmalpflege im Rheinland 18 (Bonn 2008) 29.

Rathmann (2016): M. Rathmann (Hrsg.), Tabula Peutingeriana. Die einzige Weltkarte aus der Antike (Darmstadt 2016).

Ritterling (1928): E. Ritterling, Sextus Julius Frontinus am Niederrhein? In: Bonner Jahrb. 133, 1928, 48–50.

Ruffing (2008): K. Ruffing, Die berufliche Spezialisierung in Handel und Handwerk. Untersuchungen zu ihrer Entwicklung und zu ihren Bedingungen in der römischen Kaiserzeit im östlichen Mittelmeerraum auf der Grundlage griechischer Inschriften und Papyri. Pharos 24, Rahden/Westf. 2008, 363.

Şahin / Adak (2007): S. Şahin und M. Adak, Stadiasmus Patarensis – Itinera Romana Provinciae Lyciae (Istanbul 2007).

Schallmayer (2001): E. Schallmayer, Unterlagen zur römischen Rheinbrücke von Köln im Archiv des Saalburgmuseums. In: Saalburg-Jahrbuch 50, 2001, 205–211.

Scheller (1980): H. Scheller, Der Nordkanal zwischen Neuss und Venlo; Band 7 der Schriftenreihe des Stadtarchivs Neuss (Neuss 1980).

Schmidt (1935): F. Schmidt, Geschichte der geodätischen Instrumente und Verfahren im Altertum und Mittelalter (Kaiserslautern 1935); unveränderter Nachdruck: Schriftenreihe des Förderkreises Vermessungstechnisches Museum e. V., Band 14 (Stuttgart 1988).

Schöne (1901): H. Schöne, Das Visirinstrument der römischen Feldmesser. In: Jahrb. DAI 16, 1901, 127–132, Taf. 2.

Schulz (1986): H. D. Schulz, Schichtungen im Kalksinter der römischen Wasserleitung nach Köln – Eine Hilfe zur relativen Datierung. In: K. Grewe, Atlas der römischen Wasserleitungen nach Köln, Rhein. Ausgrabungen 26 (Köln 1986) 263–268.

Sölter (2005): W. Sölter, Römische Kalkbrenner im Rheinland. Rheinische Kunststätten 490 (Köln 2005).

Sturm (1718): L. Chr. Sturm, Vollständige Mühlenbaukunst (1718).

Strabo: Strabo's Geographie; ins Deutsche übertragen von K. Kärcher (Stuttgart 1829).

Sueton: C. Suetonius Tranquillus, Die Kaiserviten – De Vita Caesarum. Lateinisch und deutsch, hrsg. und ins Deutsche übertragen von H. Martinet (Düsseldorf / Zürich 1997).

Tacitus: P. Cornelius Tacitus, Annalen. Lateinisch und deutsch, hrsg. von E. Heller (Darmstadt 1992).

Tanz (2020): F. Tanz, »Da sie auch an Wasser Überfluss zu haben wünschten ...« – Die Wasserver- und Abwasserentsorgung des römischen Trier. Studien zur infrastrukturellen Grundversorgungsproblematik und Wasserkultur einer antiken Großstadt. Unv.-Diss. (Trier 2020).

Valerius Maximus: Valerius Maximus, Facta et dicta memorabilia. Lateinisch und deutsch, hrsg. und ins Deutsche übertragen v. U. Blank-Sangmeister (Stuttgart 1998).

Vitruv: Vitruv, Zehn Bücher über Architektur, sein Werk in Lateinisch und Deutsch, ins Deutsche übertragen von C. Fensterbusch (Darmstadt 1964).

Walser (1981): G. Walser, Bemerkungen zu den gallisch-germanischen Meilensteinen. In: Zeitschrift für Papyrologie und Epigraphik 43, 1981, 385–402.

Waringo / Faber / Werner (2017): G. Waringo, S. Faber und H. Werner, Raschpëtzer – eine römische Stollen-Wasserleitung (Walferdingen 2017).

Weber (1976): Tabula Peutingeriana. Faksimiledruck (Graz 1976).

Weber (2001): E. Weber, Die römische Donaubrücke bei Debrecen. Macellum – Culinaria archaeologica. Robert Fleischer zum 60. Geburtstag. Hrsg. von N. Birkle u. a. (Mainz 2001) 293–297.

Ro ma
via latina.
via appia.
via hostiensis.
Hostis.
via aurelia